ネアンデルタール人と私たちの50万年史

そして最後にヒトが残った

クライブ・フィンレイソン 著
上原直子 訳　近藤 修 解説

Clive Finlayson

The Humans Who Went Extinct

Why Neanderthals died out and we survived

白揚社

そして最後にヒトが残った　目次

・本書は、*The Humans Who Went Extinct: Why Neanderthals died out and we survived* by Clive Finlayson（Oxford University Press 2009）の日本語版です。
・日本語版編集にあたり、小見出しと地図を追加しました。
・〔　〕で示した部分は翻訳者による補足です。
・本書で扱う進化の系統樹では、次のような区分をしています。チンパンジー類の系統と分かれてからホモ・エレクトスが誕生する前までに現れたさまざまな種を初期人類（proto-human）、ホモ・エレクトス誕生以降のすべてのホモ属を人類（human）と総称する。また人類のなかでも、主に二〇万〜一三万年前に存在し、私たち現生人類（Ancestor）の特徴をもちながら、より古いホモ・ハイデルベルゲンシスの特徴も有しているものを早期現生人類（proto-Ancestor）と呼ぶ（詳しくは表2、図11、原註第1章3を参照）。

はじめに

ネアンデルタール人はなぜ絶滅したのか？　公開講座を開くと、こんな質問を受けることがよくある。質問者の多くが期待しているのは、私たちの祖先がネアンデルタール人を一掃したという答えだ。明らかな衝突があったにせよ、目に見えない競争があったにせよ、私たちが彼らを排除したというイメージが根強く残っているようなのだ。こうした思い込みの裏側には、「私たち人類」が「もうひとつの人類」、つまり猿のようなネアンデルタール人より賢い存在だったという認識がある。だとすれば、その二つの存在が出会ったときにひとつの結果しか生まれなかったと考えるのも、もっともな話だろう――なにしろ私たちは今ここにいて、ネアンデルタール人はもういないのだから。

人類の祖先がネアンデルタール人を絶滅に追いやったとする主張に私が疑問を抱くようになって、かれこれ一〇年ほど経つが、そのあまりに単純化された説明に対する違和感はますます大きなものになってきている。私はかつて、その説を擁護する研究者に学会で反論をしたことがある。そこで返ってきた答えは次のようなものだった。「これまで調査されたすべての遺跡発掘現場において、ホモ・サピエンスの骨と遺物はネアンデルタール人のものよりも常に上層にありました。つまり後の時代のものです。ですから、ホモ・サピエンスがやってきてネアンデルタール人を追い払ったのは明らかなんですよ」。

だが、まさにその同じ証拠から、ホモ・サピエンスはネアンデルタール人がいなくなって初めて洞窟に入ることができたと解釈することはできないだろうか。私がそのように述べて、実際には私たちの祖先がネアンデルタール人に締め出されていたかもしれないことをほのめかすと、会場は静まりかえってしまった。

⁂

ネアンデルタール人とは何者だったのか？　正確な年代はわかっていないが、彼らはおよそ五〇万年前に私たちの系統から枝分かれした人類だとされている。本書では、私たち現生人類とネアンデルタール人という二つの人類を便宜上別々の種、つまりホモ・サピエンスとホモ・ネアンデルターレンシスとして扱う。というのも、現生人類とネアンデルタール人は非常に長いあいだ地理的に隔絶して暮らしていたと考えられ、それゆえ二つの系統ははっきりと区別することができるからだ。だからといって、そうした区別があれば異なる種として扱ってよいと断言しているわけではない。両者をホモ・サピエンスの亜種（ホモ・サピエンス・サピエンスとホモ・サピエンス・ネアンデルターレンシス）と考える研究者もおり、どちらにせよ化石から正確な答えを出すのはとても難しいことなのだ。

約五〇万年前に二つの系統に枝分かれすると、私たちの祖先とネアンデルタール人のあいだには徐々に違いが現れてくるようになった。たとえば、ネアンデルタール人は頑丈でたくましい体格になり、大きな脳は私たちのものよりもさらに大きくなった（こうした変化はそれぞれの生活の仕方に関係があったと思われる）。ネアンデルタール人はヨーロッパ各地や、シベリア東部にいたる北アジア、さらには、おそらくモンゴルや中国まで生活の場を広げた。また、発話ができたと考えられ、環境に順応する能力も高かった。松の実を拾うことも、浜辺で食物をあさることも、さらにはシカなどの動物を待ち伏せして襲うこともあったようだ。だが、巨大な動物に挑むことは滅多になかったはずだ――ネアンデルタール人がケナガマンモスと闘っているイメージはおそらく誤りである。その代わり彼らは、ハイエナやオオカミを蹴散らしながら、巨大な動物たちの死肉をあさったことだろう。こうしたネアンデルタール人の生活は、何万年ものあいだ上首尾に続いていった。

⁂

私たちの祖先はアフリカから世界へと広がった。そのときのルートが単純なものではなかったことは、遺伝子マーカーが利用されるようになって以来、相当はっきりとわかってきている。人類の拡散の様子については本書でもじっくり見ていくことにするが、その道中には数々の謎が待ち受けていることだろう。たとえば、アフリカにいた私たちの祖先が、すぐ近くのヨーロッパに足を踏み入れるより一万五〇〇〇年も前にオーストラリアへ到達していたのはなぜなのか？　ネアンデルタール人によって侵入を拒まれていたのか？　ヨーロッパやシベリアに広まった現生人類が中央アジアを経由していたことは、今ではほぼ間違いないとされている。ヨーロッパ人、アメリカ先住民、東アジア人の大部分は、この中央アジアにいた集団の子孫である。

また、数々の興味深い手がかりから、その周辺に別の人類が存在していた可能性もますます見逃せなくなってきている。ネアンデルタール人と私たちの祖先だけがいたとする理由はどこにもないのだ。先史時代を舞台に繰り広げられた物語をつぶさに見ていくうちに、読者の方々は、そこでさまざまな人類が活躍していたことを知り、きっと驚かれることだろう。人類の多様性は、これまで言われてきたようなネアンデルタール人と現生人類の単純な二項対立よりも、はるかに豊かなものだ。数年前にフローレス島で発見されたホビット（第1章参照）も、氷山の一角でしかない。

私たちの祖先がたどった道のりについては、かなり多くのことがわかってきているとはいえ、それでもまだ「どうしてネアンデルタール人ではなく、私たちが残ったのか」という問いは残されたままだ。この問いに対する私の答えは、私たちが彼らの頭を棍棒で殴ったから、などという単純なものではない。ネアンデルタール人が滅び、現生人類が残った理由は決してひとつではないはずだ。たとえば、七万年前以降に起きた劇的な気候変動は寒冷化につながり、ネアンデルタール人の暮らす世界を大幅に縮小させ、分断させたことがわかっている。だが、謎の解明にこれまでにないほど近づいている今日でさえ、すべての答えを知ることはやはり困難だ。

寒冷化によって、ネアンデルタール人の居住地域は四万年以上にわたり絶えず縮小し続けた。それは間違いなく大きな打撃だったはずだが、彼らはそれを乗り切った。私たちの祖先がそれほどまでに長期の気候悪化を経験していないことを考えれば、偉業とさえ言えるかもしれない。イベリア半島南部、クリミア半島、カフカス地方などの辺境地に散り散りになった最後のネアンデルタール人たちは、今日で言えば絶滅の危機に瀕したジャイアントパンダやトラの個体群のようなものだったはずだ。彼らはゆっくりと、ひとりずつ姿を消していった。ネアンデルタール人は生きながらにして滅んでいたのだ。各地の集団が消えていった背景は、それぞれまったく違うものだったことだろう——病気や近親交配、他の人類との競争、あるいは個体数の偶然の変化が関係していたのかもしれない。

近年の遺伝学の進歩はめざましく、古代のＤＮＡの研究も急速に進んでいる。おかげで現在では、ネアンデルタール人が色白で、髪の色は白人にひけをとらないほど多様であり、私たちと共通する遺伝子のなかには言語に関わるものがあったことまでわかっている。ネアンデルタール人のゲノムに書かれた情報を知るにつれ、多くのことが判明するだろうし、最終的には、彼らが私たちの祖先とどれだけ頻繁に交配していたのかもわかるかもしれない。

⁂

ネアンデルタール人をテーマにした本書は、同時に私たちの祖先についての記録でもあり、常に次のような問いを投げかけている――**私たちはどうして生き残ることができたのだろうか？**　この問いに対して私は、それは「能力と運のおかげ」だったと答えたい。たしかに私たちは与えられた環境にうまく対処してきた。だが他の人類のなかには、私たちと同じくらいうまくやったにもかかわらず、不適切な時に不適切な場所にいたせいで、ネアンデルタール人のように滅んでしまった集団もあったはずだ。

私たちが適切な時に適切な場所にいることができたのは、ただ運がよかったからにすぎない。この考えに私はいつもはっとさせられ、自分の身の丈を思い知らされるのである。

プロローグ　気候が歴史の流れを変えたとき

偶然に導かれた成功

一般に信じられているのとは反対に、歴史は繰り返されない。生命が歩んできた道筋は遺伝的・文化的情報の蓄積と消失によって形づくられるため、生き残った者だけを見れば、生命は絶えず発展を続けてきたと考えてしまいがちだ。だが、地球誕生の物語には筋書きもなければ当然のなりゆきもなかったし、生命の物語を見ても、原始的なものから高等なものへの直線的な変化は読み取れない。

歴史は、偶然の重なりが世界とその行く末を根底から変えてしまった実例に満ちており、そうした無作為の出来事がその場所、その時間に起こらなければ、私が今このような文章を書くことも、読者のあなたがそれを読むこともなかっただろう。本書の内容は、地球上に存在する数限りない生命の物語から、たったひとつを抜き出したものである。そこにとりわけ関心が集まるのは、その話がどこか並はずれているからではない。私たち自身が関わっているからなのだ。

この世界は成功をつかんだ生命であふれているが、そのなかにはほとんど変化を遂げずに何百万年も存続してきた種もある。そうした種が幸運だったのは、当時の状況に適応するための手段が、はからずも未来で役立った点だ。私たちは自分が優秀な生き残り組だと過信してしまいがちだが、実際のところ現生人類はぽっと出の新人にすぎず、周囲を見渡せば、もっとしぶとい生き物が存在していることがわかる。だが、それとてもやはり例外であり、多くの生き物は偶然だらけの地球の歴史のどこかの時点で、撤退をせまられてきた。大陸の移動、山脈の隆起、海岸線の後退、氷床の拡大、気候の変動といった環境の変化によって多くの種が死に絶え、そのたびに新たな種が市場のシェアを獲得した。新種のなかには人類もいくらかいた。そのひとつであるネアンデルタール人は大成功をおさめ、次第に劣悪な環境となるヨーロッパとアジアの地で三〇万年のあいだ命をつないだ。これは私たち現生人類が地球上に出現してからよりも、ずっと長い年月である。

だがあるとき、ネアンデルタール人は他の無数の生物と同じ運命をたどった――絶滅したのである。彼らは、いかにして繁栄という強運を手にし、その後どうして絶滅するにいたったのか？　知性をもった輝かしい人類の仲間が、なぜ外部の力によって滅びてしまうほど弱い存在になったのか？　この本は、そうした問いに答えようとして書かれたネアンデルタール人の物語である。だがそれと同時に、同じ時代に人類の頂点に立ち、しばらくのあいだネアンデルタール人と大地を分かち合った、私たち自身の物語でもある。

本書では、ネアンデルタール人が現生人類と遭遇したときに何が起こったのかを検証し、さかんに問われるいくつかの謎に答えを見出したい。両者のあいだに異種交配はあったのか？　ネアンデルタール人は本当に、いわゆる「現代的な行動」がとれない遅鈍な野蛮人だったのか？　私たち現生人類が彼らを滅ぼしたのか、それとも気候の変動が関与しているのか？　しかし本書の旅はそれだけでは終わらない。ネアンデルタール人と比較し対照することで、私たち自身のことを今以上に理解できるのではないかと私は期待しているのである。この作業は結果的に、なぜ、どのようにしてネアンデルタール人が絶滅し、私たちが生き残ったのかを示すビジョンを与えてくれることだろう(1)。

小惑星の衝突と大量絶滅

ネアンデルタール人と現生人類の問題に取り組む前に、ちょっと足を止めて、私たちの旅の出発点を定めることにしよう。二つの人類がヨーロッパの凍てつく大地で出会った四万五〇〇〇年前は、それだけでもう十分に遠い過去だが、さらに広い視野で時間を俯瞰してみれば、その出会いを導くことになった歴史の流れを把握することができる。数千万年に及ぶこの長い前置きは、のちの出来事の因果関係を明確にするためにはおろそかにできない。それゆえ本章から第2章にかけてかなりの紙面を割くことになるが、そのあいだに人類の進化を盛り込んだ壮大な時間の流れをつかんでもらえれば幸いだ。この長い旅の道中では、やがてネアンデルタール人と現生人類の生活に影響を及ぼすことになった数々の重要な出来事を目にすることだろう。

当然ながら、物語をはじめるにあたっては、さまざまな出発点を選ぶことができる。千古の昔を選べば生命の根源に立ち戻れるし、もっと時を進めて、私たちの直近の祖先が出現する約二〇万年前を選ぶのもいいだろう。どちらの選択もふさわしく、双方のあいだにも妥当な出発点は山ほどあるが、私がぴったりだと思うのは、六五〇〇万年前に地球を文字どおり震撼させ、広範囲にわたり致命的な影響を及ぼした大異変――**K-T絶滅**〔K-Pg境界〕である。

K－T絶滅では地球に小惑星が衝突し、それに大規模な火山活動や海水位の変化があいまって、小型犬よりも大きな陸生動物がすべて姿を消した。恐竜が絶滅したのもこのころで、生き残った他の動物にとってはチャンスを意味していた。私たちの祖先である初期の哺乳類もまた、この好機を逃すことなく、霊長類の出現という未来への地固めを無意識のうちに行うことになる。とはいえ、遠い太古の森の下生えをちょこちょこ駆け回ることに一生を費やしていたトガリネズミのような小さい哺乳動物が知的な霊長類に変化するには、まだ長い時間が必要だった。

哺乳類がさまざまな形や大きさに多様化しはじめたのは、恐竜の絶滅後だと長いあいだ考えられてきた。先に述べたように、恐竜がいなくなれば、運のよい哺乳類が新しいポストを得るチャンスに恵まれるからだ。しかし、話はそれほど単純ではない。近年になって中国、マダガスカル、ポルトガルで発見された化石は、哺乳類がK－T絶滅のかなり前に、すでに雑食性の小動物から多様化していたことを示している。(2) また、水棲の哺乳類と中型の肉食動物が、一億七〇〇〇万～一億二〇〇〇万年前には存在していたこともわかってきた（驚くべきことに、胃の中から小さな恐竜が見つかった化石もある）。どうやら多様化はそれ以前から起こっていたらしいのだ。こうした動物が一時的な自然のきまぐれだった可能性もあるが、もしK－T絶滅という厳しい試練を乗り切っていたとしたら、その後どんな哺乳類が出現したのか、今となっては想像するよりほかはない。人類の物語がガラリと変わっていたとしても不思議はないし、人類自体が存在していなかった可能性もあるだろう。

六〇〇〇万年前――霊長類の出現

しかし現実には、物語は人類の誕生に向けて着実に進展していた。六五〇〇万年前を過ぎると、私たちにも見覚えのあるような哺乳動物が登場しはじめ（次頁表1参照）、約六〇〇〇万年前には最初の霊長類たちが出現した。それらはリスくらいの大きさの小動物で、K－T絶滅のときとはまた違った地球規模の気候変動のおかげで繁栄を勝ち取っていた。暁新世《ぎょうしんせい》と始新世《ししんせい》の境目であるおよそ五五〇〇万年前は、二度と繰り返されることはないであろうすさまじい地球温暖化が約一〇万年続いたことで知られている。この急激な温暖化によって、たった一万年のあいだに海面水温が最大八℃上昇し、常緑樹林が北半球の高緯度地域にまで広がった。樹上で生活していた初期の霊長類にとっては、理想的な生息環境が手に入ったというわけだ。化石霊長類（化石として残されている霊長類の総称）に関する最近の研究から、初期霊長類たちが地理的に拡大していく過程が詳細にイメージできるようになってきている。[3]霊長類たちは南アジアを皮切りに北東へ広がり、北アメリカに入り、そこから遠い昔はつながっていた陸地を渡ってヨーロッパへと拡散していったのである。それは霊長類にとって初めての世界進出であり、そのきっかけをつくったのが気候であった。

だがその後、世界は温室から冷蔵庫へと徐々に移り変わり、かつては亜熱帯の森が生い茂り、ワニやヒヨケザルがわがもの顔で闊歩していた高緯度地域に、初めて冬の霜が降りた。氷床が南極大陸の温帯雨林に取って代わった三六〇〇万年前ごろには、地球の気温が一気に低下し、熱帯林は低緯度地域へ後退をはじめた。北アメリカでは年平均気温が一二℃も下がり、多くの生物が絶滅したという。[4]

こうした寒冷化の傾向は、大陸プレートの移動と密接に関わり、また地球上で生じた偶発的な出来事や、天体の周期運動とも手を結んでいた。大陸は気の遠くなるほど長い時間をかけて今の見慣れた位置

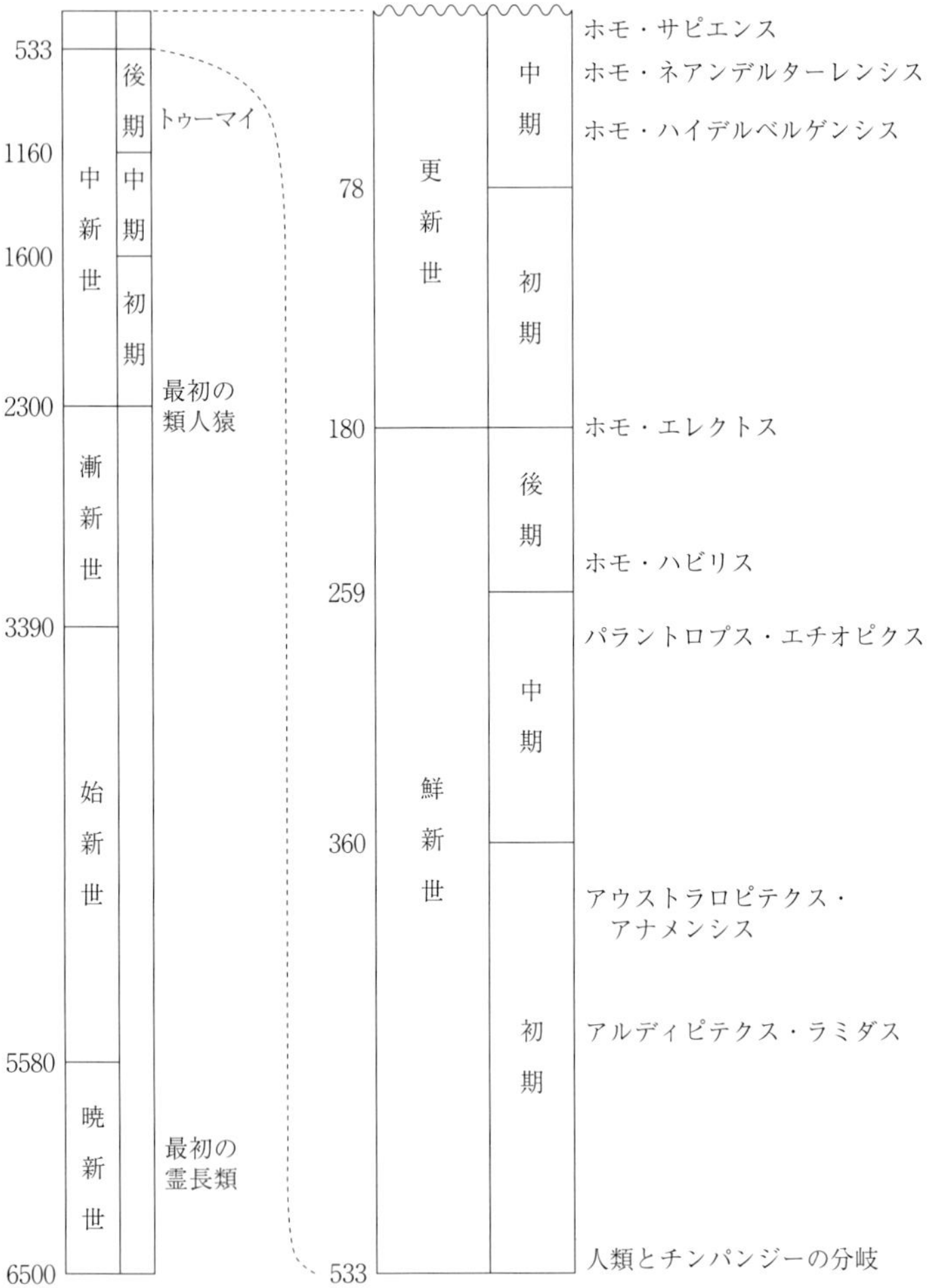

表1　本書で扱う時間枠（単位は万年前）。右側の表は、左側の表の上部を拡大したものである。参考として節目となる出来事を示した。

＊近年、鮮新世と更新世の境界を 259 万年前とする動きがあるが、本書では従来のとおり 180 万年前としている。〔2009 年 6 月に国際地質科学連合により 259 万年前とされた。〕

に収まっていたが、その過程ではさまざまなことが起こった。北極と南極を覆う氷が大きく広がり、二度の短く厳しい氷期〔氷河時代のうちでとくに寒冷な時期〕が生態系や動物相を変え、海水位は著しく低下した。また、極域に広がっていた広葉樹林は消え、熱帯の森林が減少し、草食哺乳類が一般的になった。こうした混乱のまっただなかで霊長類は衰退していき、生息範囲も赤道近くの地域に限られるようになった。温暖化がはじまったころには勝利に酔いしれていた初期霊長類は、森林というすみかを失うにつれて敗北の味を知ったのである。

二三〇〇万年前——類人猿の出現

二三〇〇万年前から一五〇〇万年前にかけては気候も以前の暖かさを取り戻し、緊迫した古代の世界にも安らぎの時間がしばしば訪れた（とはいえ、寒冷化に終止符が打たれたわけではなく、気候の下り坂は現在まで容赦なく続いている）。この時期の生物は、ほんのつかの間、かつての地球が誇っていた栄華を思い出すことができた。気候は温暖多湿で、熱帯や亜熱帯の森林はアフリカ内部にとどまらず、なじみの地であったユーラシアへと舞い戻り、シベリア東部やカムチャツカまで進出した。(5) 赤道近くまで撤退をせまられていた霊長類にとっては待ち望んでいたチャンスだったと言えるが、以前の温暖化のころとは霊長類の姿もかなり異なっていた——紛れもない類人猿になっていたのである。

この森林の拡大が繁栄につながったとすれば、類人猿は以前より多様な食物を摂取できるようになっていたはずだ。(6) オランウータンなど現生類人猿の多くは完熟果実を主食としているが、当時の類人猿がすべてそうだったわけではなく、木の実や葉などの植物を常食とする者も現れはじめた。一方で、ある点では両者はよく似かよっていた。それは身体の基本構造で、樹上を移動するときはまだ四本の脚で歩いていたが、それまでに類を見ない極めて柔軟な関節をもつようになっていた[7]。ゆくゆくはこの関節のしなやかさが、前脚で木の枝にぶらさがったり跳び移ったりという多様な動きを類人猿に身につけさせることになる。人類の物語にとって重要なのは、これによって手を自由に使う能力、とりわけ道具をつくる才能が子孫に与えられるようになったことだ。だが今のところはまだ、類人猿側の準備も、周囲の環境も万全ではない。初期の霊長類がすでに過去のものになっていたように、人類の出現もまだはるか未来の話なのである。

一六〇〇万年前――全盛期を迎えた類人猿

野生の類人猿に会いたければ、今ではアフリカか東南アジアの人里離れた森を訪れる他はない。こうした状況は二三〇〇万～一七〇〇万年前も似たようなものだったが、類人猿のすむ場所はアフリカに限られていて、アジアには存在していなかった。類人猿が進化を遂げたアフリカの地は、当時ユーラシアとつながっていなかったので、渡っていくことができなかったのである。

およそ一九〇〇万年前、アフリカプレートとアラビアプレートがユーラシアプレートに衝突し、それぞれを分け隔てていた海路が閉じられた（その後約五〇〇万年にわたり、海水面の上下動に伴って陸橋が現れたり消えたりした）。今日では、アフリカ、ヨーロッパ、アジアは別々の大陸として区別されているが、現実にはずっと長いあいだ、この巨大な陸塊はひとつの超大陸を形成してきたのだ。本書を読み進めてもらえばわかるように、アフリカとユーラシアの人為的な分割は、人類の進化に対する考え方

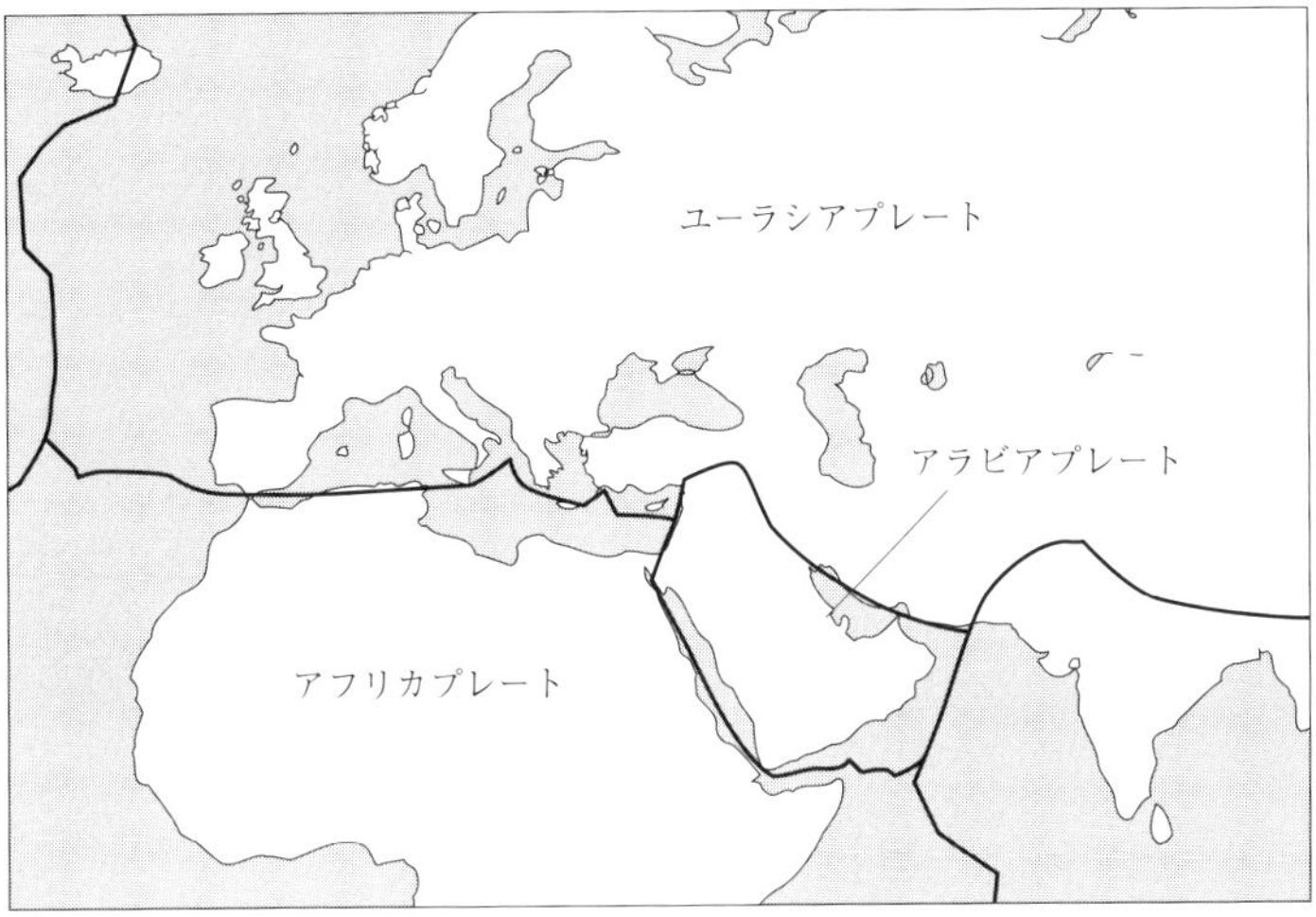

図1　現在のプレートの位置

に大きな影響を与えてきた。私はこの境界線をぜひとも消し去りたいと思っている。

こうして一九〇〇万年前に陸地がつながったことにより、象ほどの大きさの動物はユーラシアへ足を踏み入れることができたが（もちろん、反対にアフリカにやってきた動物もいた）、類人猿は一六五〇万年前ごろまで北へ向かおうとはしなかった。アフリカを出るのになぜそんなに時間がかかったのか、その手がかりのひとつは、ようやくアフリカから脱することのできた類人猿の歯にある。それらの歯は厚いエナメル質に覆われており、おそらく木の実のような硬い食物でも噛み砕くことができた。この革新のおかげで、類人猿は果実に依存しなくても生きられるようになり、より広範な領域に進出できるようになったようだ。新しい環境に対して最適な身体構造をもち合わせていたかどうかは、横断経路の確保と同じくらい重要なことだったのである。

類人猿たちは未開の地に足を伸ばすことで栄え、

ユーラシアのあちこちに散らばっていった。時に海面が上昇して陸橋が飲み込まれ、アフリカの親類たちと切り離されることもあったが、そのころまでにはユーラシア側に足がかりも築かれており、変わらず繁栄し続けることができた。

未踏の地に到達した動物が、急速にいくつかの亜種に分化し、未知の環境でそれぞれの生息場所を有効活用するのはとくに珍しいことではない。このとき、新しくやってきた種の体の基本構造は、さまざまな変化を見せる。こうした現象は島で起こることが多く、たとえばガラパゴス諸島でも、フィンチという鳥が外敵のいない状況でこのような変化をし、それをダーウィンが観察している。これは適応放散と呼ばれるもので、中新世中期に新天地のユーラシアへやってきた類人猿のあいだでも、似たような現象が起きていたようだ。

一六〇〇万年前にはじまる中新世中期は類人猿の全盛期だったが、当時から現在まで続いている系統は、オランウータン、テナガザル、チンパンジー、ゴリラ、ヒトだけである。当時はさまざまな形や大きさの類人猿が、イベリア半島から中国にかけて、またケニアからナミビアにかけて生息していた。(8) 現代に生きる私たちには想像しがたいほどの広大な熱帯・亜熱帯の森林で、類人猿はその全土に広がっていた。ヨーロッパからアフリカへ進出する種もあれば、その逆もあったが、こうした違いには――現在の政治的な境界線を当てはめない限り――意味はない。ただアフリカとユーラシアを隔てる海水面の上昇が時おり往来を妨げただけで、類人猿は潮の満ち引きのように現れては去るチャンスを利用していたにすぎない。

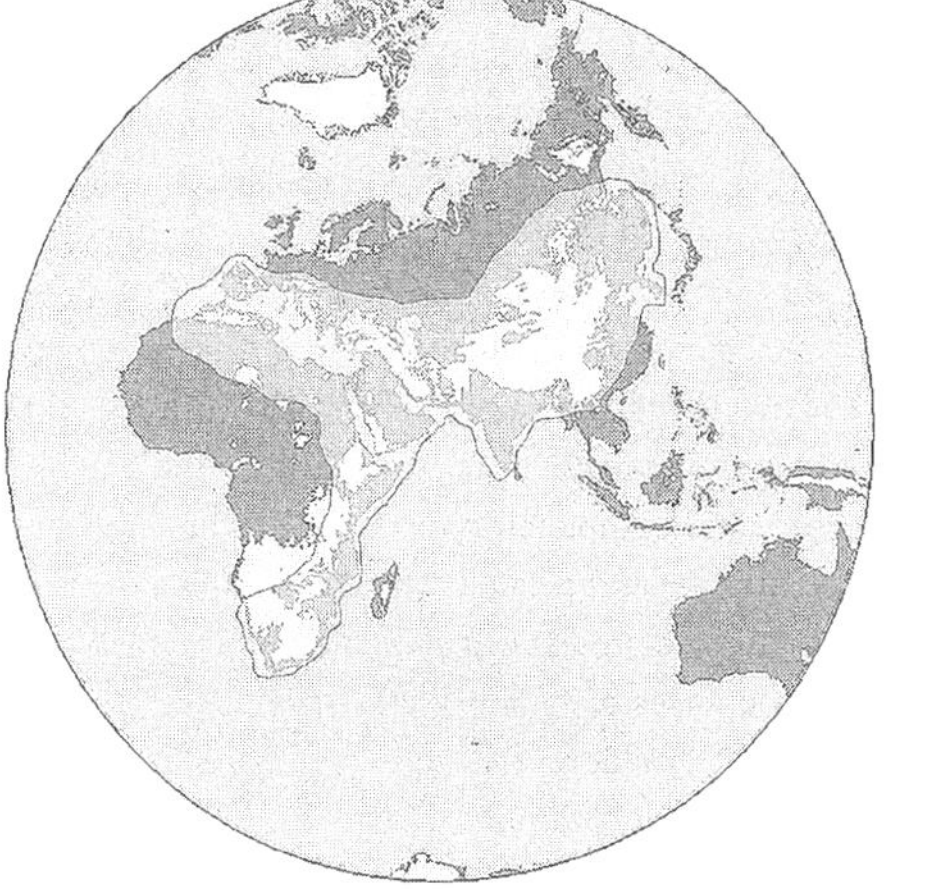

図2　1400万～900万年前頃の類人猿の生息に適した森林のおおよその分布（白い部分）。

アフリカの類人猿は本当に絶滅したのか？

超大陸のユーラシア側に渡った類人猿は、一四〇〇万年前から九〇〇万年前まで続いた温暖な気候のもとで繁栄を続けたが、アフリカ側では、この年代の類人猿の化石が長いあいだ見つかっていなかった（図2参照）。この事実から、アフリカの類人猿は絶滅し、現代の類人猿、ひいては人類につながる系統が、時を経て再びヨーロッパからアフリカへ戻ってきたのではないかと推測された[9]。この見立てが重要視されたのは、もしそれが真実ならば、私たちの祖先はアフリカの外に起源をもち、のちにアフリカで再び拡散したことになるからだった。気候が悪化した九〇〇万年前以降にユーラシアから温暖な熱帯へ舞い戻った類人猿だけが、絶滅を免れたというわけだ。

　こうした考えに反対する者たちは、アフリカに類人猿の化石がないのは必ずしもそこにいなかったからではなく、まだ発見されていないからだと主張した。断片的なものであれば、歯や骨が多数見つかっていたので、類人猿がアフリカから完全に姿を消したのではないようにも思えた。そこに舞い込んできたのが、二〇〇七年に発表されたアフリカ類人猿の存続説を支持するかのような二つの研究報告だ。

ひとつ目の報告は、エチオピアで見つかった一〇五〇万〜一〇〇〇万年前ごろのゴリラの祖先と思われる大型類人猿の化石。[10] 二つ目はケニアで見つかった九九〇万〜九八〇万年前ごろの化石で、アフリカの現生類人猿と人類の共通祖先に近い種と考えられている。[11] それまでは、ギリシャで発見された推定九六〇万〜八七〇万年前の化石が、大型の現生類人猿と人類の共通祖先として有力視されていたが、[12] ケニアで見つかった化石はそれに酷似していた。

これらの研究からわかってきたのは、アフリカの類人猿もヨーロッパの類人猿と似た生息環境、とくに硬葉樹が生い茂る季節性の常緑樹林に暮らしていたらしいということだ。こうした常緑樹林は、九〇〇万年前に気候が悪化すると類人猿ともども高緯度地域から消え、熱帯アフリカと東南アジアの一部に残るのみとなったようだ。[13]

当時の状況を簡単にまとめてみよう。中新世初期から気候最良期にあたる中期前半まで、具体的には二三〇〇万年前から一四〇〇万年前にかけては、熱帯・亜熱帯の森林が超大陸の代表的な景観となっていた。アフリカとユーラシアを隔てていた海という障壁がなくなると、両方に生息できるのにそれまでどちらかに閉じ込められていた動物たちが、それぞれの亜熱帯林を自由に行き来できるようになった。類人猿が十分に拡散するのにはやや時間がかかったが、それは障壁が最初に消えたときに、季節性の森林を活用できる者がいなかったせいだ。気候はゆっくりと熱帯アフリカの森を変えていた。高い林冠に覆われた熱帯雨林は減少して季節林が取って代わり、やがて新しい環境で生活することのできる新しい類人猿が登場しはじめた。いまや広大になった季節林で繁栄することができたのは、そうした新種の類人猿たちだった。こうして種の多様性は変化していったが、それは有利な環境では個体数が増え、逆境では減ることから導かれる当然の帰結にすぎなかった。

あらゆることがそうであるように、類人猿の成功の物語にも間もなく終わりが訪れるが、その結末は、はじまりを鏡に映したようなものだった。物語の最後の舞台が熱帯アフリカだったのは、温度の急低下によって、かつてはどこにでもあった森林がそこにしかなくなってしまったせいだ。類人猿はアフリカ全土に散らばっていたわけではなく、生息に適した地域にかたまっていた。初めのうちは東アフリカから北はレバントまで、そこから西はイベリア半島、東は中国までが生息範囲となり、気候によって行動中心域の大きさや形が変わるにつれて、類人猿の勢力も消長を繰り返した。最終的には、熱帯アフリカと東南アジアの二つの地域だけが類人猿に好ましいすみかとなり、そのうちひとつから、新しい物語が生まれることになる。

ここまで、六五〇〇万年前に起きた小惑星の衝突から、一〇〇〇万年前のアフリカでの類人猿の繁栄に至る長い歴史を駆け足で眺めてきた。しかし、五五〇〇万年という気の遠くなるような時間にも関わらず、どんなに想像力を膨らませてみても、人類と呼ぶにふさわしい生物を地球上に見つけることはまだできない。とはいえ、人類の物語に決定的な影響を与えることになる諸要素はこの時すでに出そろっており、遠い未来に本書の読み手と書き手を生み出すきっかけとなった出来事を解き明かす際、ここまでの流れを念頭に置いておけばきっと役に立つことだろう。

気候と偶然に彩られた舞台

人類の物語は地球という劇場で進展していく。この劇場にはいくつかの舞台があるが、あいだをつなぐ扉が閉ざされて、役者の通り道をふさいでしまうことがある。遠く離れていてなかなかたどりつけない舞台もあれば、長期間にわたって扉が閉ざされてきた舞台もある。最初の何幕かはアフリカとユーラシアで演じられるが、ゆくゆくはオーストラリア、そして南北アメリカが加わることになるだろう。また、各舞台では幕ごとに背景や舞台装置が変わり、気候という名の舞台監督が絶えず場面転換を指示している。

人類の物語の舞台には、気候の悪化という背景幕がかかっていた。ますます冷え込み、気候的な安定を欠く地球という大きな流れが、そこにはあったのである。そうした傾向は以前にもあったが、状況は悪化の一途をたどろうとしていた。時には、流れが一時的に逆転することもあった。たとえば先に述べたような、約八〇〇万年という長期に及んだ中新世初めの温暖化、また数十万年単位ではあるが、五五〇〇万年前、三四〇〇万年前、二三〇〇万年前にも温暖化が起きた。さらに短期の気温上昇が他にも数多く起こったのは間違いないが、大局的に見れば、寒冷化という流れが変わることはなかった。その結果、世界は一変した。極域氷床が出現し、かつてはシベリアまで到達した熱帯や亜熱帯の緑地帯が縮小し、低緯度地域まで後退した。こうした激変によって動物たちがどのような運命をたどったかは、類人猿の例からもおわかりだろう。

舞台に影響を及ぼすのは気候だけではない。本書の重大なテーマのひとつである「偶然」もまた、人類の物語を儚くも美しいものにする役割を果たしてきた。予期せぬ出来事や状況は、物語を思いがけない方向へと導いていく。私たちの祖先に予想外の好機をもたらしたK－T絶滅の小惑星衝突のように、偶然はいたるところに転がっており、それが物語に微妙な、または劇的な影響を及ぼしてきたのである。ユーラシアの亜熱帯季節林に進出した幸運な類人猿は、たとえ新しい木の実の味を覚えられたとしても、新天地へ続く陸橋がアラビア半島に出現しなければ、そこにたどり着くことはできなかっただろう。その陸橋がなければ、ユーラシアにいた違う種類の動物が食物や生息環境を消費し尽くしていたかもしれないし、すべてが手つかずのまま残されていたかもしれない。

大勢の俳優陣を抱えたこの芝居では、時が流れるにしたがって役者が入れ替わる。退場する役もあれば、後の場面で新たに登場する役もある。出づっぱりの役もあるが、数えきれないほど衣裳替えをするため、同一人物かどうかを見分けるのは容易ではない。言うまでもなく、出演者は地球上の動物たちだ。最初の主役は類人猿で、ほとんどの動物たちはエキストラとして各場面を盛り立てているが、なかには非常に重要な役割を果たす者もいる。類人猿を主役としたのは、他の動物よりもすぐれているからではない。たんにこれが類人猿についての芝居であるからだ。

コンサバティブとイノベーター

ここで主役を二つのタイプに分類してみよう――コンサバティブ〔保守派〕とイノベーター〔革新派〕だ。コンサバティブは、ご想像のとおり役柄が変わるのを好まず、現状維持のために全力を尽くす。反対にイノベーターは、何度でも繰り返し役柄をつくり変える能力をもつ。とはいえ、将来に何が待ち受けているのか知る者はいないから、意識的に姿を変えることはない。つまり、たいていは自ら望んで変化するのでなく、そうしなければ舞台から消え去るしかないから、そうするのだ。未来が今とあまり変わらない場合は、コンサバティブが成功する。反対に予期せぬ変化が続く場合は、ひと握りの幸運なイノベーターが大成功をおさめるが、残りの多くはコンサバティブとともに姿を消すことになる。

コンサバティブとイノベーターはまったく別のところにいるわけではない。イノベーターは常にコンサバティブの両親から生まれるし、イノベーターの子どもはやがて新しいやり方に慣れてしまって、自分たちはコンサバティブになろうと努める。未来がわからないとすれば、できるだけ現状に合わせることに力を注ごうとするものだからだ。だがもちろん、背景が突如として変わったときには、そうした努力そのものがコンサバティブを滅亡へ導きかねない。

コンサバティブは、好みの舞台装置を追って劇場内を転々とすることで、気候や環境の変化に対応した。時には舞台装置がまるごと劇場外に投げ出されることもあり、そうなると、そこにしがみついていたコンサバティブは二度と舞台に戻ってこなかった。舞台監督である気候のはからいによって好ましい生息環境が広がると、個体数は増え、各地へ拡散していった。五五〇〇万年前に樹上生活を送っていた初期霊長類がその例で、南アジアから北アメリカへと向かい、そこからグリーンランド経由でヨーロッパへ散らばり、広大な森林地帯を占拠することができた。やがて気候が冷え込み高緯度地域から常緑樹林が消えると、たくさんの生物種が死に絶えたが、局所的に消滅しても、より赤道に近い安全な生息地では生き残った種もあった。たいていの場合、生息域の減少はその地域の個体群の絶滅を引き起こしたが、よく考えられているように、レフュジア〔避難地〕への移動を誘発したわけではなかった。そこにはすでに同種の個体群が根づいていることが多かったからだ。

シラコバトはいかにしてイギリスにたどり着いたか？

人類の物語を読み進めていくためには、生物種の生息範囲が時とともにどう推移していくのかを明確に理解することが非常に重要になる。そこで、十分な裏づけのある例を用いて、一般的に生息範囲がどのように広がるかを見てみることにしよう。

ヨーロッパの都市部に暮らす者であれば、シラコバトのいる風景をよく目にしているだろう。この鳥は公園や庭にすみつき、繁殖している。一〇〇年前、シラコバトはヨーロッパでは珍しい鳥だった。もともとは南アジアに生息していたが、徐々にトルコへ広がり、そこから一路北西へ向かってイギリス諸島へ、そして南はイベリア半島まで拡大した。[14] なぜここまで広がることができたのかは誰にもわからないが、ヨーロッパの都市や郊外につきものの公園や庭を活用できるようになったハトの幸運が一因になったのは間違いないだろう。いわば、気候の代わりに人間が新しい生息環境をつくり出し、初期の樹上性類人猿よろしく、この鳥が移りすんできたのだ。

ところで、シラコバトの群れがトルコからイギリスに渡ってくるのを目撃した人はいない。だとすれば、どうやってイギリスにやってきたのだろうか？　まずシラコバトはヨーロッパ南東部のすみよい環境に身を落ち着け、一九〇〇年までにはその地に根づき順調に繁殖した。親バトがすんでいた場所が手狭になると、子どもたちは一～二キロ先にある近くの公園に移動した。これを繰り返し、少しずつヨーロッパを横断していったのである。イギリスでは一九五五年に最初のつがいがノーフォークで繁殖し、一九六四年には個体数が一万九〇〇〇羽に増加。それが今では数十万羽ほどになり、ヨーロッパ全体では七〇〇万つがいがいると推定されている。このように、シラコバトの拡散の経緯は詳しくわかっているが、その個別の原因ははっきりしていない。この例は、数万から数十万年前、さらには数百万年前に起きた出来事を、点在する化石や遺物に基づく乏しい知識から理解しようとするときに、良い教訓となるはずだ。

シラコバトは「大移動」をしたわけではない。それはたんに個体数の増加が引き起こした地理的拡大であり、しかも一世紀足らずの出来事だった。一〇〇年のうちに段階的に起こった変化であれば、考古学で用いる大まかな時間間隔をもって先史時代を眺めたとしても、私たちがそれに気づくことはまずないだろう——とびきり幸運であれば、洞窟の中で、シラコバトの骨がひとつもない地層の上に、骨だらけの地層が続いているのを見つけることはあるかもしれないが。

この例を、のちほど本書でもじっくり考えることになる人類の拡散に当てはめてみよう。考古学的記録の示すところによると、現生人類はおよそ六万年前には北東アフリカにおり、遅くとも五万年前には東へ拡散しはじめ、最終的にオーストラリアに到着したようだ。かなりの距離だが、時間もそれなりに経過している。では人類とシラコバトは、それぞれどのくらいの速さで広がっていったのだろうか？

シラコバトはおおよそ五五年をかけて、トルコからノーフォークまでの二五〇〇キロを制覇した。一年間で四五キロ進んだ計算である。一方、五万年前に私たちの祖先がいたエチオピアから、オーストラリアで最も古い現生人類の痕跡が見つかっているムンゴ湖までは、約一万五五〇〇キロの距離がある。[15]仮に人類が四万五〇〇〇年前にそこに到着したと推定すると、一年にわずか三キロあまりしか進まなかったことになる。シラコバトに比べるとぱっとしない距離だ。しかし、シラコバトが人類よりも速いペースで繁殖することを考えれば、この比較が公正さを欠いていることがわかる。シラコバトの一世代は事実上一年なので、世代ごとに四五キロの割合で広がることになる。人類の一世代を二〇年として計算すると、一世代につき六〇キロとなり、シラコバトと同じ桁になる。たしかに荒っぽい計算ではある。だが、これである仮説が非常にはっきりと説明できることになる――先史時代の人類の地理的拡大には、いっさい特別なことはなく、民族大移動のような形ではありえなかったということだ。

ワニの生存戦略

ここまで述べたような、自分にとって好ましい生息環境をたどっていくタイプの個体や集団は、変化を嫌い自分が一番よく知っていることに固執するコンサバティブに属する。あまりにも急速で劇的な環境の変化に対処しきれず、生活に適したすみかを失ってしまったとき、そのコンサバティブに最も起こりそうな結果が、絶滅だ。小惑星の衝突や二一世紀の人間の営みは、そうした劇的な変化の極端な例だろう。けれども、変化の速さや大きさがそれほど深刻ではない場合、これまで暮らしていた場所の一部で、少なくとも数種の個体群が生き延びることは珍しくない。それらの個体群は、今までとなんら変わりのない生活を続け、のちに状況が良くなれば新しい土地へ広がっていくこともあるし、環境に変化がなければ新たに安定したレベルで存続することもある。だが状況が再び悪化したときは、やはりさらなる絶滅への道が待ち受けている。

ここで私が注目したいのは、一部の場所で生き延びることができた個体群だ。こうした集団は、環境

——放棄しなくてはならなかった場所よりも比較的安定していると思われる環境——にその後も適応を続ける。環境に大きな変化がなければ、一番うまく適応できる個体が自然選択の恩恵を受けることになるからだ。このような形で、ほぼ永久に存続できる動物もいる。ある意味、東南アジアやアフリカの赤道直下の熱帯林にすむ類人猿が、これにあたるのではないだろうか。初期の類人猿がほとんど絶滅した一方で、いくつかの種は順応して森林での生き方をつらぬき、現在でもその姿を見ることができる。生い茂る樹木を背景に類人猿は進化を続けたが、森林を飛び出して生き残ることができたのはヒトだけだったのである。

何百万年も基本的な生活を変えずに生き延びてきた動物の好例が、ワニである。この爬虫類は白亜紀(一億四五〇〇万〜六五〇〇万年前)に出現し、K－T絶滅をくぐり抜けた。現在よりも広範囲に分布してヨーロッパ各地にも生息していたが、熱帯環境が縮小するにつれて、自分たちのすみかから出ることができなくなってしまった。それでも、生息地という名の監獄の中で、ワニたちは温水にすむ低燃費の大型肉食動物として、順調に暮らしを立ててきた。

ワニの基本的な身体構造が長期にわたる成功をおさめているからといって、進化が止まってしまったわけではない。基本のデザインは変わらなかったが、進化は続いていたのだ。実際、現在のナイルワニが化石記録に初めて姿を現したのはほんの三〇〇万〜二〇〇万年前、鮮新世後期のことである。このころになってようやく最新型のワニが現れて地理的に拡大し、もっと保守的なワニの多くは、冷えゆく地球が課した条件に対処しきれず絶滅していった[16]。ここで重要なのは、さまざまなバリエーションがありながらも、基本のデザインは失わずにいた種が実際に存在することである。ある意味これは、ワニの構造が特殊化し、そのために自らを特定の地域に閉じ込めてしまったとも考えられるが、それでもなお、次第にすみにくくなる世界でワニたちはなんとか生き延びることができた。

ジブラルタルの人口調査

イノベーターは、主要な生息地域の周縁部、理想的ではないけれども種によってはなんとか生きていける場所で、危険と隣り合わせで暮らしている。こうした周縁部に個体群が暮らしているのは、多くの場合、すみよい地域で過剰になった個体がいつもあふれ出してくるからにすぎない。こうした集団はシンク個体群〔個体の増加率より減少率が高い集団〕と呼ばれ、よそからの移入がなければ群れを維持することができない。そんな平均以下の個体数の集団が、なぜ私たちにとって重要なのか、的確な例を用いて説明していこう。

仕事仲間で長年の友人でもあるトロント大学のラリー・ソーチャックは、ジブラルタルの人口を何年もかけて研究している（ヨーロッパの最南端に位置するこの小さなイギリス領は、私の出身地でもある）。ラリーは人類学者で、疾病が人類に与える影響力について特別な関心を寄せている。ジブラルタルが素晴らしい研究の場なのは、一七〇四年にイギリスに占領されて以来、転入、転出、出生、死亡、結婚など、全住民の記録が軍によって事細かに残されているからだ。大英帝国に身を奉じる記録官の目をごまかせるものはひとりとしていなかったのである。

ビクトリア朝時代のジブラルタルは、生活にあまり適した場所ではなかった。衛生状態は悪く、一般住民は密集して暮らし、飲料水をはじめとした物資の不足が絶えなかった(17)。地中海性気候のもと、夏季には三カ月間も雨が降らず、飲み水が手に入らなくなることもしばしばあった。人々は、地下貯水池を掘って冬の雨水を貯めることで、問題に対処しようとした。幸運な者は地下水を掘り当てて井戸から水をくみ出すことができたが、そこまでついていない者は、貯水池も井戸も利用できなかった。ラリーは、貯水池と井戸の利用機会が社会的・経済的地位と結びつくことに気づいた――最も貧しい層はどちらももたず、次に続く層は貯水池もしくは井戸のみを手に入れ、最も裕福な層は両方を利用することができたようだ。

次にラリーは一八七三年から八四年までの記録を調べた。その期間は年間降水量が概して不安定で、たくさんの雨水を貯められた良い年もあれば、夏に向けてほとんど水が貯められなかった悪い年もあった。冬の降雨量と、翌年に住民が抱えるストレスの度合を比較すると、最も乾燥した年は明らかに最もストレスが多かった。人々が不衛生な水を飲む可能性が一番高かったのは、そうした年だったのである。そういうときには、牛乳に混ぜものをするなど食糧供給の質も低下した。その悲惨な状況は想像にかたくない。

詳細な記録から次にラリーが割り出したのは、一歳未満の乳児がどこに住んでいたかということだった。当時は離乳期の下痢で命を落とす赤ん坊が多かったが、一八七九年に行われた細目にわたる戸別調査から、乳児が貯水池だけの家、井戸だけの家、その両方がある家、どちらもない家のいずれに育ったかを知ることができた。結果は驚くべきものだった。平常時の乳児死亡率は、誰もが想像するとおり、汚れた水しか飲めない貧しい世帯で最も高く、井戸や貯水池から水を調達できる裕福な世帯では最も低かった。しかし問題は、悪い年に目を向けたときだ。深刻な干ばつのせいで、安全な飲み水にありつけない人々が増えた年の結果を、誰が予測できただろうか？　少なくとも私にはできなかった。そのような状況下では、極貧の人々が最も多く生き残ったのだ。彼らは、生きるために汚れた水を飲まなければならない環境に普段から慣れていたので、干ばつによる悪影響をそれほど受けなかった。反対に、雨の多い年が続く限り状態のよかった富裕層は、いったん環境が悪化すると、それに対処することができなかった。

弱者こそが生き残る

思うに、いま挙げた例とそう違わない出来事が、人類の進化を促す場面でたびたび起きていたのではないか。こうした事態を私は「弱者の生き残り」と呼んでいる[18]。皮肉っぽく聞こえるかもしれないが、これによって、予測のできない変わりやすい環境で最もうまくやっていくのが、必ずしも特定の状況下で最も力をもち成功していた集団ではないことが、はっきりとわかるだろう。気候変動を受けて生息範囲が縮小したり場所が変わったりしたとき、中心部を占拠していた集団は、望ましい環境を追って移動するか、絶滅するかしかなかった。その集団はコンサバティブだったのである。一方、崖っぷちにいた集団は、気まぐれな環境に絶えず適応する必要があった――したがって、どんなことでもこなさなければならなかったし、事態がさらに悪化したときにもじっと動かずにいることができた。実際、厳しい状況が続いたときに最もうまくやっていけるのが、そうした「なんでも屋」（つまりイノベーター）で、その成功により、数は増加し、生息範囲も広がっていった。中心部の集団とのあいだに遺伝的交流があったならば、イノベーターは徐々にコンサバティブを圧倒しただろう。それは「種内の変化」として現れたはずだ。反対に、イノベーターとコンサバティブのあいだに気候などが原因で生態の違いが生じ、両者が遺伝的に分離しはじめた場合、なんでも屋は新しい種としての道を進み、コンサバティブはそのままの状態を保ったか、もしくは集団の規模が小さくなり、結局は絶滅の道をたどったことだろう。

本章の前半に登場した中新世初期のアフリカ類人猿が暮らしていた森林は、たくさんの種を新しい方向へと進化させた。それぞれが独自の食習慣をもつようになり、なかには昔ながらの完熟果実食と決別した集団もあった。おそらく別の類人猿によって最も豊かな地から締め出され、常に果実だけを頼って生きることができなくなった類人猿の周縁集団が、木の葉や実など、ほかの植物部位を食べる道を次第に見つけていったのだろう。そうした周縁集団が孤立するにつれ、果実の代わりとなる食物を消化できるよう歯や内臓を変化させていった者たちが、自然選択において有利な立場になっていったと考えられる。

イノベーターは、不利な条件を成功に結びつけることができた。他の種が完熟果実による元来の食生活にしがみついているあいだ、新しい種は代わりの食物を主食とした。果物がなく、生活がまったく成り立たないために立ち入ることができなかった土地に、イノベーターは新たな食物を求めて移りすんだ。競争相手によって最適な生息地の周縁に追いやられ続けた結果として、行動だけでなく体の構造が変化したことが強みとなったのだ。中新世の類人猿について言えば、その強みがあったからこそ、熱帯アフリカの外へと広がり、アフリカとユーラシアの広大な地域を占拠していた季節性の亜熱帯林を活用することができたのである。

しかし、ここでもやはり偶然の存在を忘れてはいけない。偶然は舞台を通じて役者に影響を与えるだけでなく、役者自身に直接働きかけることもある。約二〇〇〇万年前、森の中で樹木の枝々を四つ脚で駆け回っていた類人猿は、柔軟な関節を進化させた。これによって役者の演技は、樹上の道化のように見るも楽しいものになったに違いない。だがそれから数百万年以上が過ぎたとき、この柔軟な関節のおかげで、子孫たちが二本足で立って地上生活をし、石を武器に変えるほどの想像力を備えた脳をもつようになることを、いったい誰が予測できただろうか？　進化の世界においては、まだ知ることのない未来に適合した者が成功する。だから、地球上に生命が誕生してから現在までの気の遠くなるような歳月を通じて、成功者はいつも少数派だった。

第1章　絶滅への道は善意で敷きつめられている

骨の穴

今から五〇万年ほど前、スペイン北部の渓谷に、とある人類が集団で暮らしていた。彼らはどこからどう見ても、まぎれもなく人間だった。知性をもち、背が高くがっしりとした体格で、平均身長は一七五センチ、体重は九五キロほど。私たちに匹敵する大きさの脳をもち、社会集団の中で生活し、おそらく発話することができた(1)。

彼らの骨は、大聖堂のそびえる都市ブルゴスの近く、アタプエルカの丘の洞窟内にあるシマ・デ・ロス・ウエソス(骨の穴)という立坑の遺跡から出土した(次頁図3参照)。少なくとも二八個体に分類できる五〇〇〇個以上の人骨で、これは同じ年代の人類化石の約九〇パーセントを占めるものと考えられる。

骨がどうしてそこにあったのか? この疑問にはまだはっきりとした答えはなく、先史時代の数多くの謎のように、論争のまっただ中にある。ある研究者たちは、おびただしい数の人類の化石がありながら、ホラアナグマ以外の動物の化石が見当たらないことを根拠に、ここが人々が雨風をしのいだり、しとめた動物を持ち込んだりした場所ではないのは明らかだと主張している。むしろこの穴は死者を埋葬

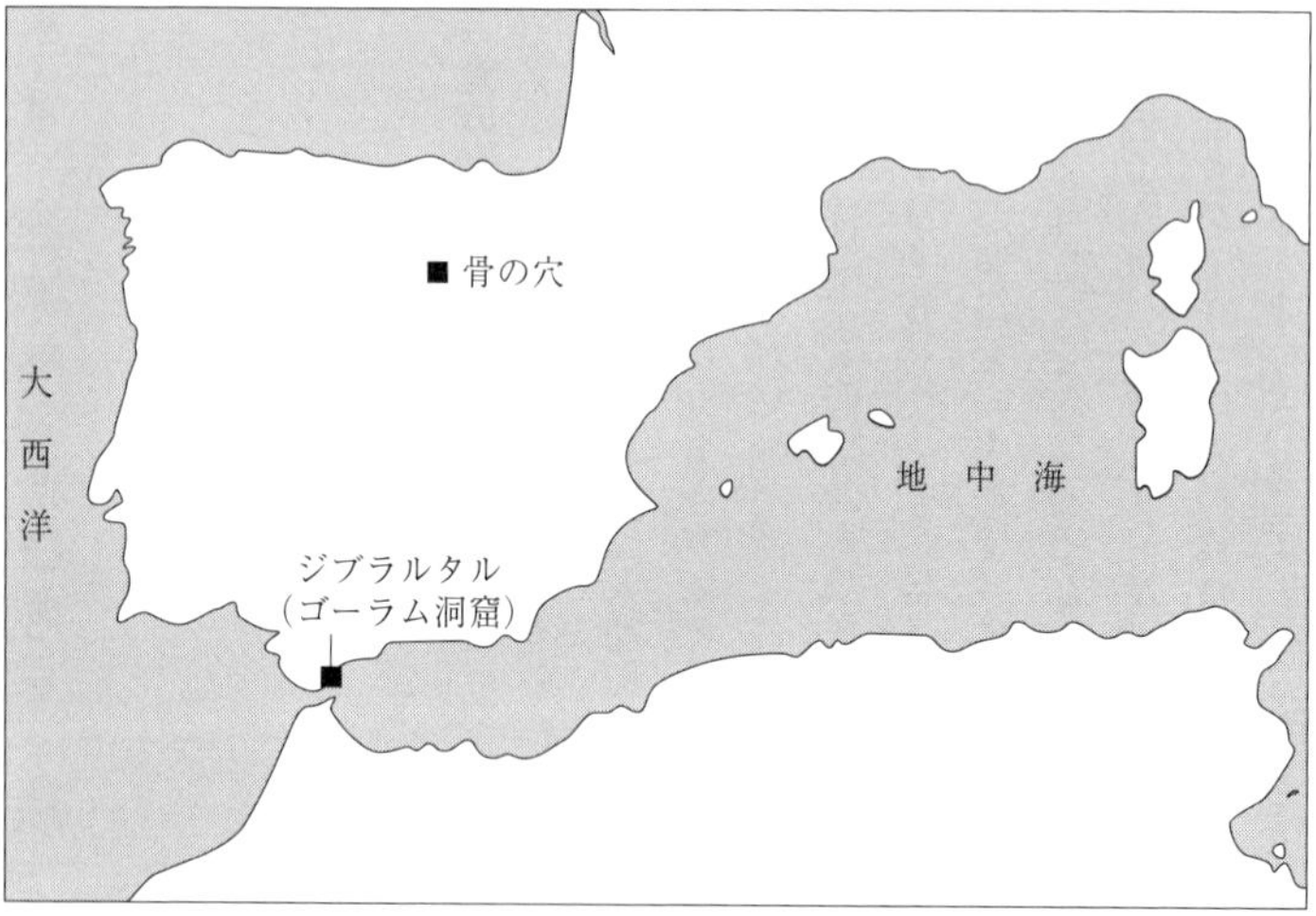

図3 〈骨の穴〉からは50万年前のものと思われる人骨が見つかっている。

した場所であり、それによって骨の主の行動と自意識の複雑さが証明されると彼らは考えているのだ。この主張に信ぴょう性を与えたとされるのが、美しく彫刻されたハンドアックス〔握斧〕の発見で、一九九八年に人骨のあいだから見つかり、埋葬儀式の一端を担った特別な道具ではないかと考えられた。穴の中から見つかったこの唯一の道具は、周辺では見られない赤い珪岩《けいがん》でつくられており、発見者たちはこれをエクスカリバーと呼んだ。[2]

埋葬地だったという説に懐疑的な人々は、多くの骨に肉食動物の歯型が残されていることから、死体が動物によって穴の中に引きずり込まれた可能性を指摘している。〈骨の穴〉に化石が堆積した理由は私にはわからないが、この素晴らしいコレクションがその後五〇万年にわたって失われずに、私たちにその由来を議論する機会を与えてくれた幸運には感謝したい。

三つの年代

先のプロローグでは、九〇〇万年前、つまり、残された熱帯の森林で類人猿が生き延びる道を模索していた時期までを見た。本章はそれから八五〇万年後、まぎれもない人間の姿をした生物とともにはじまった。だが彼らに熱を入れすぎる前に、本章と次章では、あいまの約八五〇万年間を足早に眺め、〈骨の穴〉の人々がそもそもどうやってこの場所にやってきたのかを探ることにしたい。

新しい化石類人猿、初期人類[3]、人類が科学論文に発表されるたび、私たちの進化の道筋はますます複雑で、わかりにくいものになっていくように思える。研究に用いることができるのは、ほんのわずかな、通常は不完全な標本ばかりで、その関係性を考える際には、必然的に多くの憶測が含まれることになるからだ。これはまるで、一万ピースのジグソーパズルの全体図を、たった一〇〇ピースから把握した気になるようなもので、結果的に行き着くところが、さまざまな化石をどうにか関連づけて現生人類までつなげた、雑多な進化の系統樹だということも少なくない。そうした解釈はやがて有力メディアによって独自に読み替えられ、あたかも疑いのない事実のように、雑誌やテレビのドキュメンタリー番組で取り上げられる。

〈骨の穴〉で見つかった化石は類を見ないほど大量にあるので、それによって大昔に生きていた人々の多様性を把握することができるが、それ以前の九〇〇万年前から〈骨の穴〉にいたる期間には、匹敵する量の試料がなく、事実を再構成するには用心深く慎重になる必要がある。

ここで、どの化石が私たちの祖先なのかという議論に深入りする前に、まずはさまざまな初期人類と人類を大まかな種類と年代に振り分けてみたい。

　年代に関しては、一一六〇万～五三三三万年前の中新世後期、五三三三万～一八〇万年前の鮮新世《せんしんせい》、一八〇万～七八万年前の更新世初期というように、ちょうど全体を地質年代にきっちり対応した三つのブロックに分けることができる（表2参照）。

　一一六〇万～五三三三万年前は重要な年代で、私たちも属していた類人猿という大きな枝が、ゴリラやチンパンジーといった他の枝へと分かれていった時期だった。オランウータンの系統はそのころはすでに別の道に進んでおり、東南アジアの森で独自の進化をとげていた[4]。次に待っていたのがゴリラとの別れで、最新の推定では人類の祖先との分岐点を約八〇〇万年前としているが、プロローグで見たように、近年エチオピアでは約一〇〇〇万年前のものとみられる初期ゴリラの歯の化石が見つかっている。もしもさらなる証拠によってこの発見が裏づけられれば、ゴリラの分岐年代は従来の推定よりもかなり早い一一〇〇万年前ごろになるかもしれない。

　チンパンジーとヒトの分岐点は、最新の研究では五〇〇万年前以降とされているが、四〇〇万年前まで早める説もある。注目すべきは、どちらにしても二つの種が完全に分かれるまでには四〇〇万年ほどかかったと見られている点で、そのため、いったん分岐してからまた交雑した可能性がささやかれ、議論を呼んでいる。その他にも、私たちの祖先は約五万～七万五〇〇〇個体[5]にも及ぶ大集団だったため、種が分かれるのに長い時間が必要だったのではないかという、より単純な解釈がある。

	本書での呼称（学名）	年代（万年前）
	生息域	
中新世後期（1160万～533万年前）	トゥーマイ（サヘラントロプス・チャデンシス）	700～600
	チャド	
	ミレニアム・マン（オロリン・トゥゲネンシス）	610～572
	ケニア	
	カダバ（アルディピテクス・カダバ）	577～554
	エチオピア	
鮮新世（533万～180万年前）	ラミダス（アルディピテクス・ラミダス）	451～432
	エチオピア	
	レイク・マン（アウストラロピテクス・アナメンシス）	420～390
	エチオピア、ケニア	
	ルーシー（アウストラロピテクス・アファレンシス）	390～300
	エチオピア、ケニア、タンザニア	
	アベル（アウストラロピテクス・バーレルガザリ）	350～300
	チャド	
	プレ・フローレス・マン（アウストラロピテクス・フロレシエンシス）	?
	南アジア？	
	フラット・フェイス（ケニアントロプス・プラティオプス）	350～320
	ケニア	
	タウング・チャイルド（アウストラロピテクス・アフリカヌス）	330～230
	南アフリカ	
	（パラントロプス・エチオピクス）	280～230
	エチオピア、ケニア	
	（アウストラロピテクス・ガルヒ）	250
	エチオピア	
	（パラントロプス・ボイセイ）	250～180
	マラウイ、タンザニア、ケニア、エチオピア	
	（パラントロプス・ロブストス）	200～180
	南アフリカ	
	ハンディ・マン（ホモ・ハビリス）	233～180
	エチオピア、ケニア、タンザニア、南アフリカ	
	レイク・ルドルフ・マン（ホモ・ルドルフエンシス）	190～180
	ケニア	
更新世初期（180万～78万年前）	（パラントロプス・ボイセイ）	180～140
	マラウイ、タンザニア、ケニア、エチオピア	
	（パラントロプス・ロブストス）	180～150
	南アフリカ	
	ハンディ・マン（ホモ・ハビリス）	180～144
	エチオピア、ケニア、タンザニア、南アフリカ	
	レイク・ルドルフ・マン（ホモ・ルドルフエンシス）	180～140
	ケニア	
	グルジアン・マン（ホモ・ゲオルギクス）	177
	グルジア	

表2　現在知られている初期人類のおおよその年代と地理的分布

＊この表にはフローレス・マンの仮説上の祖先が含まれる。また、ハンディ・マン、レイク・ルドルフ・マン、グルジアン・マンを暫定的にヒト属（ホモ属）に分類している。

中新世後期の祖先候補たち——トゥーマイ、ミレニアム・マン、カダバ

科学に不完全さはつきものだが、現存する類人猿と人類の遺伝子が示すところによれば、古代類人猿間で最初に枝分かれしたのはオランウータンの系統で、九〇〇万年より前。次はゴリラの系統で約八〇〇万年前と推定されているものの、近年発見された化石から、通説よりも早かった可能性が持ち上がっている。最後がヒトとチンパンジーの分岐で、およそ五〇〇万年前を示している。つまり、先ほど三つに分けた年代のひとつ目に重要な事件が起こっているようなのだが、そのイメージをもっとわかりやすくしてくれる化石はないだろうか？

実は、ひとつ目の年代からは三種の化石種が見つかっており、それぞれが人類の祖先の座を狙っている。最も古いサヘラントロプス・チャデンシス(6)は**トゥーマイ**という愛称をもつ。「トゥーマイ」というのは、サハラ砂漠を国土に含むチャドの人々が、生命を脅かす厳しい乾期の初めに生まれた子どもにつける名前で、化石が見つかった中央アフリカの言語であるゴラン語では「生命の希望」という意味だ。九点におよぶ標本には、頭骨、顎骨の破片、数本の歯が含まれる。トゥーマイは七〇〇万〜六〇〇万年ほど前に湖のほとりで生活していた。二足歩行だった可能性もあるが、定かではない。チンパンジー並みの大きさの脳を収容していた頭骨は、古代類人猿の特徴と、もっと後の初期人類を予期させるような特徴を併せもっている。

言うまでもなく、トゥーマイの発見は激しい議論を呼んだ——人類直系の古代種と考える人がいた一方で、初期型のゴリラと片づける人もいたからだ。トゥーマイに与えられた七〇〇万〜六〇〇万年前と

いう年代は、ヒトとチンパンジーが分岐したとされる五〇〇万年前より古いという問題に対しては、次の二つの可能性が考えられた。もしトゥーマイが人類の直接の祖先ならば、分子時計によるヒトとチンパンジーの推定分岐年代が新しすぎることになる。逆に分子時計が正しいのなら、トゥーマイは枝分かれ前に生きていたことになるので、チンパンジーとの分岐後に現れた人類の直系の祖先ではない。

　人類の最も古い祖先の座を狙う第二の候補者は、**ミレニアム・マン**というあだ名をもち、学名のオロリン・トゥゲネンシスはトゥゲン語で「最初の人」を意味する。二〇〇〇年に最初の化石となる一三点がケニアのトゥゲンヒルズで出土し、[7]現在までに全部で六個体分にあたる二二点が発見されている。暮らしていたのは六一〇万～五七二万年前とされ、これはトゥーマイよりも一〇〇万年ほど現代に近い。したがって、トゥーマイよりもチンパンジーとの分岐点には近づくものの、それでもまだ五〇〇万年前よりは古いため、第一の候補と同じような難題に突き当たってしまう。

　一方で、トゥーマイと対照的な点もある——頭骨ではなく大腿骨がいくつか出土しているのだ。これらの大腿骨は、ミレニアム・マンの体の動きを知る重要な手がかりを与えるものだった。研究者たちは、彼らが人類の重要な特徴である直立歩行をしていたと主張し、さらには、それまで人類の祖先だと考えられてきた新しい時代の化石人類よりも、現代の人間の歩き方に近いという説を唱えさえした。[8]しかしながら、直立歩行をしていたことは多くが認めていても、ミレニアム・マンが人間らしい動きをしたとか、人類の直系の祖先だったと信じる研究者は多くない。ここでもまた、乏しいデータから極端な主張と反論がなされたわけで、それによって私たちの理解が深まることはほとんどない。

　頭骨がトゥーマイの武器で、大腿骨がミレニアム・マンの切り札ならば、第三の候補者を特徴づけるのが、歯である。二〇〇一年、エチオピアのミドルアワシュで、五体分にあたる一一点の化石の発見が報告された。五八〇万〜五二〇万年前にその地に生息していたものと考えられ、一年後には新たに六点の歯が見つかり、年代は五七七万〜五五四万年前まで狭められた。その地から一二〇〇キロメートル南にすんでいたミレニアム・マンよりも時代的に新しいが、もしかすると重複した時期もあったかもしれない。この三番目の候補者アルディピテクス・カダバ(9)を、**カダバ**と呼ぶことにしたい。

スリー・アミーゴス――三人の兄弟

ここでいったん、これまでのことをまとめておくことにしよう。

私たちは熱帯アフリカの三つの遺跡から、七〇〇万〜五五四万年前という長い期間についての、ひと握りの断片的な標本を手に入れた。ひとつは頭があっても胴体がなく、ひとつは脚があっても頭がなく、またもうひとつはあごと歯ばかりだった。合計すると二〇体分にも満たない骨の持ち主たちは、遠く過ぎ去った一五〇〇万年間のいつかに、この広い大地のどこかで、ひっそりと暮らしていたはずだ。こうした数少ない貴重な発見には、できれば謙虚に、公平に接したい。だが、考える材料が不足しているにもかかわらず、この三つの候補者は人類の祖先の座をかけた熱い論争の的となっているのが現状だ。

しかも話はここで終わらない。自分の主張を裏づけるためなのか、各候補者にはそれぞれ異なった「属」が与えられている――つまり、彼らは生物学的に個別の存在と見なされているだけでなく、互いにあまりに違うので、生物分類においてより上位の階級で区分されると考えられているのだ。しかし、このようにわずかな試料だけを判断材料にして、実際の姿を知ることができるのだろうか。もしかした

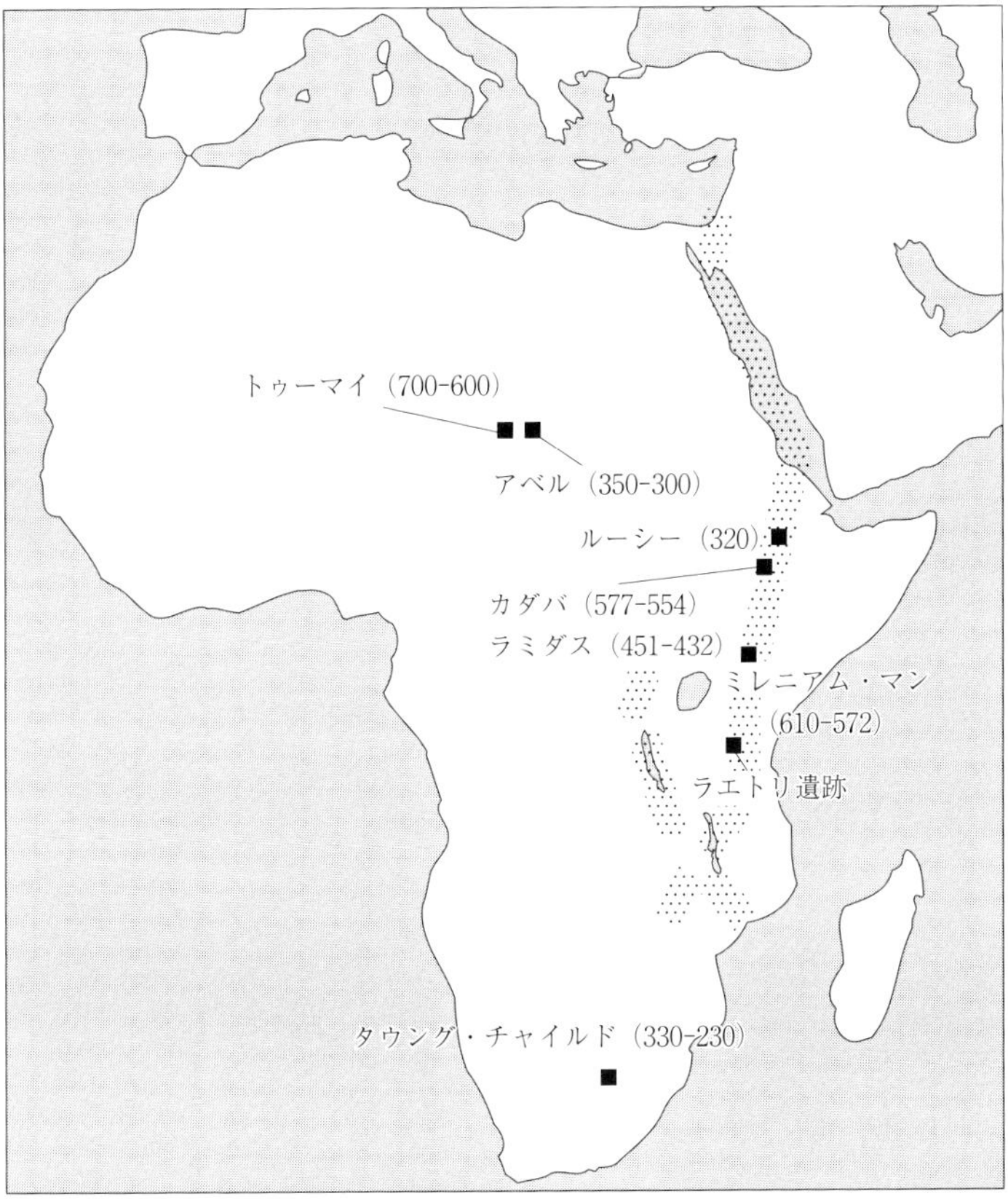

図4 アフリカで発見された主な化石とその年代。単位は万年前（ドット部分は大地溝帯）

ら、これら三人の兄弟《スリー・アミーゴス》（トゥーマイ、ミレニアム・マン、カダバの総称としよう）は、みんな同じ属どころか、同じ種に属していたのかもしれない。また、三者とも私たちの祖先だったのかもしれないし、全員違っていたのかもしれない。

そう考えると、たしかにわかることは少ない。だが、がっかりすることはない。私たちは、直立歩行をしていたと思われるチンパンジーくらいの小さな類人猿を実際に発見しているのであり、その時代は、初期人類と初期チンパンジーが枝分かれしたと考えられている時期とおおむね一致することがわかっている。こうした発見は重要な一歩だが、では、このような変化を引き起こした要因を見つけることはできるだろうか？　数十万から数百万年という気の遠くなるような長い時間を相手にするのだから、一筋縄でいくわけがない。しかし近年、スリー・アミーゴスが暮らしていた熱帯アフリカ地域に影響を及ぼした地質学的・気候的変化に関する理解は、かなり深まってきている。どうやらそれを使えば、私たちの舞台の背景画を描くことができそうだ。

トゥーマイと二つの地質学的イベント

スリー・アミーゴスが登場する場面の布石となったのは、二つの大きな地質学的イベントだった。ひとつ目は、大西洋から地中海への海水の流入が滞りはじめたことで、およそ八五〇万年前の出来事だ。当時、インド洋と地中海の連絡は、アラビア半島によってすでに閉ざされていた。一方、大西洋からの海水は地中海西端の二つの海峡から流れ込んでいたが、アフリカ大陸がヨーロッパ大陸を圧迫し続けて地面が隆起すると、徐々に制限されるようになった。事態は次第に深刻となり、蒸発した量を回復

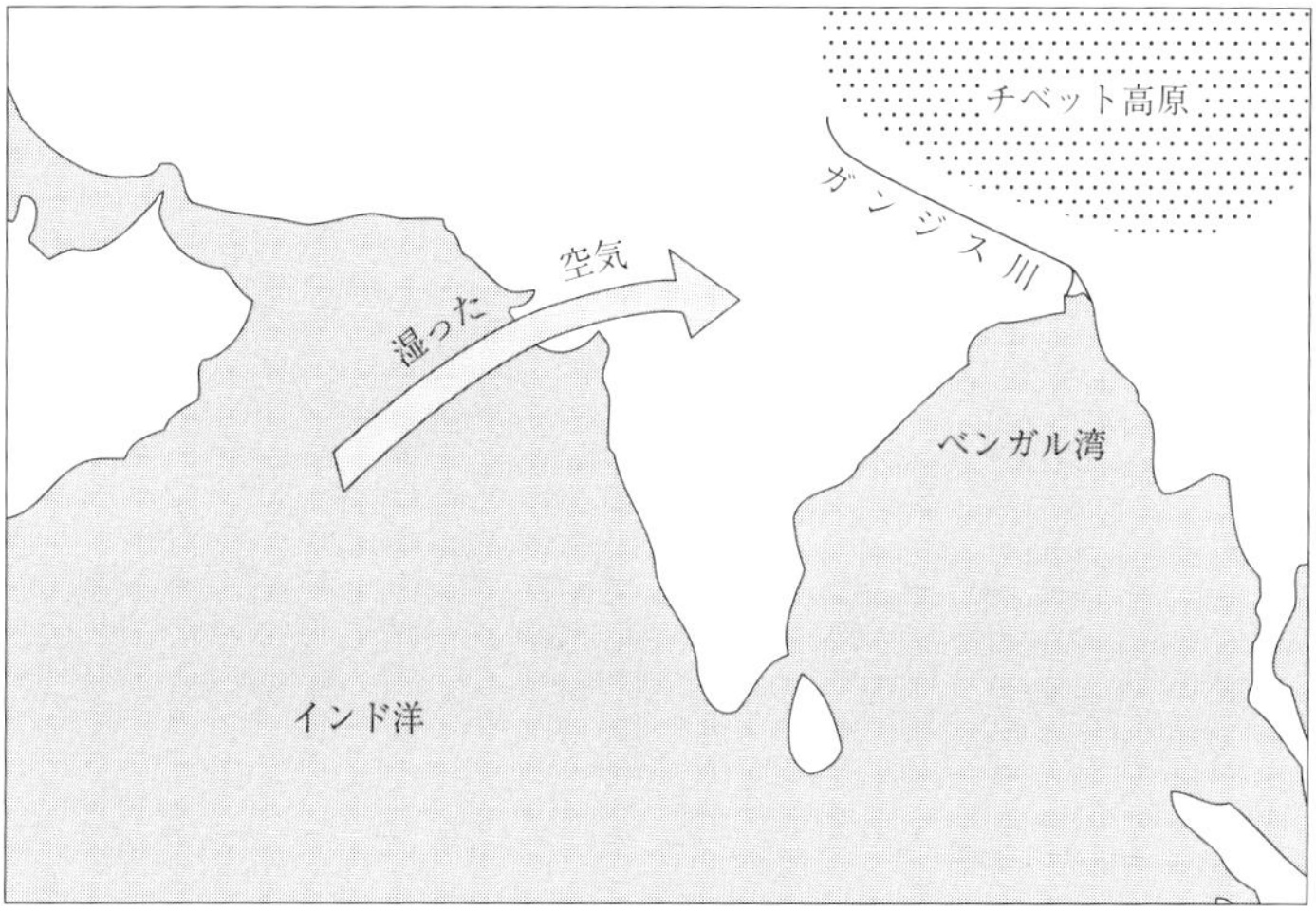

図5　現在のインドと南西モンスーンの仕組み

するだけの海水が入ってこなくなると、地中海は塩湖化していった。地中海全域がこうした状況に見舞われたのは五九六万年前ごろで、大西洋から完全に切り離された五五九万年前あたりを過ぎると最悪の時期を迎えた。五八〇万～五五〇万年前には地中海の大部分が干上がり、水位は最低レベルに達した。

二つ目のイベントは約八〇〇万年前に起こったチベット高原の急上昇で、その主な結果はアジアモンスーンが成立したことだった。夏に暖まった空気が高原を上昇していくと、それを補うためにインド洋から湿った空気が流れ込む。この湿った空気は山にぶつかって斜面を昇り、大量の雨となる。このような南西モンスーンの仕組みによって、現在ではほぼ同緯度にある北東アフリカが乾燥していても、南アジアにはモンスーンの豪雨が降る。

とはいえ、この状態がずっと続いていたわけではない。地球は自転しながら公転している上に、地軸の指す方向は一万九〇〇〇～二万三〇〇〇年周期で変化するため、太陽から受ける熱の量も変化する。日射量が最大のときはチベット山塊との作用で南西モンスーンが発達したが、最少のときは発生させることができなかったらしく、代わりに南東モンスーンがインド洋から北アフリカにかけて雨をもたらした。この効果が強まったのは、当時はまだアフリカ大陸が北上を続けており、その結果、今では亜熱帯に属する北アフリカの大部分が、最も強い夏の日射しを受ける位置にあったからである。

ここでようやく、大西洋と地中海を結ぶ海峡の閉鎖と、チベット高原の隆起という一見脈絡のない二つの出来事が出会い、予想外の気候変動を生むことになる。五八〇万年前までに、地中海の水位は最低レベルに達していた。かつては海だったその場所に夏の低気圧が周期的に発達し、北東アフリカでは南東モンスーンの勢いが強まった。皮肉なことに、地中海の高塩分と底水位がピークに達する一方で、北東アフリカや地中海沿岸は雨の非常に多い時期を経験することになったのだ。

沿岸地方や北東アフリカに隣接する地域はこの影響を大きく受けたが、北西へ向かいインド洋の作用から遠ざかるにつれて、雨は穏やかになったようだ。現在、南西モンスーンはインド洋の湿った空気をヒマラヤ山脈に送りこみ、雨を降らせる。その雨はヒマラヤの斜面をつたって主要な河川へ流れ、最終的にはガンジスデルタの入り組んだ水路を通って、ベンガル湾に注ぐ。では、中部および北東アフリカに降ったモンスーンの雨はどうなったのだろう?

今やサハラ砂漠に大半を支配されてしまったその地域が、モンスーンに見舞われる様子を想像するのは難しい。トゥーマイが出土したその砂漠に現在も残っているのはナイル川とチャド湖だけであるが、モンスーン最盛期には、四つの巨大な窪地に雨水をため、淡水をたたえた大きな湖をつくりあげていた。

水はその後北へ向かって流れ出し、キレナイカ〔現在のリビア東部海岸地方〕の塩湖に大滝のごとく勢いよく放たれて、地中海に注ぎ込んだ。四つの湖は、合計で六二〇万平方キロメートルもの領域から水を吐き出したが、これはヨーロッパ最大の国土面積を誇るフランスのおよそ一一倍もの広さである。

トゥーマイが暮らしていた約七〇〇万〜六〇〇万年前の古代チャド湖のほとりは、今よりもずっと湿潤だっただろう。水辺の林とサバンナが接する豊かな環境で、たびたび冠水する地域があった一方、砂漠も存在した[10]。たくさんの淡水魚、スッポン、リクガメ、ニシキヘビなどのヘビ類、トカゲなどが繁栄し、哺乳類の種類も、大型のハイエナやサーベルタイガー、カバ、キリン、アンテロープ、イノシシ、ウマ、サルと幅広いものだった。チャド湖岸は、比較的狭い場所にさまざまな環境が混在するモザイクのような空間で、動物たちはそこで生きるためのさまざまな手段を見つけることができた。局在する豊かな生態系に暮らすことは、トゥーマイが生き残るための重要な要因となったし、それはのちに出現する初期人類や人類にとっても同じことだった。人類とモザイク状の生息地との関係は、この後何度も現れるテーマであるが、もとをただせばこのような単純な起源に行き着く。

私たちの直系の祖先であるかどうかは別にして、そこに進化の一つの過程を見るならば、トゥーマイはとても興味深い例となるだろう。その過程は、トゥーマイが暮らしていたアフリカの一地域にも影響を与えた劇的な気候変動とともにはじまった。気候変動によって原始の熱帯雨林が縮小していくと、そこに暮らす類人猿たちは一年中果実に頼って生きることができなくなり、樹木の茂った生息地で次第に地上生活を身につけていくようになった。トゥーマイも、その歯から、地下茎を含むさまざまな植物の部位を食べていたと考えられるが、なかには湖岸で食物をあさり、いち早く動物性食物の味を覚えた者もいたかもしれない。そうした者たちは、他の類人猿の周縁集団で、生き抜くための新しい方法を模索していたのだろう――トゥーマイとその仲間たちは、イノベーターだったのだ。

鮮新世の初期人類――アベル、ルーシー、タウング・チャイルド、そしてラミダス

ここでもう一度チャド湖のほとりに戻ってみよう。今度は、小さな類人猿らしき生き物が茂みに駆け込み、木によじ登ってゾウの群れが通り過ぎるのを待っているのが見える。ゾウは、私たちが現在アフリカのサバンナで見るものとまったく同じ姿ではないが、それでもよく似ており、反対にトゥーマイたちが見慣れていたものとはだいぶ異なっていた。ここはトゥーマイのすみかに近かったが、彼らが生きていた時代からすでに三〇〇万年の時が流れていた。

今から三五〇万～三〇〇〇万年前のチャド湖岸では、樹木の茂ったサバンナと水辺の林とがモザイク状に併存していた。サバンナに散在する草原ではウマやサイやアンテロープが草をはんでおり、こうした動物たちは、トゥーマイの時代と同類だったものの、この三〇〇万年ほどのあいだに変化をとげていた。永久河川や季節河川などの水源もまだあり、チャド湖自体にも豊富な魚類、カメ、ワニが生息していた。

一九九三年、フランスの研究者たちはその地で初期人類の下顎骨と歯を発見し、亡くなった同僚をしのんで、その化石（アウストラロピテクス・バーレルガザリ）にアベルという愛称をつけた[11]。フランス人研究者たちは、自分たちが八年後に再びトゥーマイというお宝を掘り当てることになるとは、思いもよらなかっただろう。この九三年の発見が大きな反響を呼んだのは、アフリカ大陸東部を南北に走る「大地溝帯」から遠く離れた場所で、このような化石が出土したのは初めてのことだったからだ。化石

はアウストラロピテクス属（「南の類人猿」という意味）に分類されたが、この属名は、一九二四年に南アフリカで石灰岩の採掘業者が、**タウング・チャイルド**として知られる、アベルよりも少し年代の新しい頭骨を発見したことから知られるようになっていた[12]。

アベルと同世代と考えられているのが、かの有名な**ルーシー**である。ルーシーはおよそ三二〇万年前、現在のエチオピアのハダールに暮らしていた成人女性で[13]、死亡したのは二五歳くらい、全身骨格の約四〇パーセントにあたる部分が一九七四年に発見されている。タウング・チャイルド、ルーシー、アベルは、表2では二番目の年代（五三三万年前から一八〇万年前の鮮新世）に属し、その年代に支配的な勢力となった脳の小さい初期人類が、どのような地理的範囲に生息していたのかを知る際の有用な手がかりとなっている[14]。

この第二の年代を通じて、脳の小さい初期人類は、熱帯アフリカ東部から中部の広い範囲に分散していった。西アフリカまで到達していた可能性もあるが、それを証明する化石はない。南北に目をやると、熱帯という障壁を突破して南端には進出しているが、同じように北方に拡大していった証拠は意外にも見つかっていない。初期人類が、大地溝帯に沿ってまずはエチオピアの北に広がり、それからはるか中東まで進んだ可能性は、彼らがその二倍の距離を南下したことを考えればかなり高そうだが、実際はどうだったのだろうか？

約三五〇万年に及ぶ長い第二の年代に、どれほど多くの初期人類が現れたのかはわかっていない。というのも、別種とされている化石でも実際は同一種の地理的な差異だった可能性があり、また、同じ種のさまざまなバリエーションが時間の経過とともに入れ替わったとも考えられるからだ。こうした変化の中心にいると見られているのが、カダバの子孫であり、四五一万〜四三二万年前にエチオピアの同じ地域に生息していた**ラミダス**（アルディピテクス・ラミダス）である[15]。ラミダスが登場したころ、脳の小さい初期人類はエチオピアからタンザニアまでの東アフリカに閉じ込められていたようで、南や西に姿が認められるのはそれから一〇〇万年ほど後のことである。

ジブラルタル海峡の誕生

では、この時代の気候はどのようなものだったのだろうか？　それを考えるために、まず五三三万年前に起きた目を見張るような出来事——ジブラルタル海峡の誕生を見てみることにしよう。サハラ砂漠の大きな川が地面を深くえぐり、四つの湖の水を地中海東岸のキレナイカ塩湖に放出させていたことは先に述べたが、その一方で、西の果てでも同様に川が地面を侵食していた。しかし、この川が湖の水を放出することはなかった——反対に、周辺の湿潤な大西洋沿岸地域に降る雨水を集めていたのである。このようにして川はじりじりと侵食を続け、その地域で最大の水をたたえた場所である大西洋に近づいていった。そしてあるとき水位が大西洋と同じ高さに達すると、海水が流れ込み、それがやがて数千メートル下の西地中海の干上がった海盆に流れ出しはじめた。最初の二六年間は滴り落ちるしずくのような勢いでしかなかったが、いったん海峡が開通すると、たちまち激流に変わった。三キロメートル下の熱く乾いた地の底に水がほとばしり落ちるすさまじい滝の誕生を、世界は経験したのである。一〇年間で西の海盆は大西洋と同じ水位に達し、その後一年以内にその水はキレナイカ湖にあふれ出して東の海盆を満たした。こうして生まれた新しい地中海は、ヨーロッパと北アフリカの気候を変え、乾燥化の進む地域には現代のような砂漠や半砂漠、そして乾燥した草原が広がりはじめたのである。

二足歩行はどのようにはじまったのか？

景観は現在の地球に近づき、森林に覆われた温暖な世界は遠ざかっていった。アフリカは今より緑が多かったものの、熱帯雨林は縮小し、森も分散しはじめていた。第二の年代の前半に登場したラミダスは、先人の伝統を引き継ぐかのように、森林が多くを占めるモザイク状の環境で暮らし続けた。これが意味するのは、初期人類は森の中で生活しているときに、すでに地上を歩いていたということだ。人類が森林を捨て、開けたサバンナに進出した瞬間に二足歩行がはじまったという古い考えはもはや用をなさない。二足歩行は、どうやら樹上ではじまったようなのだ。

この驚くべき結論は、オランウータンの歩き方を観察することによって導き出された[16]。オランウータンには、ゴリラやチンパンジーにはないヒトとの共通点がある――まっすぐに立つ場合、チンパンジーとゴリラは後肢のひざが曲がるのに対し、オランウータンとヒトは、ひざをまっすぐ保ったまま立つのである。このような特徴は、枝の上を歩くオランウータンにいくつかの利点を与えた。たとえば折れやすい細枝を歩くときは、必要ならば重心を移動させながら思い切って後肢で立つことができ、安全のために手でしっかり別の枝をつかむこともできる。そうすれば片腕が自由に動かせるので、さもなければ手の届かなかった果実が得られるのだ。また、この方法で樹上を歩けば、木のあいだを渡るときにいったん地上に降りる必要がなくなる。

これは、大型類人猿の共通祖先が身につけていた基本的な形のロコモーション〔移動様式〕と考えられ、東南アジアの熱帯雨林で今も同じような生活を続けるオランウータンに受け継がれてきた（その代償として、オランウータンは縮小した熱帯雨林に囚われてしまうことになったのだが）。おそらくオランウータンは、現在まで生き残った唯一のコンサバティブ類人猿であり、他のコンサバティブはどれも絶滅したか、生き方を変えてしまったのだろう。

アフリカの森は東南アジアの森よりも気候変動のあおりを受けてきたようだ。そうして森林が行きつ戻りつをしながらも次第に開けていくと、空を覆い尽くしていた林冠にいくつもの切れ目ができた。そうなると、オランウータンのように林冠をつたい歩く方法はあまり役に立たなくなり、いったん地上に降りてまた違う木に登るといった、新しい技術を考え出す必要が出てくる。そうした状況のなか、私たちのしたたかな祖先たちはサバンナへと活躍の場を変えたが、ゴリラやチンパンジーは森に残り、ほぼ同じ生活を続けた。しかし、そんなゴリラたちも、自分たちのやり方を変えたからこそ生き残ることができたのである。

チンパンジーとゴリラの戦略

自然の実験場と化したアフリカでは、類人猿として成功するためのさまざまな試みが行われていた。新たな試みの多くが失敗に終わり廃れてしまったが、ご存じのとおり、チンパンジー、ゴリラ、そしてヒトだけは今日まで連綿と続いている。

樹木の茂ったサバンナへと向かったヒトとは対照的に、チンパンジーとゴリラは森の奥深くにとどまった。そこでは、林冠と地面を行き来する効果的な手段を見つける必要があったので、チンパンジーらは四つ足で木の幹を垂直方向に移動することにしたが、そのような形の木登りに骨格を適応させたため、二本の後脚をまっすぐ伸ばす歩き方を永遠に失ってしまった。木のあいだを移動するのに、チンパンジーとゴリラは幹を登る縦の動きを地面を移動する横の動きに変え、文字どおり地面を水平に登る――こぶしを地面につけて歩く「ナックルウォーク」である。つまりナックルウォークは進歩であって、チンパンジーの祖先の歩き方でもなければ、初期人類の祖先の歩き方でもなかったというわけだ。

ゴリラやチンパンジーに見られるナックルウォークという行動は、長いあいだ、初期人類が樹上生活から地上生活へ移行するまでの中間段階だと考えられてきた。しかし私たちがここで目の当たりにしているのは、ある特定の目的行動へ向けた適応が、状況が変わったときには思いもよらず別の目的に役立つことの、もうひとつの例のように思われる。たしかに、森の奥深くでは木の上でほとんどの時間が費やされるため、ナックルウォークの方がうまく立ち回れる。だが一度そのやり方になじむと、ナックルウォーカーは自分たちの存在を森に限定することになった。こうしてイノベーターはコンサバティブへと変化したのである。

初期人類は直立歩行を最大限に利用していくうちに、林冠とのつながりを失っていった。長く地上で暮らすようになると、二本足でもっと素早く歩いたり走ったりするための変化はどんなものでも有利になったが、化石はそれに時間がかかったことを物語っている。たとえば、進化の早い段階にあった脳の小さい初期人類は、長い腕などの特徴を保持し続け、いつでも必要なときに安全な樹上に戻ることができたようだ。

林冠がうっそうと茂る森から周縁の生息地への移動はゆるやかに行われた。そこで初期人類は実験を行いイノベーターとなるのだが、その過程で、ほかの類人猿が経験したことのない開けた生息地に目を向けはじめることになる。すでにラミダスは、この特別な冒険に乗り出していた。

ラミダスからレイク・マンへ

およそ四四〇万年前に出現したラミダスは、ほぼ時をおかずに化石記録から消え去り、絶滅したのか、はたまた別の種へ進化したのかという問いだけが私たちに残された。ラミダスは、その祖先のカダバ（五七七万〜五五四万年前）のように、エチオピアのミドルアワシュにのみ生存していたようだ。彼らがいなくなった直後の四二〇万年前ごろの同じ地域には、新たな初期人類**レイク・マン**（アウストラロピテクス・アナメンシス）が登場した。[17] レイク・マンの化石は、エチオピアの南、ケニアのトゥルカナ湖畔で一九九四年に初めて発見されたが、二〇〇六年になるとアワシュ川流域にも生息していたことが明らかになった。[18]

こうした断片的な情報から垣間見れるのは、レイク・マンがラミダスから進化し、二〇万年のあいだに活動範囲を南方へ広げたという興味深い光景である。レイク・マンはどうやって、カダバやラミダスといった祖先たちが一〇〇万年以上閉じ込められていた土地との決別を果たしたのだろうか？　その答えは生態学に求めることができる。

ラミダスは、祖先のカダバと同じく森林地帯に暮らしていたと考えられている。だがそれは、初期チンパンジーのすみかだった林冠の厚い熱帯雨林ではなく、低木の生い茂る草原に近い森林だったようだ。これはまさしく熱帯雨林周縁部の景観であり、そこでは気候がより大きな敵となって現れた。つまり、比較的多湿な森林に暮らしていたカダバから見れば、半湿潤で乾期のある気候を経験していたラミダスは、類人猿にしてはすでにストレスの多い環境に暮らしていたと言えるのだ。ラミダスは、このような辺境の地に足を踏み入れ、限定的ながらモザイク状の環境を利用した初めての初期人類だったのだろう。そして、それを次の段階まで発展させたのが、レイク・マンだった。

レイク・マンはもはや狭い森林地帯に閉じ込められてはいなかった。その姿は、乾燥して開けた森や低木の茂みでも、氾濫原を広く覆っている水辺の林でも見ることができた。彼らはまた、樹木や低木の茂るサバンナまで進出し、淡水のそばで暮らした。気候は半乾燥で季節性を帯び、年間降水量は三五〇〜六〇〇ミリほどだった。レイク・マンは、過去に祖先が暮らしていたような低温・湿潤で密集した森林と、将来支配的になる温暖・乾燥で樹木が茂る開けた草原が混在するモザイク状の環境に生息していた。このことがレイク・マンとその子孫にツキをもたらすことになる。

広い範囲で生活することができるというレイク・マンの能力は、森林周縁に暮らしていた祖先集団（おそらくラミダス）のあいだで有利に働いたものと思われる。それを受け継いだおかげで、彼らは、暮らしやすいとは言いがたい周縁部でもうまくやっていくことができた——進む先にこだわることなく、それぞれの生息環境を最大限に利用することができたのだ。気候の変化に伴い、昔ながらの森林を圧倒して周縁地域が広がっていくと、中心部で特殊化していたラミダス集団の多くは絶滅し、周縁部にいた者たちは新しい世界への適応能力を発揮した。プロローグで紹介した一九世紀のジブラルタルの貧民のように、全体の状況が悪化するときは抑圧された集団が一番うまく切り抜けるのである。また、同じくプロローグで紹介したシラコバトのように、その成功は地理的拡大へとつながった。このようにして、保守的《コンサバティブ》な初期人類が暮らしていた森林の周縁部に、革新派《イノベーター》のレイク・マンが現れたのである。

ルーシーと仲間たち

ここで、脳の小さい初期人類の舞台は後半の幕に移るが、それは前半とよく似た展開をたどる。ルーシー（アウストラロピテクス・アファレンシス）は、一九七四年に発見された有名な骨格で、初期人類に分類された[19]。レイク・マンの足取りが途絶えた三九〇万年前ごろに出現したため、その系統を継いだとの見解もある。ルーシーとその仲間たちは無類の冒険好きだったらしく、先人たちが暮らしていたどの場所よりも開けた環境で見つかっている。彼女たちはさらに遠くへと足を伸ばし、現在のタンザニアまで南下した。そこを歩いた足跡が一九七八年にメアリー・リーキーによって発見されており、これが有名なラエトリ遺跡である。ラエトリの足跡は、ルーシーの系統が少なくともその時点では直立歩行をしていた事実を裏づけ[20]、初期人類が地上を二本足で歩いたのが、脳の大型化や道具の製作に先立っていたことを示している。

ルーシーの仲間たちは、より年代の古い初期人類と同様の進化をとげたらしく、周縁部の開けたサバンナに暮らし[21]、環境に適応していった。気候の悪化が続き、開けたサバンナや低木地帯が着実に広がっていったのは、彼女らにとって幸運なことだった――森林がまばらになり木と木が遠く離れるにつれて、直立歩行は優れた移動方法になったと思われるからだ。もちろん、初期人類と森林の関係がまるっきり絶たれたわけではなかった。だが樹木への依存度は変化し、あらゆる活動の中心であり餌場でもあった森は、危険なときに駆け込み、その陰から動物や隣人の様子をうかがう避難所となり、季節の果実を集める場所となったのである。

進化の道がルーシーから人類へとまっすぐに続いていると見るのは、私たちの物語を歪めるものだと考える研究者もいる。そうした人たちはむしろ、ミレニアム・マンこそが人類につながる正しい道であり、ルーシーの仲間たちはたんなる横枝で、カダバとラミダスとともにチンパンジーへ続く道筋だと考えている。[22] だが、この解釈の後半部分には首をかしげてしまう。なぜなら、それが本当だとしたら、チンパンジーの祖先はいったんモザイク状の環境に出てから、縮小していく熱帯雨林のジャングルに再び戻ったことになるからだ。たしかに、アフリカの大型類人猿のなかでも、チンパンジーは生息場所の許容範囲が最も広く、樹木の茂るサバンナでも、うっそうとした森林でも暮らすことができる。とはいえ、それが可能になった理由としては、熱帯雨林から開けた草原に進出したと考えるほうが、その反対よりずっと自然である。熱帯雨林の縮小は四〇〇万年前から長期にわたって続いたが、そのあいだに類人猿は、より開けた森林へと何度か移住を試みたのではないだろうか。

だが、ルーシーの系統が人類への道をたどったかと言えば、それはまた別問題だ。ルーシーたちは、乾燥して森林が縮小していく東アフリカで環境に対応しようと実験を続けた初期人類の一例にすぎず、人類へとつながる道は、ある子孫の死によって絶えてしまったのかもしれない。[23] おそらく、私たちの祖先はルーシーの実験には加わらず、違う道を歩んだのだろう。そして、あまり冒険をしなかった第三の存在が、チンパンジーの祖先だと思われる。四〇〇万〜三〇〇万年前の東アフリカの平原では、生き残りをかけた実験が幾度か行われたはずだが、二一世紀まで歩んでこられたのは現生人類とチンパンジーだけだった。

もう一人の候補――フラット・フェイス

ここまで述べたことが正しく、ルーシーとその子孫[24]が人類の系譜からすっかり外されるとしたら、私たちの祖先と特定できる四〇〇万〜三〇〇万年前の化石はあるのだろうか？　断定はできないが、可能性のある候補者はいる――**フラット・フェイス**（ケニアントロプス・プラティオプス）だ。フラット・フェイスはルーシーたちと同世代の化石人類で、三五〇万年前のものと見られる頭骨、顎骨、歯が一九九八年から九九年にかけて出土し、二〇〇一年に公表された。[25]その小さな歯からルーシーとは異なる食生活を送っていたと考えられ、際立って平坦な顔は、一九〇万年前ごろに東アフリカに暮らしていた謎の初期人類ホモ・ルドルフエンシスとの関連性を感じさせる[26]が、これについてはのちほど触れることにしよう。

第二の年代の後半にあたる三五〇万年前以降も気候の悪化は続き、アフリカのほぼいたるところで森林が分断され、開けた緑地が広がった。この時期は、ルーシーの子孫たちが一番繁栄した時期でもあり、他にもいくつかの種が現れては、開けた生息地へと展開していった。彼らはしばしば淡水の近くに暮らし、樹木から決して離れることはなかったし、しっかりした体型と、木の実や硬い繊維質の植物を噛み砕く歯を発達させた者もいた。生息範囲はいっそう広がり、アフリカ南部、西はチャド湖まで拡大した。なかには、第二の年代の終わり、つまり鮮新世の終わりである一八〇万年前まで続いた種もあった。

化石記録に関しては、人類の祖先のほうがルーシーの系統よりも謎が多い。それはおそらく、ルーシーの子孫よりも数が少なく、他の初期人類の周縁に暮らしていたからだろう。さらにわかっていないのが初期チンパンジーと初期ゴリラだが、その理由は化石のあまり出土しない森の中に生息していたからかもしれない。ここから、のちに本書で役立つある教訓を得ることができる——人類の物語では、共通祖先をもつ子孫が別々の進化の道をたどり、今までとは違う生き残り戦略を手にするときがあるということだ。鮮新世のアフリカを例にとれば、初期チンパンジーとしてのあり方が少なくとも二つあったように[27]、初期人類としてのあり方もひとつではなかったのである。

更新世のはじまりとホモ・ルドルフエンシス

一八〇万年前に静かに幕を開けた更新世は、大規模で周期的な気候変動をひとつの特徴としているが、その影響が表れはじめたのは、実はそれよりずっと前、約二五〇万年前のことだ。気候変動の影響で、二五〇万年前以降は草原がどんどん広がっていったが、重要な森林地帯もまだ残っており、その結果、密林から疎開林まで幅広い生息環境が利用できるようになった。また、硬い植物を食べる頑丈型の初期人類たち[28]が樹木や草の生い茂るサバンナに現れたのも、それ以降のことである。

しかし、こうして生まれた初期人類の豊かな多様性も、開けた生息環境が大勢を占めるようになった二〇〇万年前には終わりを告げる。新しい過酷な世界で生きることができたのは、数少ない生命力のある者だけだったのである。寒冷・乾燥化する世界は、ある種の圧力を生み出したが、それによって多くの初期人類が淘汰され、同時に新たなイノベーションのきっかけもつくられることになった[29]。

ここまでの説明で、一八〇万年前までに気候の変動があったことはわかった。だが結局のところ、更新世の到来を迎えることができたのは誰だったのだろう？　それは脳の小さい初期人類で、おそらく数種類いたものと思われる。[30]そのなかには明らかに私たちの祖先でない種もあれば、必要条件を満たしている種もあった。三五〇万年前に生息していたフラット・フェイスと関連性があるとされる、謎に包まれた平たい顔の化石人類レイク・ルドルフ・マン（**ホモ・ルドルフエンシス**）も後者のひとつだ。ホモ・ルドルフエンシスは、一見時代を先取りしているような脳容積と頭骨の形から、当初は極めて特異な種と見なされており、通常はホモ属に分類されてきた。一九七二年にケニアのコービ・フォラで出土した頭骨[31]は、私たちの直系の祖先であるという考えを裏づけてくれるように思われた——七五〇ccもの容量をもつ脳は、同時期もしくはそれ以前の初期人類の四〇〇〜六〇〇ccという小さな脳に比べて突出して大きかったからだ。しかし、二〇〇七年にコンピュータによる頭骨の復元が行われると、ホモ・ルドルフエンシスが独立した種であるという考え自体が疑問視されるようになる。劣悪な状態で出土した頭骨が、正確に組み立てられていなかったらしいのだ。それによって頭骨の形が変わっただけでなく、脳の容積も大きめに計算されていたらしく、新しい分析では五七五ccと測定しなおされた。この値は脳の小さい初期人類の範疇にきっちりおさまったため、特別なものは何もなくなってしまった。言うまでもなく、この新たな主張にも議論の余地はあるが、こうしてホモ・ルドルフエンシスには大きな疑惑の影が落ちるようになったのである。[32]

初期人類と脳の大きさ

長年にわたって人類の祖先のもう一つの候補とされてきたのが、**ホモ・ハビリス**だ。最初の化石が出土したタンザニアの遺跡から石器が見つかったため、必ずしもその関係は十分にわかっていないが、ハンディ・マン〔器用な人〕というあだ名がつけられている[33]。従来の説によれば、この脳の小さなホモ・ハビリスが、人類の祖先として疑いのないアップライト・マン（**ホモ・エレクトス**[34]）に進化をとげたという。この筋書きは理路整然としている――チンパンジーほどの小さな脳のホモ・ハビリスは、東アフリカの樹木の茂るサバンナを二本の足で歩き、食料をあさったり、木のあいだに身を隠したりした。その後に出現したホモ・エレクトスは、より背が高く大きな脳をもっていたので、木のない平原へと進出し、肉を得るために貪欲に狩りをすることができたというのだ。

だが、このように整然と物事が進んでいったと考えるのは、ホモ・ルドルフエンシスやホモ・ハビリスといった脳の小さい初期人類の正体を突き止めるのが困難だと感じている人々の目には、しだいに違和感のあるものに映るようになる。そもそも、彼ら初期人類は正確にはいつどこにすんでいたのか？実際どのような特徴で定義づけられるのか？　二〇〇七年にケニアのトゥルカナ湖で新たな人類化石がいくつか見つかったため、こうした疑問はさらに深まり、一連の進化の流れは不信の目で見られるようになった[35]。

今日、脳の大きさと知性の高低を直接結びつけて考える者はいない。ただそれでも、時の経過とともに見られる脳の大型化は、進化の度合をはかる代替の尺度として利用されてきた。私たちの平均的な脳容積は一三〇〇～一五〇〇ccで、ホモ・ハビリスのざっと二倍である。もちろん体も大きいが、それを考慮に入れて見積もったとしても、私たちの脳が比率としてずっと大きいのは間違いがない。ホモ・エレクトスは、ひとつの指標とされる一〇〇〇ccという脳容積の壁を初めて突き破った。そこに身長の高さと直立歩行を加えれば、どこからどう見ても立派な人間だ。

平均値を取り扱う難しさは、どの集団にもある「ばらつき」が無視されがちな点にある。現生人類の例で言えば、たしかに平均的な脳容積は一三〇〇～一五〇〇 ccかもしれないが、実際の範囲は九五〇～一八〇〇 ccに及ぶ。ホモ・エレクトスの脳の大きさは八〇〇～一〇三〇 cc[36]だから、「平均値」としては私たちのものよりは小さめだが、「範囲」としては重なりがある。

トゥルカナ湖の化石からわかったことのひとつは、ホモ・エレクトスのなかにごく小さな脳をもつ者がいたということだ――たとえば、一五五万年前に湖岸に暮らしていたあるホモ・エレクトスの脳の容積は六九一 ccで、これはホモ・ハビリスと同じくらいの大きさだった。発掘の調査報告をした研究者たちは、この発見に胸を躍らせた。というのも、ホモ・エレクトスの脳容積の範囲が、それまで考えられていたよりも広くなったからである。しかし、先に述べたように私たちの脳容積の範囲はそれ以上に差異が大きく、それを考えれば、あまり驚くべき結果だとも思えない。

トゥルカナ湖の発見でさらに興味深いのは、一四四万年前まで生きていたホモ・ハビリスの化石が、同じ場所で出土したことだ。それまでの化石記録からは、ホモ・ハビリスとホモ・エレクトスの生息年代が重なるのは一九〇万年前ごろとされていたので、この発掘結果により両者が五〇万年近く同じ地域で暮らしていたことが明らかになり、ホモ・ハビリスからホモ・エレクトスへの進化の流れは成り立たなくなった。こうした報告や、早期の初期人類に関する研究からはっきりとわかるのは、世界は同時期に複数の人類種が存在することを妨げはしなかったということだ。だがそのうちの大半は、資本を投資して優れた能力を手にしたにもかかわらず、予期せぬ困難にぶつかる運命にあった――間違った時に間違った場所にいることに気づいた彼らが姿を消していくのは、時間の問題だったのである。

私たちは、遠い昔からこの星で独りでいることに慣れてしまって、あたかもずっとそうだったかのように考えてしまいがちだ。しかし本章で見てきたように、人類のあり方はひとつではなかったはずである。

図 6　〈骨の穴〉での発掘の様子。右下に見えるのはホモ・ハイデルベルゲンシスの頭蓋骨。

Photo：Javier Trueba/Madrid Scientific Films

第2章　人はかつて孤独ではなかった

国境を消して考える

脳の小さい初期人類がエチオピアからはるばるアフリカ南部に行くことができたのに、ずっと近い中東に足を踏み入れた形跡がないのは不自然だという話を前章でしたが、ごく最近までは、最初にアフリカを脱してユーラシアへ広がったのはホモ・エレクトスだという見解が一般的だった。先に見たように、政治的な理由で大陸を厳密に分割し、頭の中にしか存在しない境界線を引くことは、初期霊長類や類人猿の移動経路についての理解を困難にする。同様の安易な区分けは人類の起源をめぐる議論でもなされており、たとえばアフリカ大陸とユーラシア大陸を分割したがために、実際に起きた出来事やその理由についての理解は二〇年以上も停滞してきたように思える。ここでは、そうした視点を脇に置いて、人類の起源を違った角度から見ていくことにしよう。

ホモ・フロレシエンシスはなぜ小さいのか？

二〇〇四年、インドネシアのフローレス島でホビット[1]（**ホモ・フロレシエンシス**）の化石が発見され、それがつい一万八〇〇〇年前まで生きていたという報告がなされた。このニュースは人類学界にとって衝撃だった――どんな種にしろ、私たち以外の人類がそんなに最近まで地球上に存続していられたとは、誰も予測していなかったからだ。多くの研究者が謎を解こうと躍起になったが、毎度のことながら、ただなりゆきを見守る者や、新説の間違いを暴こうとあらゆる手段を尽くす者もいた。こうした新説は、それまで長い時間をかけて確立されてきた見方に合わなければ、まずは不信感が示され、それはすぐに嘲笑に変わることになっている。

ホモ・フロレシエンシスの発見は、一九世紀のSF作家ジュール・ヴェルヌの小説からそっくり抜け出してきたみたいだった。この小さな人類たちは、こんな孤島で、ほんの最近までどうやって生き延びることができたのだろうか？　なぜそんなに小さかったのだろうか？　大半の人が支持していたと思われるのが、動物に関しては以前から知られている島嶼性矮小化《とうしょせいわいしょうか》という現象が、人類に初めて起こったという考え方だった。大陸から隔絶されて何世代も島に閉じ込められた動物の集団内では、体の大きな個体よりも、小さな個体の方が有利になることがたびたびある。その結果、大陸の親戚をミニチュアにしたような奇妙に小さな生物が進化するようになり、これを島嶼性矮小化と呼んでいる。最も有名な例が、マルタ島やキプロス島などの地中海の島々にいた小型ゾウや小型カバである。こうした現象が起こるのは、大陸よりも島の方が資源に限りがあるためだと考えられる。つまり矮小化は、不毛な孤島で生き延びるためのひとつの方法なのである。ではホモ・フロレシエンシスも、地中海の島の小型ゾウと同じ理由で小さくなったのだろうか。この説を後押しするように、フローレス島には小型化したゾウも生息していた。

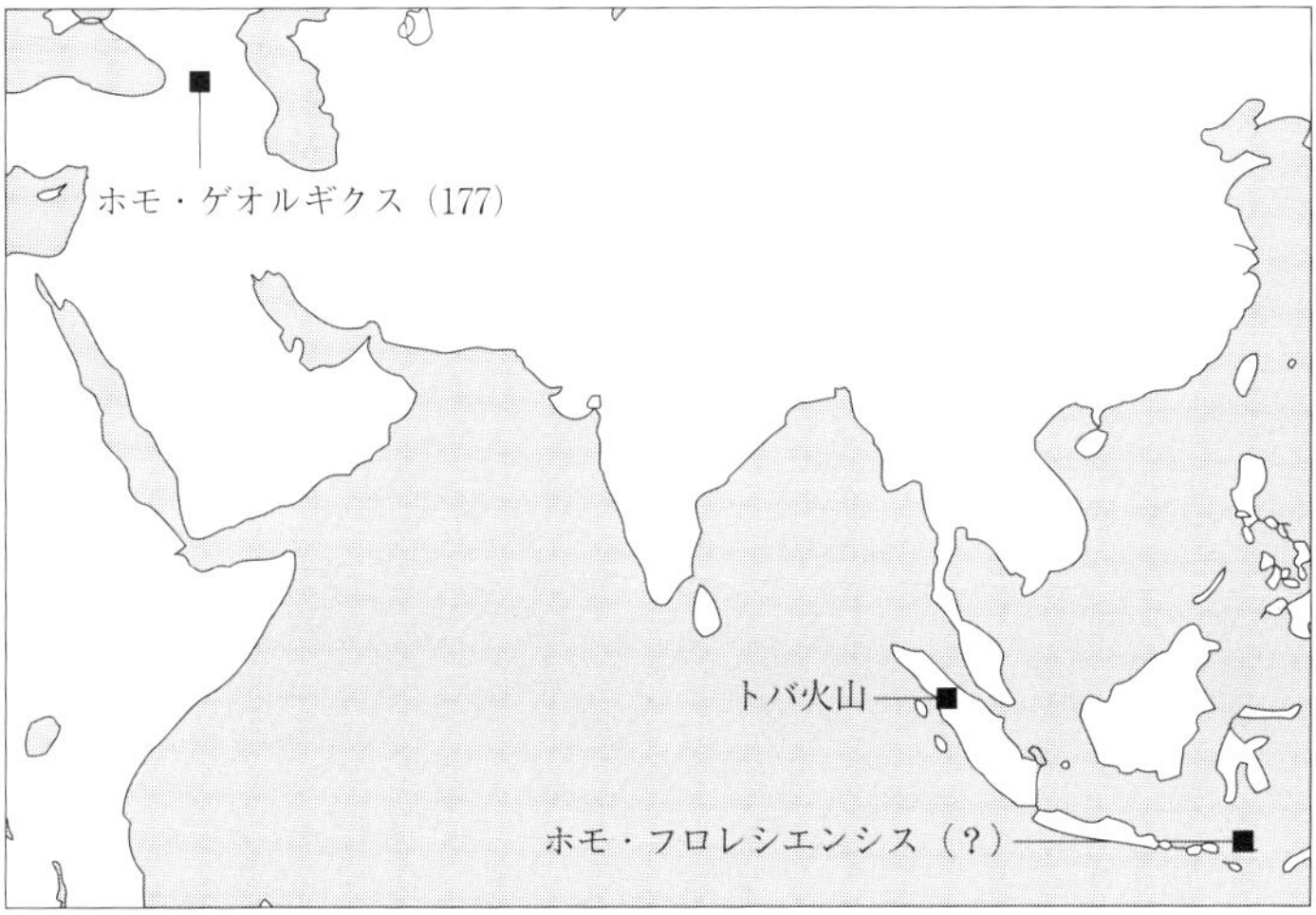

図7　現在のドマニシとフローレス島の位置

私も当時ホモ・フロレシエンシスについて同僚たちと話し合ったことがあるが、島嶼性矮小化を人類に当てはめる考え方には違和感を抱いていた。大きく複雑な脳をもち、そこから多くの利益を得てきたにもかかわらず、資源が少なくなったらその武器を失うというのが私には受け入れがたかったし、加えて、実際に島に隔離されれば必ず矮小化するというわけでもなかったからだ。

　そのころすでに**ホモ・ゲオルギクス**という新種の化石が発見されており、研究者の関心を集めていた。ホモ・ゲオルギクスは、およそ一七七万年前、現在のグルジア共和国ドマニシに暮らしていたと推定される脳の小さい初期人類だ[2]。私は、ドマニシとフローレス島の住民が遠い過去につながりをもっていたのではないかと考えた。彼らの存在は、初期人類が何らかの形でアフリカからアジアに拡大したことを意味するのではないかと考えたのだ。

　ホモ・フロレシエンシスは故郷のインドネシアで

親権争いに引きずりこまれていたが、一方では、その標本が何を意味しているのかも議論され、白熱した論争は意外な方向へと進んでいった。たとえば、化石は実は小型の現生人類であり、ホモ・フロレシエンシスという新種はもともと実在しないとか、小頭症という病気にかかった人間だと考える者もいた[3]。だが、二〇〇五年になると同じ発掘チームによって新たな発見が報告され、さらに数個体分のホモ・フロレシエンシスの骨の存在が明らかになった。すべてが病気の標本とは考えにくいので、この最新の骨の発見によって、短くも活気に満ちたホモ・フロレシエンシスの歴史の特別な一幕は閉じられたかのように思われた[4]。

その一年半後、私はすでに発表されていたホモ・フロレシエンシスの骨格調査について詳しく聞くことができた[5]。その調査では、他の初期人類や人類と比較し関連性を調べたが、その結果、ホモ・フロレシエンシスには複数の特徴が入り混じっていたことがわかったという。頭骨はアフリカのホモ・エレクトス[6]のものと似ており、残りの骨格は脳の小さい初期人類の一種——二五〇万年前のアウストラロピテクス・ガルヒ[7]に最も近かったのだ。

三つのシナリオ

いったいこれは何を意味するのだろうか？　研究者たちが示したのは、次の三つのシナリオだ。ホモ・フロレシエンシスは、(1)もとはアフリカに出現した新種で、二五〇万年前[8]までに東南アジアに進出した、(2)フローレス島、もしくは東アフリカからフローレス島のあいだのどこかで、他の骨格よりも脳を速く進化させた初期人類の集団から生じた、(3)アフリカを出たときに初期人類から人類への進化の過程にあった、という説だ（最後の説の場合、初期型の人類（ホモ・エレクトス）がいたるところで見られるようになった二〇〇万年前以前にアフリカを出ていなくてはならない）。

どの説を採用するにせよ、ホモ・フロレシエンシスが現生人類にほど遠かったのは明らかなようだ。ホモ・フロレシエンシスは、小人でも病気でもなく、生態によって小型化したホモ・サピエンスでもなかった。実のところ、彼らはホモ・サピエンスよりずっと古い生き物で、二〇〇七年に報告されたホモ・フロレシエンシスの手首についての研究が、それを裏づけている。[9] 手首の構造が現生人類に近づくと、道具をつくる手の動きがよくなると考えられているが、ホモ・フロレシエンシスの原始的な手首は、現生人類はおろかネアンデルタール人ともまったく異なっていた。つまり、たしかに彼らは石器をつくっていたけれども、のちの人類のように器用ではなかったはずなのだ。残念なことに、似た状態のホモ・エレクトスの骨が見つかっていないため、より現代的な手首がいつ現れたのか正確なところはわからないが、研究者たちによれば一八〇万〜八〇万年前のある時点だということである。

初期人類の複雑な行動

最新の調査結果によると、ホモ・フロレシエンシスはフローレス島で一万二〇〇〇年前まで繁栄していたようだ。[10] 彼らが死んだ小型のゾウを解体し、火を意のままに扱っていたこともわかっている。こうした技能は昔からの伝統で、フローレス島に身を落ち着けた初代ホモ・フロレシエンシスから代々伝わっていたと考えたくなるところだが、その証拠はなく、時代が下ってから身につけたと考えることもできる。とはいえ、一万五〇〇〇年前までフローレス島に現生人類の痕跡がないことから、私たちの祖先がホモ・フロレシエンシスの行動に影響を及ぼしたとも言いがたい。この説に反対する人たちは、ホモ・フロレシエンシスがつくったとされる石器は彼らにしては複雑すぎるため、時間的な重なりがないにもかかわらず、現生人類が感化したに違いないと主張している（しかしこうした反対意見は、フローレス島の石器の製作過程を綿密に調べることによって退けられている。少なくとも八四万年前からつくられていた石器と技術的な連続性があったことが示されたからだ[11]）。

石器に古くからの連続性があったとすれば、火の使用や死んだ動物の解体などのホモ・フロレシエンシスの一連の行動も、同様にとても古い可能性があることになるだろう。こうした事柄からわかるのは、ホモ・フロレシエンシスが大昔の初期人類の末裔だったということだ。彼らはアジア、アフリカの多くの地域に広がり、遠く離れたフローレス島に閉じ込められたまま忘れ去られてしまったのかもしれない。また、そう考えることによって、太古の初期人類がとっていた行動の複雑さをも垣間見ることができるだろう。

しかし、初期人類が複雑な行動をとっていたことの最も有力で驚くべき証拠はドマニシにあった。一七七万年前ごろのホモ・ゲオルギクスの頭骨と顎骨から、その持ち主が、一本を除いたすべての歯を死の数年前に失っていたことがわかったのだ[12]。厳しい自然界では歯がなくなることは死を意味する。この個体がどうにか生き続けたのは、初期人類のなかに「仲間の介護」という概念を発達させた集団があったからだと思われる。こうした近年の研究は、仲間の世話から道具づくり、火の使用まで、過去にはもっぱら人類のものとされてきた特徴の多くが、私たちの直系祖先とは限らない初期人類にも芽生えていたことを示している。

地理的拡大に必要なもの

アフリカの外に最初に進出した人類は何かという問題については、これまで数え切れないほどの議論がなされてきた。たとえば、アフリカからアジアへと最初に向かったのはホモ・エレクトスであるとする主張もあり、それは次のような筋書きで語られることが多い。「ホモ・エレクトスは、長い脚と大きな脳を獲得した初めての人類で、道具をつくり、肉を求め、草深いサバンナでさかんに狩りをした。このような特徴のおかげで、彼らはアフリカを出てアジアへ定着することができた」。だが、仮説というには頼りないこの憶測は、現在わかっている証拠から十分に裏づけられたものではない。[13] これもまた、有利な証拠はほとんどないのに誤りを認めようとしないひとつの例と言えるだろうし、それに加えて、その背後にある理屈は生物種の地理的拡大に対する根深い誤解を示しているように思える。

シラコバトの例をもう一度考えてみよう。シラコバトは一〇〇年をかけてヨーロッパを横断したが、各々が大がかりに移動したわけではなく、親鳥から子、孫というように時間をかけてじわじわと新しい土地へと広がっていった――個体レベルではなく世代レベルで拡散したのだ。これと同様に初期人類たちも、暮らしやすい場所ならどこへでも少しずつ広がっていったのだろう。それは仰々しい「大移動」ではなかったはずで、そこに脚の長さを関連づけようとする意味が私には理解できない。地理的な拡大を促すものがあったとすれば、それはたんに、繁殖による個体数の増加と生息地への適合ではなかったか。アフリカから広がった最初の人類は、その祖先伝来の地を離れるためにマラソンのオリンピックチャンピオンになるのを待つ必要はなかった。

もちろん、特別賢くなる必要もなかった。考えてもみてほしい。いったいどれだけの動物が、果てなき大地をさまよい、辺境の地にすみつくようになっただろう。いったいどれだけの植物が、氷河期ののち、遠く離れたかつての土地で再び繁殖したことだろう。そのとき必要だったのは、移りすんだ環境が自分たちの要求に合致していることだけだった。地理的拡大に成功した生物の大多数は、とくに優れた脳も、道具も、長距離移動に適した体ももっていなかったのである。

初期人類はどこまで広がっていたか？

前章では、ルーシーの子孫などの初期人類が数を増し、三五〇万年前以降から、草地の多い開けた森林やサバンナに広がっていく様子を見た。それら初期人類が活動した生息地と同様の条件をもった土地は、別にアフリカに限られていたわけではない。それどころか、西アフリカから中国までの中緯度帯に広範囲に広がり、アフリカの南端まで勢力を伸ばしていた。[14] アジアには生活に適した環境がいくらもあったのに、初期人類はなぜアフリカの地に閉じ込められなければならなかったのか——納得のいく答えはまだ出ていない。

ホモ・フロレシエンシスとホモ・ゲオルギクスの発見は、初期人類が決してアフリカに囚われていたわけではなく、むしろ広範囲に拡散していたことをうかがわせる。そうなると、三五〇万年前にアフリカ北東部から南部、西のチャド湖まで地理的拡大を果たしたときに、北は西アジア、東はインドネシアまで初期人類が広がったのではと考えてもみたくなる。そして事実、推測の域を出ない話ではあるが、三五〇万年前から一七七万年前（ドマニシで発見された化石の年代）のどこかの時点で、アジアの新しい生息地となる草原のサバンナに初めて足を踏み入れたのは、脳の小さい初期人類だったという可能性が高まってきているのである。彼らはホモ・エレクトスのかなり先を進んでいたのかもしれないのだ。

これまで見てきたように、脳の小さい初期人類は森林と完全に縁が切れたわけではなく、たとえば腕はまだ樹上生活に適応しており、木立に避難するときなどに役立てていた。当時のアフリカとアジアに広がっていたサバンナは、今日中央アジアで見られるような大きな樹木のない平原よりも、むしろ開けた森林に近かったから、そのような体の構造を残していた彼らにとっては理想のすみかとなったはずだ。こうした太古の生息地の光景は、現在の私たちにはなかなか想像しがたい。そこで理解を深めるために、ここで私の大好きな動物である鳥類の力を借りてみることにしよう。

オナガの分布と失われし世界

助けを借りるのは、私がイベリア半島南西部の現地調査をするうちによく知るようになったカラス科の色あざやかな鳥、オナガである。この鳥は、サバンナに似た草の多い開けた森林、つまり初期人類が大昔に暮らしていたところとそっくりな場所に生息している。すみかの森林が木々で密になると同じカラス科のカケスに取って代わられ、反対にまばらになるとカササギに取って代わられる。また、極東の中国、韓国、日本にも分布しているが、そこからイベリア半島南西部までのおよそ一万キロのあいだには、なんとまったく存在していない。

オナガがかつて北大西洋東岸から北太平洋西岸にかけての広い地域に生息していたことを、人々は長いあいだ信じなかった。しかし、現にイベリア半島南西部ではその姿を見ることができる。そこで出てきたのが、一六世紀のポルトガルの船乗りが色とりどりの鳥をペットとして持ち帰り、逃げ出した何羽かがそこにすみついたという説である。だが、この説が信じられたのも、四万年ほど前にネアンデルタール人が暮らしていたジブラルタルの洞窟から、オナガの化石が見つかるまでのことだった[15]。そんな古い時代にイベリア半島で生息していたというのなら、人間の手によって持ち込まれたとはもはや誰にも言えないだろう。

その後、東アジアとイベリア半島に現存しているオナガのＤＮＡ鑑定が行われると、二つの集団は三三五万〜一〇四万年前に枝分かれしたらしいという結果が出た[16]。これが意味するのは、三五〇万年前ごろには韓国からポルトガルにかけて、オナガにふさわしい生息域が続いていたに違いないということだ（図8参照）。やがて一〇〇万年前にかけて気候が寒冷・乾燥化していくと、より多湿だったユーラシアの東岸と西岸を除いて生息域は切れ切れになり、その代わりに樹木のないステップや砂漠が見られるようになっていったのだろう。

私は、同じような地理的分布だったのではないかと思われる他の鳥も調べてみることにした。西はイベリア半島とモロッコから東は中国まで、かつては連続した分布区域だったはずのこの中緯度帯には、驚くほど多くの種類の鳥たちが暮らしていたようだ――ヨーロッパと西アジアで現在繁殖している鳥のうち、なんと約四〇パーセントがそうだったらしいのだ。たいていはオナガのように木の茂るサバンナに生息していたが、開けた草原やわずかな森林地帯に特有の鳥もおり、湖や湿原を好む種も多かった。鳥たちのおかげで私たちは、季節性で、半乾燥から亜湿の温暖な生息域が帯状に果てしなく広がるさまを心に描くことができる。そこには森林や開けた平原、圧倒的広さをもった草深いサバンナ、そして湖が混在していた。それこそが、かつて北大西洋東岸から北太平洋西岸に及んでいた「失われし世界」だった。一七七万年前のドマニシの初期人類は、そうした環境のまっただなかに生きていた実例であるが、それとてほんの一例にすぎない。

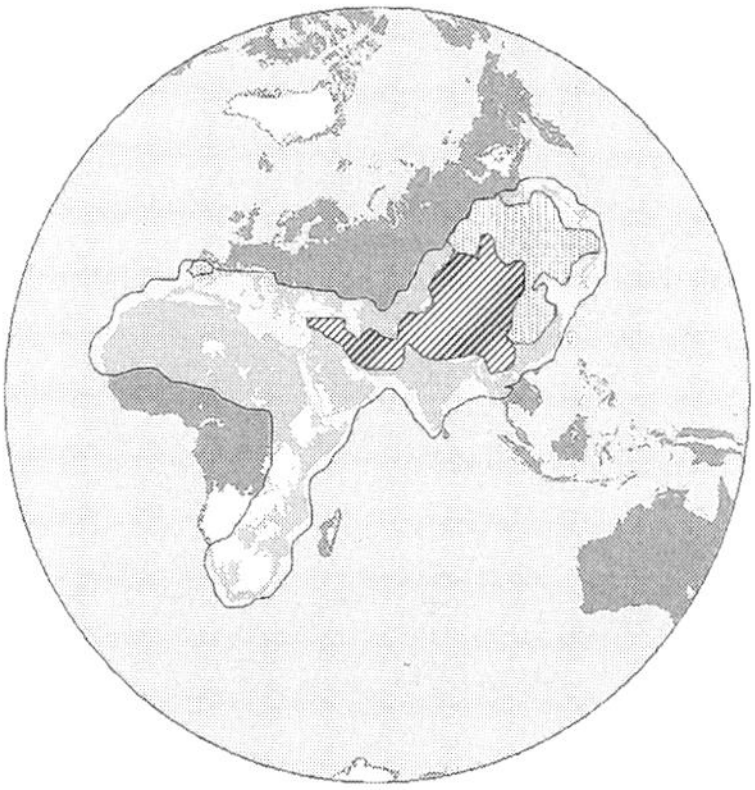

図8　200万年前以前にユーラシアとアフリカに広がっていたサバンナの範囲。東西の網点部分はオナガの現在の生息域だが、更新世初期にはもっと広範囲に分布し、今では分離している集団同士のつながりもあったはずだ。斜線部分は中央アジアの山々とチベット高原。

緑に包まれたサハラ砂漠

失われし世界の西端には、アメリカ合衆国とほぼ同じ面積を誇る広大なサハラ砂漠があった。中新世には巨大な湖がそのかなりの範囲を占めていたことは先に述べたとおりだが、そのずっと後に雨期と乾期が交互に訪れると、湿地帯が現れたり消えたりした。巨大チャド湖は五五〇〇〇年前まで姿をとどめ、人々はそのほとりで繁栄した[17]。

近年最もワクワクさせられた発見のひとつに、サハラ砂漠がどんなに大きな湿地帯だったかをはっきりと示してくれたものがある。一九九八年と九九年に、砂漠の中心部にあるモーリタニアの辺境の沼で孤立したワニの集団が見つかったという報告がなされたのだ。[18] そのワニたちは今では小型化してしまっているが、河川、湖、沼地がサハラ砂漠に縦横に張り巡らされていた時代に、その全域に生息していたナイルワニの子孫に違いなかった。

生息に適した地域がこれほど広範囲に広がっていたことを考えれば、脳の小さい初期人類が、エチオピアからアフリカ南部、西は最短でもチャド湖、北はドマニシ、東はおそらくフローレス島にかけて存在していたという見立ても説得力をもっているように思える。そうなると、更新世がはじまる一八〇万年前、つまり脳が大きく長身のホモ・エレクトスが初めて姿を現すころには、初期人類はすでにアフリカ大陸・ユーラシア大陸の広範囲にわたって広がっていたことになる。現在知られている証拠からは、その生息範囲の中心であるエチオピアこそが初期人類が誕生した場所だという考え方が非常に有力になっている。だとすれば、ホモ・エレクトスもやはりそこで生まれたのだろうか?

ホモ・エレクトスについてわかっていること

各地の遺跡でホモ・エレクトスが最初に現れた痕跡を入念に調べてみても、[19] 私たちはたったひとつの結論しか得られない——今わかっている証拠からは、ホモ・エレクトスが誕生した場所を自信をもって答えることはできないということだ。一七八万年前には東アフリカ、一八一万年前にはジャワ島にホモ・エレクトスがいたことが確認されているが、[20] そのあいだの地域で同様の確信は得られていない。なぜなら、ホモ・エレクトスのものだと主張されてきた初期遺跡の大半が、脳の小さい初期人類に分類される化石をもつか、石器の存在のみから推定されているからだ。[21]

人類学の解説書やニュース記事の多くは、ホモ・エレクトスの拡散が東アフリカからはじまったとし、移動経路を矢印で示しながらそれを解説している。だが、実際の手持ちの乏しいデータを見てみれば、そのような解釈はすべてフィクションの域にとどめておくべきだとわかるだろう。ひとつだけ確信をもって言えるのは、ホモ・エレクトスはほぼ確実に、前述した草深いサバンナ帯のどこかで、脳の小さい初期人類の集団から現れたということだ。また、東アフリカとジャワ島は遠く離れているが、ホモ・エレクトスが最初に現れた年代はほとんど一致していることから、彼らがわりあい短期間で広範な領域へと散らばったことも見てとれる。こうした急速な拡大は、新しいデザインが市場にお目見えしたときに往々にして起こることだが、そのスピードのせいで、それがどこからはじまったかを知るのが非常に難しくなることがある。

ここまでの話から次のような一応の結論が導けるだろう——脳の小さい初期人類は、どうやら三五〇万年前を過ぎたある時期に、アフリカ大陸・ユーラシア大陸の草深いサバンナ全体に広がりはじめたようだ。大陸では少なくとも一四〇万年前まで存続した種があったし、ホモ・フロレシエンシスが本当に彼らの子孫だとしたら、離島ではなんと一万二〇〇〇年前まで生き延びた少数派が存在したことになる。長身のホモ・エレクトスが最初に出現したのは更新世がはじまる一八〇万年前ごろだったが、彼らがどこで誕生したのか、誰の子孫なのかは断定できていない。また、その脳のサイズは平均すると脳の小さい初期人類より大きかったものの、重なり合う場合もかなりあった。

ホモ・エレクトスと脳の小さい初期人類は、第1章で紹介したトゥルカナ湖のホモ・ハビリスとホモ・エレクトスのように、五〇万年にわたって同じ大陸で隣り合って生活していた。これは、両者がうまく競合を避けていたことや、ホモ・エレクトスがすぐに圧倒的優位に立ったわけではないことを示しているように思える。人類史ではよく見られるように、同じ時代に複数の人類種が共存することは珍しくなかったし、進化が一つの種から次の種へと順序よく続いたわけでもなかったのである。

狩りか、死肉あさりか

一九九〇年代中ごろ、私はスペイン南西部にあるコート・ドニャーナの自然の中で多くの時間を過ごした。ネアンデルタール人はこうした環境にすんでいたに違いないと思わせる景観が、そこには広がっていた（図9参照）。ビクトリア朝時代の博物学者アベル・チャップマンが、そこを「ヨーロッパの中のアフリカ」と表現したのは、草食動物の群れが豊かにたわむれ、気候や植生が東アフリカの半乾燥サバンナを思い出させたからだろう。

ドニャーナにはイベリアカタシロワシという鳥がいる。その立派な外見から食物連鎖の頂点に立つ威厳あるハンターというイメージが強いが、実際はそうした固定観念には当てはまらない。干ばつが長く続くと、イベリアカタシロワシは狩りに無駄なエネルギーを使おうとはせず、代わりにハゲワシに混じって手ごろな死肉をあさる。

こんな話をしたのも、それがこれまで見てきた初期人類と人類の行動に大いに関係があるからだ。初期人類や太古の人類が狩りをしたのか、それとも死肉をあさっていたのかという議論は、過去数十年間にわたって続けられてきた。最近では死肉あさり側の主張が二分され、獲物をしとめた捕食動物を追い払って死骸を確保する能動的な死肉あさり派と、その他の受動的な死肉あさり派に分かれるようにも

図9　砂丘、松林、低木林、湖が広がるドニャーナ国立公園。ネアンデルタール人が暮らした地中海沿いの環境にとてもよく似ていると考えられる。

Photo：Clive Finlayson

なった[22]。

こうした議論や[23]、いずれかの説の裏づけに使われてきた動物化石の綿密な分析は、長いあいだ私の頭を悩ませることになった。だが、イベリアカタシロワシがそうであるように、ライオンのような一見したところ捕食専門の動物も死肉をあさることがあるし、ハイエナのような筋金入りのあさり屋でもチャンスに恵まれれば狩りをする。だとすれば、賢くて目ざとい人類は、間違いなく両方に長けていたのではないだろうか。

人類は本当に肉ばかり食べていたのか？

どのように入手したかはさておき、ともかく初期人類が動物の死骸から肉や骨髄や脂肪を摂取していたことに疑いの余地はなさそうだ。だが、どれだけ肉に頼った食生活をしていたかとなると、それはまた別の問題になる。なぜなら、大型哺乳類の骨は条件さえ整っていれば化石として形をとどめるが、それ以外の食料候補である植物や虫の死骸は時の経過とともに腐敗し、姿を消しやすいからだ。解体場の遺跡からは石器と草食動物の骨が見つかる。それによって「肉を食べる人類」という偏ったイメージが大きく膨らんだのだろうし、また私たちの目が極端に石に向けられたことから、人類にとって重要な歴史区分が「石器時代」と名づけられるまでになった。

新たな遺跡の発見により、肉食や石器製作以外で、太古の人類が環境をどのように利用していたのかが垣間見られることもある。たとえば、イスラエルにある七八万年前のゲシャー・ベノット・ヤーコブ遺跡では、食用の木の実、くぼみのあるハンマー、物を打つための台という取り合わせのユニークな出土品が報告されている。また、この遺跡では木片や植物素材も豊富に見つかっており、どの程度人類が植物を活用し消費していたかについて、期待できそうな手がかりを与えてくれている。(24) ここからもわかるように、先史時代の人類の食生活において獣肉の重要性が明らかに誇張されてきたのは、たんに木の葉や枝よりも骨の方が残りやすいからなのである。

私があえて人類の地理的な広がりに背を向け、肉の摂取について話しているのには特別な理由がある。肉が人類のために果たした役割はさまざまあり、たとえば太古の人類が食生活に肉を取り入れたことは、アフリカからの脱出を可能にしたきっかけとして注目されているし、のちに人類の脳が大型化したことにも一役買っているという。(25) つまり、初期人類や人類の最初の地理的拡大を理解しようとすれば、彼らの食生活を調べることは避けて通れないのだ。

ここで、混乱を避けるために、いくつかの点をはっきりさせておいたほうがいいかもしれない。まず、肉は人類だけが食べていたわけではなく、霊長類にとっても同様に重要な食料源だった。大型類人猿のなかではチンパンジーが定期的に肉を摂取しているし、[26] サバンナヒヒはガゼルの子どもくらいのサイズであれば日常的に狩っている。[27] また、この習性はサバンナにすむ類人猿だけのものでもない。果実を食べる類人猿の典型であるオランウータンが、テナガザルの死骸を食べているところが観察されているほか、[28] 四〇〇〇万年前に旧世界ザルから分岐した新世界のオマキザルは、熱帯雨林に暮らし、鳥類、コウモリ、ネズミ、カエル、トカゲ、ハナグマ、リスを常食している。[29] こうした動物は、大きな脳や立派な技術を必要とせずに獲物を捕らえることができる。

熱帯雨林周縁のモザイク状の環境で暮らしはじめた初期人類が、すでに肉食を含む幅広い食生活を身につけていた可能性は高い。こうした開けた生息地は、果実が少ない反面、虫、カエル、トカゲ、ネズミなどは豊富で、しかも見つけやすかった。したがって雑食は、二足歩行同様、生き残りのための優れた戦略となったのだろう。

チンパンジーと太古の人類を比べてみると、双方とも肉を常食としていたにもかかわらず、その後に採用した戦略はかなり異なっていたことがわかる。両者共通の祖先の歯はほとんど特徴のないものだったが、チンパンジーはのちに大きな犬歯などの歯を発達させており、動物を殺したり肉を噛み切ったりするのに役立てた。一方、初期人類は祖先の歯を比較的そのまま受け継ぎ、大きな犬歯の代わりに道具類を使用した。[30][31]

道具の普及から〈骨の穴〉まで

ともかく、初期人類は二つの能力——二本の足で歩き、幅広く食べる能力——とともに森林から抜け出した。いったん開けた場所に出ると、技術の向上によって利用できる資源の幅は広がり、より効率よく食品を加工できるようにもなった。現代の私たちの歯、消化管、足が特殊化されておらず、いろいろな道具を使っていることを考えると、すでに初期人類の時点で、今ある機能のほとんどが何らかの形で備わっていたことに気づく。ホモ・エレクトスは初期人類の機能拡張版であり、ホモ・エレクトスに続いた種もまた、その祖先と同じテーマをもち、発展させていったのである。

その結果、一五〇〇万年前までにはホモ・エレクトスとその子孫（および各地域に現れた亜種）は、アジア大陸・アフリカ大陸の大部分に根を下ろし、美しく彫刻されたハンドアックスに代表される新たな技術を生み出すこととなった。初期人類はすっかり過去のものとなり、新しい道具は一〇〇万年前までに広い範囲に普及した。そして今日になりスペインと呼ばれるようになった土地で、考古学者たちがハンドアックスのひとつをエクスカリバーと名づけた。

新しい道具が普及してから現在までの一〇〇万年間は、気候が激変した時代と見ることができる。気候は地球の公転軌道の変化に連動して一〇万年周期で変動したが[32]、極域氷床の拡大・縮小や、熱帯アフリカの乾燥期・湿潤期の繰り返しなどの地球規模の気候変動[33]も、この周期に従っていた。やがて、北半球の広い範囲に氷床が広がり深刻な影響を与えると、ポルトガルから中国にかけて伸びていた森林－サバンナ帯がついに散り散りになり、代わってステップや砂漠が大勢を占めるようになった。また南の方では、熱帯の多雨林や森林の多くが、開けたサバンナや砂漠に次々と姿を変えていくことになる。

一〇〇万年前から、前章で見た五〇〇万年前の〈骨の穴〉の時代までは、案内役となる化石が乏しい曖昧模糊とした時代である。さらに悪いことには、その乏しい化石のなかで、年代のはっきりしているものはあまりない。こうした試料不足をよそに、研究者たちは謎めいた過去を再現しようと複雑な理論をひねりだし、五〇万年かけて広範な領域に散らばったわずかばかりの頭骨をもとに、新しい人類種までも命名してきたのである。

ホモ・エレクトスからホモ・ハイデルベルゲンシスへ

この五〇万年に対する従来の見方をまとめると次のようになるだろう――ホモ・エレクトスはユーラシアやアフリカの各地へ首尾よく定着していた。そのなかでも極東にいた種は、比較的孤立した環境で独自の進化をたどり、アフリカから来た現生人類の波に駆逐されるごく最近まで生き続けた[34]。また西の地では、ホモ・エレクトスに似てはいるが、大きめの脳と、現生人類に先がけたいくつかの特徴をもった六〇万年前ごろの化石がエチオピアで見つかっている[35]。これらの化石は、およそ五〇万年前にアフリカからヨーロッパ、中国まで広がったとされるヒト属の新種ハイデルベルク・マン（**ホモ・ハイデルベルゲンシス**）に分類された[36]（図10参照）。ここから、ホモ・ハイデルベルゲンシスは、ホモ・サピエンス（現生人類）とホモ・ネアンデルターレンシス（ネアンデルタール人）の原点だったと考えることができる（図11参照）。

とはいえ、すべての研究者がこの見解を支持しているわけではない。ホモ・ハイデルベルゲンシスの化石はヨーロッパにしか見られず、その系統からはネアンデルタール人だけが出現したという説もあるからだ[37]。しかし、どちらの意見もホモ・ハイデルベルゲンシスがホモ・エレクトスから分離した新しい種だという前提に基づいていることには変わりなく、それによってホモ・エレクトスは、絶滅する運命

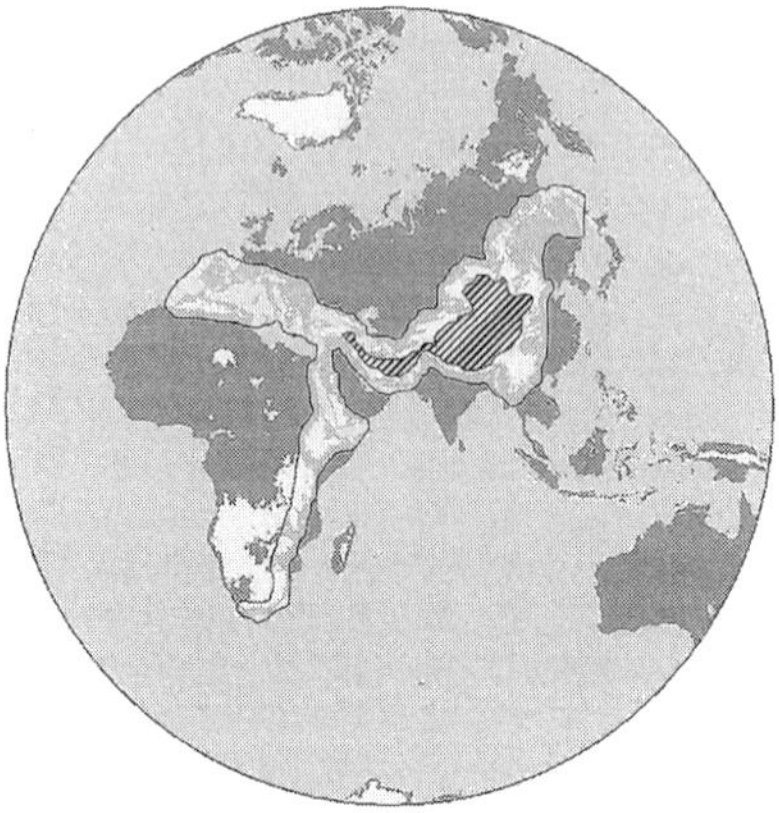

図10　ホモ・ハイデルベルゲンシスの生息地（白い部分）。これらの地域は多様な環境を含んでおり、ホモ・ネアンデルターレンシスは中緯度帯、ホモ・サピエンスはアフリカ内で進化したと考えられる。斜線部分は中央アジアの山々とチベット高原。

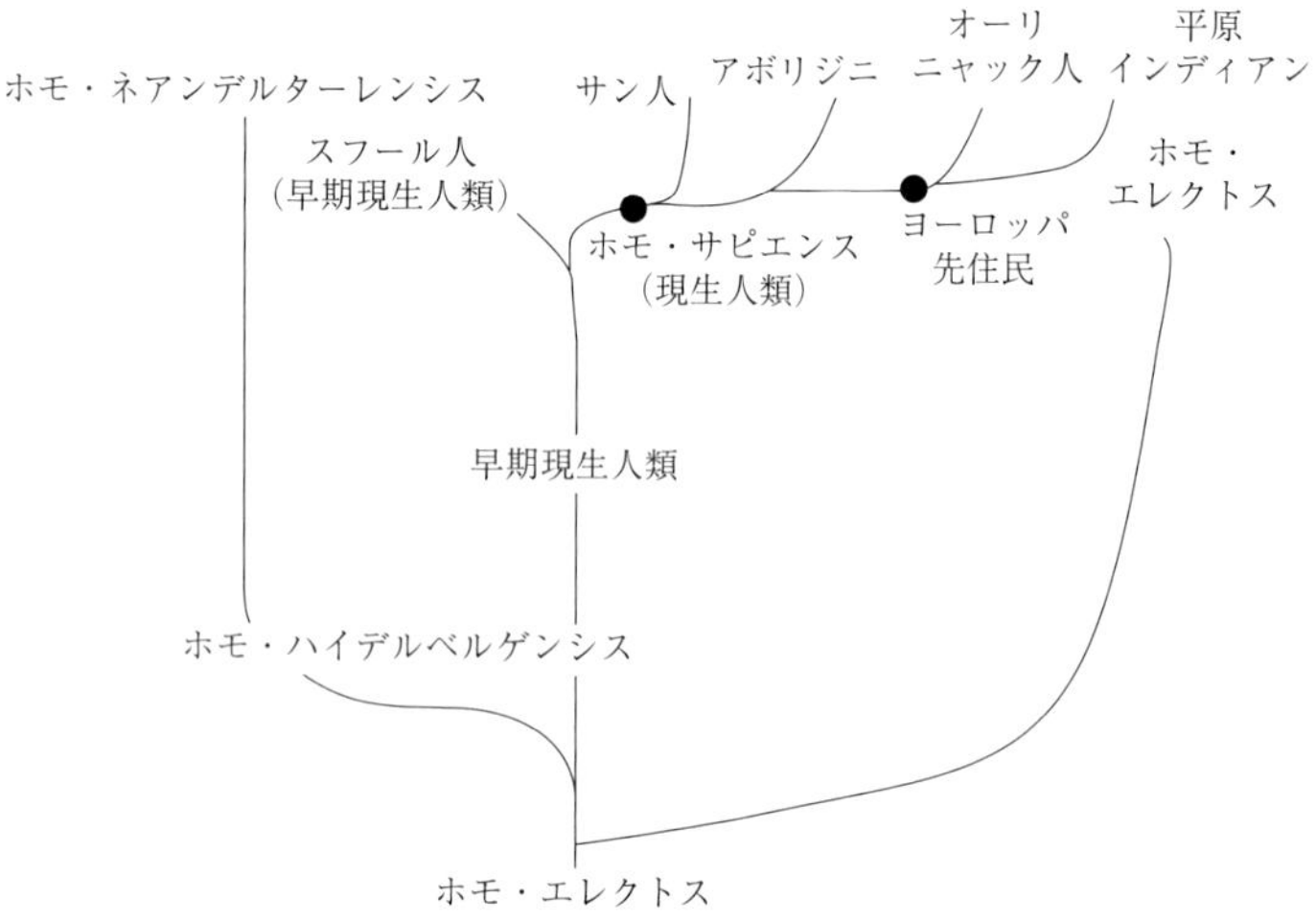

図11　本書で扱う主要な人類の系統樹

にありながら、東アジアの僻地で必死に生きながらえた健気な人類と見なされるようになってしまった。だが、こうした意見に私は賛同できない。

私は、個々の化石に与えられる名前に興味はないし、それらが本当に異なる種として認められるのかにも関心がない。むしろ人類の各集団を見つめ、手持ちの限られた証拠から、その地理的分布や来歴について何がわかるかを理解したいのである(38)。

多国籍企業としてのホモ・エレクトス

ここまでも見てきたように、研究者たちは、人類の進化において重要ながらも謎の多い年代の化石を、いくつかの種や系統に無理やりまとめようとする傾向がある。だが私は、そんなことをするよりも、そうした化石をあるテーマ――「激変する世界へのホモ・エレクトスの適応」とでも言うべきテーマ――に見られる地域差と考えたほうがいいのではないかと思っている。すべての集団が成功したわけではなかった。集団同士が出会って遺伝子を交換したり、分離して別々の道を歩んだり、ときには別集団の居住地へ進出して先住者を駆逐したこともあっただろう。いくつかの化石は、ホモ・ネアンデルターレンシスかホモ・サピエンスの前身に属していたかもしれないし、のちに絶滅した集団や、孤立直後に他の系統と同化した集団の化石もあったかもしれない。

こんなたとえ話をすればわかりやすいだろうか。世界進出を果たしたホモ・エレクトスは勢いのある国際企業で、やがてそのフランチャイズが世界各地に進出した。その後フランチャイズを脱退して独立した店舗もあったし、利益はあっても一時的な資金難に陥り廃業した店舗もあった。そしてそれ以外は、ホモ・エレクトス多国籍企業に再び吸収されてしまった。

この時代が残した成果と思われるのが、ネアンデルタール人と現生人類という二大商品（ホモ・エレクトスとホモ・フロレシエンシスの生き残りは別として）だったことから、私たちは、どの化石もどちらか一方につながる線上になければならないと単純に考えてきたように思う。人類を主人公にした舞台の次の幕にかかわるのが、こうした化石のすべてなのか、ほんの一部なのか、それともどれも関係ないのかは、誰も正確にはわかっていない。ホモ・ハイデルベルゲンシスは別商品として扱われてきたようだが、実際にはホモ・エレクトスの地域個体群であり、更新世中期の変わりやすく多様な環境に適応しようとしていたのだと思われる。

〈骨の穴〉の住人の正体

ここで〈骨の穴〉に話を戻すと、私たちはそこで見つかった骨の持ち主たちを、生息域の西端に暮らしていたホモ・エレクトスの地域個体群と解釈することができる――彼らは、ホモ・ハイデルベルゲンシスと同じ生産ラインにいたことを示す特徴を備えていたのである（ちなみに、ネアンデルタール人も同じラインから出現したと考えられる）。また、ひょっとすると〈骨の穴〉の住人は、より広範囲の生息範囲をもつ集団の一部にすぎなかったのかもしれない。その集団が存続したのか、局所的に消滅したのかは、私たちには知る由もない。

同じアタプエルカの丘にあるさらに古い遺跡からは、〈骨の穴〉の住人より七五万年ほど前に生きていたホモ・アンテセッサー[39]の化石が出土している。この化石には、ホモ・エレクトスに見られる特徴も見られたが、かなり後に出現するホモ・サピエンスをほのめかす部分もあった。しかし〈骨の穴〉から出てきた化石とは異質のものであり、両者のあいだに連続性は見つからなかった[40]。

アタプエルカは私たちへの教訓である。ひと続きの丘にあっても、時間に隔たれた人類同士が必ずしもつながっていたとは限らず、消え去っていく種もあったということだ。更新世中期のほぼすべての人類集団にとって、絶滅は避けられない運命だったに違いない。私たちの祖先は、さまざまな種類の人類と、この地球を分かちあってきた。人はかつて孤独ではなかったのである。

第3章　失敗した実験——中東の早期現生人類

スフール洞窟の人骨

一九三二年、カルメル山（現在のイスラエル北部）にあるスフール洞窟から、正体不明の人骨が出土した。[1]調査隊を率いたのはケンブリッジ大学のドロシー・ギャロッド。[2]彼女はフランスの偉大な考古学者アンリ・ブルイユ神父の優秀な教え子で、一九二六年には師の勧めに従ってジブラルタルのデビルズ・タワーで発掘を行い、ネアンデルタール人の子どもの頭骨を見つけていた（この偉業は、彼女の経歴において決定的な価値をもつことになった）。

デビルズ・タワーの発掘の直後に中東で調査をはじめたギャロッドは、スフール洞窟での発見ののち、同じカルメル山にあるタブーン遺跡からネアンデルタール人の骨を見つけた。そしてこれを皮切りに、各国の調査隊によって、近隣のケバラ、南のカフゼー、北東のアムッドをはじめとする地域で発見が相次ぐことになる（図12参照）。見つかった骨のなかには、最初からネアンデルタール人だとわかるものもあったが、さまざまな解釈ができるものもあり、たとえば、スフールの骨には現代人の特徴が見られ、タブーンのネアンデルタール人とは異なると考える者もいた。こうした主張をした研究者にT・D・

マッカウンとアーサー・キースがいたが、彼らはのちに意見を変え、両者は同じ集団に属し、ネアンデルタール人や現生人類へ向かう「進化の移行段階のまっただなか」にあったと解釈を改めた[3]。だが、現在でも中東で出土した化石の位置づけは定まっておらず、同一集団内の差異と考える者もいれば、二つの異なる種と見なす者もいる。

スフールとカフゼーの化石の主が「原始的《アルカイック》で現代的《モダン》な人類」だったと見なす者は多い。しかし、こうした専門用語による形容は、時間の境界があいまいな進化過程を理解しようとするときには、不自由さしか生まないだろう。いったい彼らはどんな人類なのか。原始的なのか、現代的なのか？　スフールやカフゼーの骨が、今を生きる私たちのものとはまったく違うことは素人目にもすぐわかる。彼らは頑丈で、大きく、屈強な人々だった。その解剖学上の特徴から、彼らは私たちにつながる進化系統にあると見なされ、それゆえ「現代的」と言われるが、一方で更新世中期のホモ・ハイデルベルゲンシスに特有の形質も多く見られる。言い換えれば、「現代的」な人類への進化の途上にありながら、「原始的」な資質も併せ持っているという、なんとも中途半端な状態なのだ。本書では彼らのことを単純に**早期現生人類**、さらに新しい時代の人類のことを**現生人類**と呼び、「現代的」という言葉はなるべく避けるようにする。

早期現生人類はネアンデルタール人を目撃したか？

スフールとカフゼーの化石の主が生きていたのはいつごろだったのだろうか？　この疑問に答えるべく、研究者たちはここ二〇年ほど積極的な取り組みを行ってきた。その一方で、ネアンデルタール人が

図12　中東で見つかった主な人類遺跡の位置

中東にいた年代についても調査が行われている。両者が隣り合わせで生活していたかどうかを知るためで、もしそれが示されたなら、共存の時代があったと見ることができるはずだが、今のところ私たちの技術が追いついていない——彼らがいつごろ存在したのかを把握することはできても、互いに見つめ合ったことがあるかについては確信がもてないのである。

さまざまな研究チームが異なる年代測定法を用いて導いた結果を総合すると、タブーンのネアンデルタール人とスフール、カフゼーの早期現生人類が中東に暮らしていたのは、一三万〜一〇万年前という幅広い期間だったようだ。[4] 一世代を二〇年と考えるとこれは一五〇〇世代に相当するが、私たちにわかっているのはこの程度の詳細でしかない。したがって、ネアンデルタール人と早期現生人類が隣り合って暮らしていたのか、それとも出会うことなく現れては去っていったのかを断定するのは、とても無理ということになる。

結局、私たちが結論できるのは――本章のテーマと大いに関連するところだが――ホモ・サピエンスの系統に属すると思われる解剖学的特徴をもつ人類が、すでに一〇万年前には中東にいたということだけだ。中東から目と鼻の先にあるヨーロッパで見つかっている最も古い現生人類の痕跡が三万六〇〇〇年前のものなので、ヨーロッパへの進出にこれほど長い時間がかかったことには何らかの説明が必要となるだろう（この問題にはのちほど触れることにしよう）。

人類は動物とともに移動したのか？

一般的には、早期現生人類が一三万～一〇万年前に中東に出現したのは、温暖多湿な気候のもとサハラ砂漠にサバンナが広がった時代に、アフリカの集団が北方へと地理的拡大を果たした結果だと言われてきた。この説では、中東とアフリカ東部はひと続きの生息域であり、人類を含むアフリカの動物相は草原を追って中東へ向かい、一方のネアンデルタール人は、七万年ほど前の寒冷・乾燥期に、北から中東へやってきたことになっている。そして、この七万年前の過酷な環境がネアンデルタール人を南に追い立てたのと同時期に、早期現生人類もアフリカへと戻っていったというのだ[5]。なるほどよくできたストーリーだが、はたしてこれが現実に起こったことだろうか？

一三万～一〇万年前の中東は、その土地の長い歴史のなかでも比較的暖かい時代だった。これは最終間氷期による地球規模の温暖化のためだったが、この長い期間を通じて必ずしも気候が安定していたわけではない（気温は概して高かったが、約一二万五〇〇〇年前には湿潤期が訪れ、その後一二万二〇〇〇年前には異常に乾燥した気候が続き、一〇万五〇〇〇年前には再び湿潤期となった[6]。暖かかったこの時代に早期現生人類とネアンデルタール人が中東にいたのは先に見たとおりであり、早期現生人類が去った後の寒さの厳しい時期にネアンデルタール人がこの地へ南下してきたというのは、極めて可能性が低いと言わざるを得ない[7]。

早期現生人類とネアンデルタール人は、やはりこの温暖な時期に中東に暮らしていたのだ。とはいえ、双方の化石から推定される年代には、それぞれ無視できない大きな誤差があり、湿潤期に一方がいて乾燥期に他方がいたのか、それとも気候に関係なくどちらもそこにいたのかはわからない。では、他の証拠を調べてみれば、彼らが中東で生活していた当時の気候条件を解明できるだろうか？　その答えを見つけようと、彼らが居住していた洞窟内に残された動物の化石に注目し、そこに手がかりをさがす研究者もいる。

中東は、前章で見た中緯度帯と、アフリカ南端へ伸びる細長い領域とが合流していた場所である。そこでは主に三種類の環境——地中海性の森林、乾いたステップ、亜熱帯砂漠——が見られ、各々の景観は気温や降雨量の推移に伴い変化した[8]。各環境にはそれぞれに特有の動物が暮らし、変わりゆく状況に対処しながら盛衰を繰り返した。そうしたことが実際に起きた形跡は今でも明白に残っているが[9]、これらの証拠は、アフリカの動物相の拡散に伴って早期現生人類が北上したという説を支持するのに必要以上に用いられてきたように私は思う。

更新世の哺乳類が、動物相レベルではなく個体レベルで状況の変化に対応したことは極めてはっきりとしている[10]。にもかかわらず、移動が動物相レベルで行われたという見方は根強く残っており、その解釈に従うと、早期現生人類が南からアフリカの動物相とともにやって来ただけでなく、ネアンデルタール人もユーラシアから旧北区《きゅうほっく》〔ユーラシア大陸のヒマラヤ山脈以北およびアフリカ北部の広大な領域〕の動物相を引き連れてやって来たことになってしまうだろう。

カフゼーの動物化石が語ること

中東の洞窟に人々が暮らしていた当時の気候や環境について、洞窟内の動物の化石からわかることはないだろうか。確実に言えるのは、主に降雨と干ばつによって地域ごとに環境のばらつきがあった、ということのようだ。

現在の中東は水が最も貴重な資源とされている地域のひとつだが[11]、ネアンデルタール人と早期現生人類が暮らしていた最終間氷期にも、水は非常に重要な意味をもっていたと考えられる。早期現生人類と同時期に生きていたと思われる極めて保存状態の良い動物化石がカフゼーから出土しているので[12]、それがどんな動物たちだったのかを眺めてみよう。

最も多く見つかっている草食動物はヤギュウとアカシカだが、どうひいき目に見てもアフリカ起源と特定することはできない。むしろそれらはより穏やかな気候に特有の種で、主として開けた森林や灌木地などに広範囲にわたって生息していたようだ。次に多かったペルシアダマジカは、たとえばギョリュウという木に囲まれた疎林をすみかにしている。ペルシアダマジカの天然分布は北東アフリカから今日のイランまでだったので、彼らがアフリカ由来の指標になるとは考えにくい。他の草食動物についてもだいたい同じことが言える。今紹介した動物たちの後には、ノヤギ、イノシシ、マウンテンガゼルが続くが、これらはすべて中緯度帯を生活の場にしている。ノヤギは小アジアから中東、パキスタン南部のシンド州にいたる岩地の多い生息場所[13]、ガゼルはエジプトから中東、アラビア半島、イランまでの疎林、そしてイノシシは開けた森や灌木地にすみ、温暖なユーラシアの大部分に広がっていた。私たちもよく知っているこれらの動物は、現在も同じ地域で見つけることができる。

このグループに、絶滅したサイの一種（ステファノリヌス・ヘミトエクス）をつけ加えることができるかもしれない。このサイは、見つかっている化石こそ少ないものの、当時はかなり一般的に見られた種で、同じようにサバンナに似た開けた森にすみ、温暖なユーラシア一帯に生息していた。

また、カフゼーにはウマがいたこともわかっている。その化石は、北アフリカに絶滅したウマがいたことから、アフリカとのつながりを示す手がかりとして利用されてきた[14]。だがこのウマもまた、これまで見てきた動物たちと同様に、むしろ中緯度帯に暮らしていたのであり、生息環境についてはあまり知られていないが、開けた草原、もしくは半ば開けた草原が含まれていたことはほぼ確実だ。ハーテビースト、カバ、ヒトコブラクダもまた、洞窟内の化石ではごく少数派だというのに、アフリカの動物相が北上してきたという説を支持するリストに加えられた。ウシ科のハーテビーストは、その昔、北はモロッコまで広がるアフリカ全域の草原に生息していた。ということは、自然分布域の北側の周縁だったと思われる中東に存在していても何ら不思議ではない。

同様に、かつてはアフリカ中に拡散していたカバも、水源さえ確保できれば大地溝帯の北の延長線上である中東の地をすみかにしていただろう。ヒトコブラクダにいたっては、もともとアフリカの動物ではない。現生しているヒトコブラクダはすべて家畜化されているため自然分布域は定かではないが、考古学的証拠によると、少なくともアラビア砂漠は含まれるようだ。[15] カフゼーで多数見つかったダチョウの卵殻もまた、アフリカとのつながりを裏づけるために引用されてきたが、ダチョウもかつては北アフリカ全土に広がっていた。中東には一九一四年まで生息しており、現存するサハラ砂漠西部の個体群は砂漠ステップで生き延びている。[16]

同様の主張をするために、カフゼーで出土した小型の哺乳動物も利用された。たとえば、旧北区のハタネズミやハムスターが見つからない一方で、アレチネズミの化石は存在するという事実などがその例だ。しかしこれは、ある動物の生息地は特定できたが、他はできていないという事実を示しているにすぎない。[17]

カフゼーの化石から浮かび上がってくるのは、モザイク状の生息地がもつ複合的なイメージである。おそらくそこは、中東を代表する三種類の生息環境がぶつかり合う特別な場所だったのだろう。

主要な化石は、そこがうっそうとした密林ではなく地中海性の森林だったことを示し、[18] それ以外の少数派の化石からは乾いたステップや亜熱帯砂漠があったことが見てとれる。ノヤギがその地域に岩地の多い生息場所があったことを物語る一方で、カバは季節によって変化を見せたかもしれない貯留水が存在していたことを意味している。最終間氷期のもうひとつの早期現生人類遺跡であるスフールの動物相も、非常によく似た状況だったと考えられる。[19]

タブーンのネアンデルタール人が見た景色

同時代のネアンデルタール人も同じような環境下で生活していたのだろうか？　スフールやカフゼー

と比較できるネアンデルタール人の遺跡はタブーンしかなく、そこで見つかった骨はおよそ一二万二〇〇〇年前のものとされている[20]。タブーンからはスフールやカフゼーとほぼ同様の動物の化石が出土しているが、その比率は異なり、さらには乾燥したステップにすむ種が欠けている。このことから私たちは、ネアンデルタール人が温暖で湿潤な時代にこの地に暮らしていたと解釈したくなるところだが、ステップにすむ種はスフールやカフゼーでも豊富なものではなく、たんに希少種の試料の乏しさがタブーンで反映されているだけなのかもしれない。印象的なのはペルシアダマジカの圧倒的な多さと、それには劣るもののマウンテンガゼルの豊富さだ。これはタブーンのネアンデルタール人が、開けたサバンナのような森林で獲物を見つけて食べていたことを示唆している。こうした解釈はまた、ファイトリス〔植物石〕の分析によっても裏づけられた。この微小な植物化石は、ネアンデルタール人がいたころのタブーン洞窟周辺が地中海性の森林だったことを教えてくれる[21]。

一方の早期現生人類は、ネアンデルタール人が消費していた比較的小さな生物ではなく、よりうっそうとした森林にすむ大きめの哺乳類や、開けたステップや半砂漠をうろつく動物を狙っていたようだ。ただし、情報源となる遺跡があまりにも少ないため、早期現生人類とネアンデルタール人の行動にどのような差があったかについては仮の結論しか出せない。今ある証拠のなかでひとつ確かなのは、約八万年前以降、早期現生人類の足取りがぷつりと途絶えたことだ。それから三万八〇〇〇年前までのある時期に、現生人類がアフリカを出て広がっていったことはわかっているが[22]、中東では彼らの痕跡を示す確たる証拠は何ひとつとして見つかっていない（第4章参照）。だが代わりに私たちは、その時代に中東に暮らしていたネアンデルタール人の姿を引き続き目撃することになる。

ケバラとアムッド

八万年前以降の中東に生きていたネアンデルタール人を理解するには、カルメル山のケバラ洞窟と、ガリラヤ湖の北西に位置するアムッド洞窟という二つの遺跡が非常に重要になる。ネアンデルタール人と結びつく地層は、ケバラでは七万五〇〇〇～四万年前、アムッドでは八万一〇〇〇～四万一〇〇〇年前のものと考えられ[23]、とくにケバラについては、七万～四万三〇〇〇年前まで遺跡が連続的に占有されていたと推測されている。この年代は、その前の最終間氷期に比べると寒冷ではあったが、七万年前と四万七〇〇〇～四万二〇〇〇年前の極寒・乾燥期にはさまれた比較的温暖な時期にあたる[24]。また、アムッドの年代も大部分がこの時期に当てはまり、骨が見つかった二つの地層の年代も、それぞれ五万三〇〇〇（±八〇〇〇）年前、六万一〇〇〇（±九〇〇〇）年前とされている。つまり、これらの年代からは、ネアンデルタール人はひと昔前よりも寒い時代にこの地域で暮らしていたが、最も寒く乾燥した時期には不在だったかもしれないことがわかるのである。

最終間氷期とその後の寒冷期に使われていたと考えられる中東の遺跡は、ケバラとアムッド以外にもたくさんあるが、そのほとんどでは石器と動物の骨しか見つかっていない。まぎらわしいことに、ネアンデルタール人と早期現生人類は双方とも似たような道具をつくっていたため[25]、人骨が見つかっていないこうした遺跡では、その製作者を判別することができない。また、類似した道具は北アフリカから南部にかけても見つかっており[26]、ホモ・エレクトス、それに続くホモ・ハイデルベルゲンシスによってすでに世界に広がっていたハンドアックスから、技術の変化があったことが見てとれる。

中東の南部ではネアンデルタール人の形跡が見つかっていないことから、アフリカ全土を支配していたのは、本書で早期現生人類と呼んでいる単一の種だったと考えられる。とはいえ、人類を正確に分類するのは簡単な作業ではない。私たちの祖先のように見えて、実は原始的特徴も残している化石試料をどこに位置づけるかは難しい問題だが、同じことは三万八〇〇〇年前より古いとわかっているすべての現生人類に当てはまるだろう。(27)

現代的身体、現代的行動

こうした問題は、生命の連続的な進化を理解するために画一的な分類方法を用いたところから生じているが、それをうまく切り抜けるひとつの手段として、研究者たちは「現代性」を解剖学的な視点と行動学的な視点から分けて見るようになってきている。つまり、人はまず解剖学的に現代化しはじめるが(早期現生人類)、今の私たちと同じような行動を習得しない限り、完全に現代的な人間(現生人類)ではないと考えてきたのだ。このように身体の構造と行動を切り離して考えようとしたのは、私たちの祖先に分類できる化石と、現生人類への道を歩みながらもホモ・ハイデルベルゲンシス集団との古いつながりを隠せない化石との境界線が、ますます不明瞭になってきたからだ。この事実を前にしては、一本の線で表せるような単純な進化の物語はもはや説得力をもたない。(28) 早期現生人類から現生人類への変化は、むしろ段階的で、地域差があり、長い時間をかけて行われたものだったのである。こうして研究者が目指すゴールの位置は変わり、現在では、現生人類らしき行動の証拠が考古学的記録に最初に現れるのはいつかという問題に、議論は移り変わりつつある。

この新しい議論において、ある研究チームは「五万年前に現生人類が突如として出現した」と主張している。「生き残りに有利な突然変異の副産物として、行動の完全な現代化と、現代人の地理的拡大が生じたと考えるのは、まったく理にかなっている」[29]と言うのだ。だが私はこの考え方に納得がいかない——私たちの祖先を一挙に現代的にした突然変異の証拠が皆無だからだ。それよりも、現生人類のものと識別できる行動が徐々に現れたというほうが、より説得力がありはしないだろうか。

論争ではよく見られるように意見は二極化し、現代的行動が突然生まれたとする説に反対する人たちも、反証を探し求めるのに必要以上の労力を費やしてきたように思われる。だが問題は、現代的行動とは何かをまず明確にすることであり、これはあらゆる研究者にとって自明であるとは言いがたい[30]。

現代的行動のひとつの表れとして、このごろ注目を集めているのは**ビーズ**である。ビーズのような装身具は、芸術と並んで「まぎれもない象徴表現であり、現代人の行動と一致する」[31]と見なされているからだ。そこで、次にビーズについて考えてみることにしよう。

芸術品と現代的行動

近年に相次いでなされた発見には、現代的行動があった証拠とされるものが多くあり、そうした行動はビーズ等の芸術品の存在によって特徴づけられる。それら芸術品の起源は一六万四〇〇〇年前の南アフリカまでさかのぼるが[32]、それ以外の場所でも見つかっている。人類の手によって孔《あな》があけられ、ネックレスとして使われていたとされる巻き貝の貝殻ビーズは、北アフリカと中東からも出土し（ネックレスそのものは発見されていない）、そのどれもが七万三四〇〇〇年前より古いと推定される[33]。これは、私たちの祖先を完全に現代化させたと言われる、五万年前の証明されていない突然変異よりもはるかに昔のことだ。

現時点でわかっていることをまとめると、北アフリカ、中東、南アフリカの遺跡で発見されたビーズは、およそ一三万〜七万三〇〇〇年前という長い期間にまたがるものであり、加えて南アフリカで見つかった加工されたオーカー〔顔料〕はもっと古く、約一六万四〇〇〇年前のものだった。だが、孔のあいた貝殻と加工済みオーカーのかけらだけに基づいて現代的行動が定義されることに、私たちは満足できるだろうか？　この発見を事細かに探っていくと、さらに不安はつのる。

南アフリカのブロンボス洞窟では、七万五六〇〇（±三四〇〇）年前とされる中期石器時代の層から、孔をあけられた三九点のムシロガイ科の貝（ナサリウス・クラウシアヌス）の貝殻が見つかっている。(34)この洞窟からは人類の歯のかけらが複数出土しているが、早期現生人類に属すると言い切るには不十分な試料である。(35)次に見るのは、スフール洞窟から出土した同じムシロガイ科の近縁種（ナサリウス・ギボスルス）の二点の貝殻だが、これは長いあいだロンドン自然史博物館に保管され、後年になって調査しなおされたものである。(36)

北アフリカからの証拠もあまりぱっとしたものではない。アルジェリアのオウエド・デジェバナ遺跡で見つかった一点の孔のあいた貝殻はスフールのものと同種で、同じようにパリ人類博物館に長年保管されていた。この遺跡には年代を知るための有力な証拠がなく、人類の骨も出土していない。(37)最後はモロッコのタフォラルト遺跡からの出土品で、孔のある同種の貝殻一三点だ。(38)八万二〇〇〇年前のものだと言われているが、貝が出土した層には九万一五〇〇〜七万三四〇〇年前という幅があるので、そのほぼ二万年のあいだのいつのものであってもおかしくない。製作者が早期現生人類だろうという推測も、北アフリカでネアンデルタール人の骨が発見されていないからにすぎず、タフォラルトのビーズ製作者の化石はひとつも見つかっていない。

ここまでを整理すると、南アフリカと中東ではそれぞれひとつの遺跡、北アフリカでは二つの遺跡から合計五五点の孔のあけられた貝殻が見つかっている。年代の幅は五万七〇〇〇年に及び、ここから私たちは、人類が五万年前以前から現代的行動をとっていたと考えることができた。また、これに相当するネアンデルタール人の遺跡が見つかっていないことから、彼らが原始的行動をとっていた、つまりあまり賢くなかったという結論も下されている。後に述べるように、認知能力に優れ、現代的な行動をとっていた現生人類が、いかに原始的なネアンデルタール人を絶滅に追いやったのかを示そうとすれば、この手の証拠が非常に役に立ったのである。

これらの貝は、当時のアフリカに暮らす早期現生人類のあいだで、ネックレス用の孔をあける習慣が広まっていたことを示すものだとも言われてきた。また、一六万四〇〇〇年前の加工されたオーカーが見つかった南アフリカのピナクルポイントは、人類が海洋資源を利用した最初の証拠を示す遺跡だとされている。[39] もしもそれが正しく、人類が一六万四〇〇〇年前に海岸を利用しはじめたとしたら、それ以前に海洋動物との接触はなかっただろうから、貝に孔をあけネックレスをつくることもなかったに違いない。それから比較的間を置かずにネックレスづくりがはじまったらしいことは、認知能力うんぬんよりも、彼らにとって貝類が利用しやすい状況になったことを物語っているのだろう。

腕力か、それとも身軽さか？

ここまでは現代的行動について簡単に見てきたが、次に解剖学的な視点から人類の進化を眺めてみることにしよう。

およそ六〇万年前にホモ・ハイデルベルゲンシスが登場するころまでには、人類のなかにも屈強なハンターたちが現れるようになる。彼らは待ち伏せをして大きな獲物をしとめるのがうまく、環境にしっかりと適応していた。だが、やがて進化のジレンマに直面する——身軽になって行動範囲を広げるべきか、それとも巨体を保ったまま大型草食動物との接近戦で優位に立ち続けるべきか。後者の戦略に固執した集団は、モザイク状の生息地では非常に長いあいだ成功していたが、七万〜二万年前にかけて気候が悪化し広大な緑地が開けると状況は一変し、ともに進化してきた大型動物もろとも、残らず絶滅の道をたどることになった。そこにはヨーロッパとアジアのネアンデルタール人、別地域にいた早期現生人類、そしてアジアのホモ・エレクトスが含まれる。一方、頑強な身体を捨て身軽さを選ぶことによって行動範囲を広げた人類のなかには、北東アフリカの開けた半乾燥地帯で耐え抜いた集団もあった。

長距離を歩いたり走ったりするのに適した身体構造が見られるようになったのは、ホモ・エレクトスが最初であり、こうした構造はのちにいくつかの集団で徐々に洗練されていくことになる[40]。そのなかでも、頑強さを捨て身軽さを身につけるようになった集団は、獲物を追い、死肉に素早く到達できるという点で、自分の縄張りを広げることになったと考えられている。また、こうした身体の構造が完成を見ることになったとされる季節変化の大きい乾燥地では、広範囲で活動できる能力がさらに別の利点ももたらしたと推測されている。

ホモ・エレクトスから早期現生人類、およびそれ以降の人類への進化の大半は、水不足の世界、言い換えれば、水が環境における主要な制限要因だった地域で起きてきた[41]。そのような環境では、広範囲に散らばった水源や、季節によって現れたり消えたりする豊かな緑を追跡する能力を身につけることは、高い優先順位をもっていたことだろう。モザイク状の生息地があった当時、その中心には頑強なホモ・ハイデルベルゲンシスや、早期現生人類へと変化した彼らの子孫が暮らしていたが、進化が起きていたのはやはり周縁部でのことだった。そして、ますます広い地域で降雨と干ばつが繰り返され、季節性の草原との関係が深まっていくと、かつては周縁部と呼ばれていた土地で生き抜いた人類が運よく繁栄を勝ち取ることになるのである。

拡散は同じ環境を目指して行われる

進化がこのように起きたのであれば、半乾燥の開けた森、草原、ステップが入り混じった環境だった中東のスフールやカフゼーで、一三万〜一〇万年前に早期現生人類を見つけたとしても、何ら不思議なことはない。彼らがそこにたどり着くことになったのは、おそらく、最古の早期現生人類が見つかっている北東アフリカ（主にエチオピア[42]）から、近隣の類似した環境へ向けて行われた地理的拡大の結果なのだろう。この拡大によって、早期現生人類は同じような気候と環境に沿って北アフリカの半乾燥地を一気に進み、約一六万年前までにはモロッコの大西洋沿岸に到達し、根を下ろしたようだ[43]。中緯度帯の西側へはこのようにして広がっていったが、海と中東の山々とネアンデルタール人のおかげで、地中海北岸には近寄ることができなかったのかもしれない。

エチオピアとモロッコに早期現生人類がいたとされる年代がともに古いことから、東西間の移動が、寒く、比較的乾燥した時代に起きたと強く推測できる。おそらく、半乾燥地に慣れた彼らにとっては有利な時期だったのだろう。[44] きっと彼らは、乾燥した土地で巧みに生き抜き、樹木のない環境を歩き回り、広範囲に散らばっていた水や食料を見つけ出す能力をもっていたに違いない。こうした能力は、自分たちが受け継いだ「開けた森林のあるモザイク状生息地」という束縛に決別しようとする最初の試みの成果だったのかもしれない。一三万年以上前のアフリカ大陸、中東、アラビア半島は乾燥しており、そのためパッチワーク状の生息環境が生まれ、熱帯雨林も現在のように大陸中央部に閉じ込められたようだ。半乾燥地や砂漠によって分断された森林とサバンナは、人類をばらばらにし、それぞれを小さな集団として孤立させることになったと思われる。苦境に陥り、死に絶えた集団もあっただろう。しかしなかには、北アフリカへ進出した人類のように、繁栄したか、少なくとも生き残った集団もあったはずだ。

遺伝学から見る人類拡散の年代

このようにして起きたと考えられる人類の分岐の証拠を、私たちは現代のアフリカ人の中に見つけることができる。[45] 遺伝学者たちは、人類全体のあいだにどのような相互関係があるのかを読み解くべく、世界中の集団を調査してきた。こうした研究はますます緻密になっており、その結果、ひとつの小さな集団から世界中に広がっていった人類という見事なイメージが生まれることになった[46]（人類の世界規模の拡散については、後の章でじっくり考えることにする）。

遺伝学の研究から、もうひとつ明確に浮かび上がってくる事実がある。それは、アフリカ人の集団は遺伝的に最も多様であること、つまり、最も長い時間をかけて突然変異を蓄積してきたということだ。ある特定の突然変異は遺伝子マーカーという目印になるので、それを利用すれば、現在では離れた場所にいる集団も過去にはつながりがあったことがわかり、さらには、集団が分裂した年代も推定することができる（第1章参照）。また総合的な研究結果からは、八万年以上前に蓄積された遺伝的多様性が現在のアフリカ人集団の中でしか見られないこともわかっている。アフリカ人集団には見られない突然変異が起きたのはそれ以降のことであり、そこから、世界各地への移動は八万年前以降に行われたと考えることができる[47]。

失敗した実験

世界への拡散は八万年前よりも後のことかもしれないが、それ以前にアフリカ内部で起きていた地理的拡大が、隣接地域の集団に影響を及ぼした可能性は十分にある。その影響は、おそらく最古の現生人類だけでなく、早期現生人類の集団にも及んだことだろう。早期現生人類がどのようにエチオピアに到達したのかは見てきたとおりだが、彼らが同じような過程を経て、アラビア半島やインドにたどり着いていたとしても不思議はない。だが、そうした集団は滅び去り、彼らの記録も失われてしまった。本章の冒頭を飾ったスフールとカフゼーの早期現生人類も、新しい試みの結果がいつも成功ばかりではなかったことを教えてくれる。

一〇万年前を過ぎて気候が悪化すると、スフールとカフゼーの早期現生人類は姿を消した。資源や生息地が減少したからなのか、別の人類であるネアンデルタール人に駆逐されたからなのか、それはわからない。いずれにしても、彼ら早期現生人類はビーズやあらゆるものとともに滅びてしまった。だがこれは、私たちには決して全貌を解明することができないであろう数多くの「失敗した実験」のたったひとつの例にすぎないのかもしれない。偶然と気候変動に左右される極度に不安定なこの世界では、たくさんの人類集団が絶滅する運命にあった。

草と水

第3章では海岸と海洋資源の利用について触れたが、ここでは、私たちの進化過程に欠かせない二つの主要な資源、草と水に注目してみたい。というのも、この二つの大きな要因が、ホモ・ハイデルベルゲンシス、早期現生人類、そして現生人類の地理的拡大を促したと考えられるからだ。人類史の多くの場面において、彼らを拡散に駆り立てた主原因は、よく言われるように海洋資源ではなく、草と水だったのである[48]。

きっかけとなったのは草だった。植物がエネルギーをつくり出すプロセスを光合成というが、現在見られる植物は光合成を行うときに、三つあるうちのどれかひとつの方法を用いて二酸化炭素を固定している。そのうち主なものはC_3経路、C_4経路と呼ばれ、残りのひとつは、とくにサボテンなどの少数の植物で用いられる方法なので、ここでは扱わない。植物史の大半において支配的だったのはC_3経路で、C_4型の光合成は二五〇〇万~二〇〇〇万年前にようやく登場し[49]、その後も長いあいだ少数派に甘んじてきた。C_3植物は涼しい気候を好み、C_4植物の代表格であるイネ科の草は、とりわけ温暖な気候と二酸化炭素濃度の低い大気中で実力を発揮する。八〇〇万~六〇〇〇万年前ごろに大気中の二酸化炭素濃度が減少すると、温暖な環境のもとC_4植物が台頭し、世界各地に広がっていった[50]。草の生い茂るサバンナという新世界は、この

ように して現れたのだ。

C_4植物がアフリカに出現したのは八〇〇万年前で、まず生育に適した温暖な赤道付近に広がり、その後五〇〇万年前までに、より涼しい南部にまで到達した(51)。しかし、アフリカ全土を制覇するにはまだ時間が必要だった。C_4植物に有利となった重要な変化が東アフリカで見られるのは一八〇万年前以降で、C_4植物中心の開けた草原が存在したと確実に言えるのは一〇〇万年前より後のことなのである。

そこから考えるに、初期人類が進化を開始した八〇〇万前から一八〇万年前にかけて、アフリカの大部分はモザイク状の植生で、その一部に草原を含んでいたのだろう。だとすれば、第1章で見てきたように、太古の初期人類が、森林にほど近いモザイク状の生息地に暮らしていたのもうなずける。また、ホモ・エレクトスを初めて見つけたのが、ちょうどC_4草原に適した環境の変化がはじまる一八〇万年前だったというのも偶然ではなさそうだ。プロローグで述べた考え方に従えば、拡大していく草原は、脳の小さい初期人類の中心地であった樹木のまばらな森林の周縁部だったと言える。環境のストレスにさらされた集団がイノベーションを行ってきたのは、まさにこのような周縁の地だったのだろう。

ホモ・エレクトスは開けた草原へと乗り出したが、森林を完全に捨て去ったわけではなかった。彼らが選んだのは、サバンナや開けた草原を主体としたモザイク状の生息地を利用することだったのだ。このような環境は大型草食動物の宝庫であるため、獲物が比較的見つけやすく、肉をはじめとするさまざまな食料によって生活を支えることができた。一方密林では、それほど多くの動物は生息していなかったし、どのみち草木がうっそうと生い茂っていては見つけるのも困難だったに違いない。

モザイク状の開けた土地の近くに水源があれば、そこは上等なすみかになったことだろう。そうした場所なら喉の渇きをいやしに遠出する必要はなかったし、獲物になりそうな動物が水を目当てにやってくることもあったはずだからだ。このように、豊かで実りの多い湿地という環境は生命の進化に不可欠であり、人類の生活ともいろいろな点で関わってきた[52]。ホモ・エレクトス、ホモ・ハイデルベルゲンシス、早期現生人類にゆかりのあるほぼすべての遺跡の近くに水の痕跡があったのも、何ら不思議なことではない[53]。

第4章　一番よく知っていることに忠実であれ

ボルネオ島の熱帯雨林

どうやってこんな環境で生活することができたのだろうか——蒸し風呂のようなムンとする空気に息をするたびあえぎながら、赤道直下に位置する熱帯雨林の奥深くを歩いていると、そんな疑問が頭に浮かんでくる。息を詰まらせるような気候だけが原因ではない。背の高い森林は暗闇の世界で、林冠のあいだから射す光もほとんど地面には届かず、動物の姿もまったく見えない。草食動物をよく目にする熱帯アフリカのサバンナとは好対照だ。それでも、ここにはたくさんの動物たちが生息している。姿の見えない大型昆虫が発し続ける騒々しい鳴き声や、猛毒のキングコブラに遭遇するかもしれないという絶え間ない緊張感が、それを証明している。ボルネオ島の熱帯雨林に対する私の第一印象は、このようなものだった。

私が東南アジアのボルネオ島に来たのは、ユネスコの要請で熱帯雨林の中心部にある洞窟を調査するためだった。海岸から約一六キロメートルのところに、ニア国立公園という面積およそ三一平方キロの熱帯低地林があり、その敷地内の、事務所が置かれた比較的開けた緑地の一画で、私は毎朝目を覚ました。ここで色あざやかな蝶やサイチョウに囲まれている限り、板根《ばんこん》の張った巨木が彼方まで続く森の牢獄や、その場で感じる閉所恐怖を一時的に忘れることができた。開けた視界、遠くにのぞむ地平線、自由な空間と森林のパッチワーク。そうしたものを求める本能的な何かが人間にはあるようだ。それが手に入らないとき、私たちは自らその環境をつくりあげてきた。

ワシントン大学の生物学者ゴードン・オーリアンズは、異なる国の子どもたちにさまざまな生息環境の写真を見せるという独創的な実験を行ってきた。その結果明らかになったのは、自分が育った場所に関する個人的体験が好みに反映する年齢になるまで、子どもたちは他のどの環境よりもアフリカのサバンナの写真を好んだということだった（図13参照）。オーリアンズによるこの「サバンナ仮説」では、自分たちが進化してきた環境やその景観を好ましく思うのは、それが生物学的な特質として人間に染みこんでいるからだとされている。人類はその歴史の大半の時間をサバンナで過ごし、そこで食料とすみかを見つけてきた。過去一万年の文明生活も、この記憶を消し去ることはできなかったというわけだ[1]。私が熱帯雨林の奥深くで落ち着かない気持ちになったのも、ひとつにはこういう理由があったのだろう。

ニアのグレート・ケイブ

私たちは毎日、濁ったオレンジ色のニア川をボートで渡り、森を三キロ歩いて、ニアのグレート・ケイブを訪れた（図14参照）。暑くじめじめした空気のせいで、私にはその距離は倍にも感じられたが、地元のイバン族の人々は洞窟内で繁殖するアナツバメの巣をいっぱいに詰めた重い袋をかつぎ、涼しい顔で通り過ぎるのだ。この巣は遠方の一流レストランに運ばれ、高級珍味の材料にされる——そう、中

図13　タンザニアのサバンナ

華料理のツバメの巣のスープである。

近年、巣の大量採取によってアナツバメの生息数が著しく減少しているという。これまでに行われてきたような、年に二度、ヒナが巣立った後に採取する伝統的な方法であれば長年にわたって続けることができたが、近ごろの乱獲は完全にバランスを崩してしまうもののようだ。しかし、これこそが人間の本質であるかもしれない——狩猟採集生活は概して持続可能なものだったが、余剰品を扱うことを覚えて以来、私たち人間は資源を急激に消耗する道を選ばざるをえなかったように思える。

赤道気候に属する多くの石灰岩洞窟と同様、グレート・ケイブもその名にふさわしい巨大な洞窟である。洞窟内は三キロ以上がすでに調査済みで、高さ六〇メートル、幅九〇メートルに及ぶ広い場所もある。奥に進めば一筋の光も射しこまず、ライトなしでは身動きもとれない。このような洞窟が、どうして人類の物語と関わりをもつようになったのだろうか？　洞窟の大きさや、ツバメの巣のことを知っただけでは、それはうかがえない。

前章では、若く精力的だったドロシー・ギャロッドが、とりわけ中東の先史時代に関する私たちの知識にどれだけ深くメスを入れることができたかを見た。そして、ここニアを先史時代の重要拠点にしたのも、もう一人の伝説的な人物である。

ディープスカル

カルメル山の考古学史を永遠に飾るのがドロシー・ギャロッドの名だとすれば、ニアの歴史に刻み込まれるのはトム・ハリソンの名前になることだろう。ハリソンは一九一一年アルゼンチン生まれ。英国の名門ハーロー校とケンブリッジ大学で生態学の教育を受けた彼は、鳥類学から探検、ジャーナリズム、放送、映画制作、人類学に及ぶ多彩な物事に興味を寄せた。ハリソンは第二次世界大戦中にイギリス陸軍に見出され、森林の原住民を使って日本兵を攻撃する指令を受けたため、ボルネオにパラシュートで上陸する。そして戦争が終わると、ボルネオにとどまってサラワク博物館の館長を務めた。

館長時代に、ハリソンは妻のバーバラとともに、グレート・ケイブ西側入り口の先駆的な発掘を行った。一九五四年から六七年にかけてのことである[2]。さまざまな発見があったが、とくに衝撃的だったのは四万年前のものとされる人類頭骨、ディープスカルが見つかったことだ[3]。その骨が本当に四万年前のものだとすれば東南アジアの最古の現生人類ということになり、当時の考古学界からは疑いの目で見られることになったが、数十年後の二〇〇七年、ケンブリッジ大学のグレアム・バーカー考古学教授率いる研究チームが、ハリソンが正しかったとする調査結果を発表した[4]。ニアの洞窟にすんでいた人類は、

図 14　ボルネオ島のサラワク州ニアにあるグレート・ケイブ。アフリカ以外にある現生人類の遺跡のなかでは、最も古いもののひとつである。
Photo：Clive Finlayson

やはり東南アジアでは知られている限り最古の現生人類だったのだ。「地獄の塹壕」と呼ばれるほどの不快な発掘現場を思えば、こうした結果は、ハリソンの洞察力、不屈の精神、そして忍耐力への敬意の証であろうと思う。

最新の研究では、ディープスカルの年代は四万一〇〇〇〜三万四〇〇〇年前と報告されている(5)。しかし、人類はもっと早い時期に――少なくとも、ネアンデルタール人がヨーロッパを支配していた四万六〇〇〇年前には――この洞窟で暮らしていたのではないか。これまで登場したさまざまな人類は、オーリアンズのサバンナ仮説を順守するかのごとく、たいていは樹木が点在する比較的開けたモザイク状の生息地にすんでいた。だが、現在のニアは熱帯雨林に覆われている。ということは、ニアの人類は熱帯雨林を活用していたのだろうか？

調査から明らかになったのは、ニアの人類が利用していた洞窟周辺の多様な生息環境のなかには、現在その地域では見られない景観もあったということだ[6]――熱帯雨林もあったが、彼らが暮らした時代のほとんどの期間が今よりも寒く乾燥した気候で、その多くは乾いた森林かサバンナへと変わっていった。[7]現在のニアからそうした風景を想像するのは難しいが、赤道にこれだけ近くても、たしかに氷期の影響はあったのである。[8]

どうやらニアの人類は、開けた森林やサバンナに通じていた一方で、熱帯雨林の利用にも長けていたらしい。つまり、熱帯雨林がいくらか混じったモザイク状の環境によくなじみ（その七万年前に中東に暮らした早期現生人類が同じ戦略をとっていたのは前章で見たとおりである）、そこで草原での生活を完全にあきらめることなく、熱帯雨林を利用する術を学んだのだろう。彼らは新しい習慣を身につけながらも、自分たちが一番よく知っているものに忠実だった。では、その新しい習慣とはどのようなものだったのだろう。

ニアの食料事情

ニアの人類は、利用する生活環境に見合うように自分たちの狩猟採集技術を仕立て直した。だから、温暖・湿潤期になって森林がサバンナに取って代われば、より樹木に依存する生活に移行したことだろう。奇妙なことに、これは私たちがこれまで見てきたのとは逆のパターンである――樹木のない環境ではなく、鬱蒼《うっそう》とした森林のほうが暮らすのに適さない場所、つまり、安全地帯の周縁部となったのだ。今や密林こそが、人類にとって最も困難な環境だったのである。

基本的に、彼らの食料調達戦略は最も豊富にいる哺乳類に向けて立てられていたようだ。当時はサバンナにも森の中にもイノシシがうろついており、その点において、食料として中型哺乳動物〔一〇〇～一〇〇〇キロ程度の体重〕を捕らえるという人類の長い伝統は守られていたと言えるが、ニアではそれが一歩先まで進むことになる。サル類や類人猿が数多く生息していたこの地では、それらの動物が定期的に狩られていた。つまり、ニアの人類は大型のオランウータンを含めた類人猿も食料としていたのだ。[9][10]こうした行動は、周縁部の森林に足を踏み入れることで生まれた新しい状況に対処するべく彼らが導き出した、ひとつの答えだったと言える。だが、これがある種の革命だったと考えてはいけない。このような行動は、このときまでにはすでに人類の特徴となっており、彼らイノベーターは、新しい世界でたんに臨機応変に行動していたにすぎない。

ニアの人類は狩りをするときに選り好みをしなかったようだ。また、特定の年齢の獲物ばかりを狙った証拠も見つかっていない。密林では動物の姿はよく見えず、大きな群れで行動することもまれだったことから、大小の罠を仕掛ける技術がこの段階までに発達していた可能性は高い。もしそうならば、ニアで捕獲された動物が特定の種や年齢に偏っていないことも説明できる。

ニアの人類は雑食で、自分たちを取り囲む森林と草原のモザイク地で見つかるものを最大限に利用したので、ときにはカメやオオトカゲさえも捕まえることがあった。また、近くの川や沼で捕った淡水魚や貝類を大量に消費したが、海産物を食べた形跡は残っていない。彼らが暮らしていた時代の大半は海水面が現在より低く、ボルネオ島、スマトラ島、ジャワ島が東南アジア本土と一体になって、ヨーロッパの面積にほぼ匹敵する「スンダランド」という巨大な大陸を形成していた。そのため、グレート・ケイブは今よりずっと海岸から遠く、ニアの人類が海を利用することはまずなかったようだ。もちろん、季節によっては海岸へ遠出して、その場で海産物を食べた可能性はある。だがそうだとしても、自分の洞窟へわざわざ海の幸を持ち帰ってくる必要があっただろうか？　とはいえ、先史時代の多くの謎はバラバラになったジグソーパズルのようで、そのような可能性もなかったとは言えない。

森林は動物ばかりでなく植物の宝庫でもあったが、食用にできる資源は多くが有毒で、食べるには下処理が必要だった。植物が自らの身を守るために手に入れた毒という化学的な防御策に、ニアの人類はうまく対処した――木の実を解毒するために灰だめに埋めるなど、毒さえなければ栄養価の高い森林の植物を無毒化する知識と技術を身につけていたのである(11)。

彼らは本当に「原始人」なのか？

ニアで新しく見つかった試料はどれも、五万年前以降にこの遺跡に初めてたどり着いた人々の暮らしを生き生きと語っている。ニアの人類は、現在のマレーシア本土からボルネオ島まで歩いて渡ることができた時代に、広がりゆくサバンナとそこに生息する動物たちを追ってやってきたのかもしれない。そしていざたどり着くと、その地にどうにか根を下ろし、気候の変動による環境の変化にも見事に対応する方法を見つけたのである。

ニアで見られる資源の活用法は目新しいものだった。樹上生活をする類人猿を捕らえ、罠や仕掛けを利用し、魚を捕り、毒を中和する。こうした手段はすべて、熱帯雨林がサバンナに取って代わった時代に、その環境のストレス下で生み出されたものだが、なかでもとくに斬新なのが、熱帯雨林そのものを焼き払うという行動だ。それを示す証拠もいくつかある。たとえば、森林火災後の地域に他の植物よりも早く根づくことが知られている草花の花粉がニアで大量に見つかっており、その年代は熱帯雨林が拡大した時期と一致している。また、ボルネオ島沿岸で採取された海底の堆積物からは、ニアに初めて人類がすみついたとされる五万年前ごろからはじまる層に、ごく微細な木炭粒子が異常なほどの高密度で記録されている。[12] たんなる自然火災の結果にしては、あまりにも強烈で唐突な記録だ。こうしたことから考えると、開けたサバンナをつくるために森林を焼き、獲物となる動物を引きつけるという手段は、どうやらかなり早い時期から実践されていたようだ。

現生人類と見なすことのできる人類が、ボルネオ島の熱帯雨林周縁部に、少なくとも五万年前から暮らしていたのは疑いのないところだ。彼らの行動は、現代の私たちを鏡で映したかのように、柔軟性と創意工夫にあふれていた。だが、彼らは洞窟の壁に絵を描かなかったし、ビーズに興味をもつこともなかった。同じ年代にヨーロッパにいたネアンデルタール人の遺跡にも同様のことが言えるが、そのために彼らは発達の遅れた原始人呼ばわりをされてきた。人類進化の歴史に取り組んでいる私たちの主観とは、得てしてそのようなものなのである。

拡散時の気候

早期現生人類の集団が、すでに八万年前までにアフリカ一帯だけでなく中東などの隣接地に広がっていたことは、これまで見たとおりである。しかし、約八万年前にアフリカを出た人類は、その後どのようにして五万年前にボルネオ島にたどりついたのだろうか？　世界各国の人々を調べた結果、アフリカ人以外の集団はすべて、エチオピアを中心とした北東アフリカの始祖集団から八万年前以降に誕生したことがわかっている。[13]私たちもここから出発していくことにしよう。

興味深いことに、現生人類が世界に拡散しはじめた時期（八万年前以降）と、ネアンデルタール人以外の人類が中東を放棄したと思われる時期はなぜか一致している。先述のとおり、気候は八万年前を過ぎたころからいくらか寒くはなったが、七万年前と四万七〇〇〇～四万二〇〇〇年前の二度にわたる厳寒・乾燥期を除いては比較的暖かさを保っていた。また、サハラ砂漠東部、ネゲヴ砂漠〔現在のイスラエル南部〕、アラビア半島に影響を及ぼした異常な多湿期も、八万年前以降は影をひそめたようだ。[14]つまり、北東アフリカから東南アジアにかけて人類の地理的拡大が起きた時期は、以前よりも乾燥していたものの、とくに例外的と言えるような気候ではなかったのだ。温暖でも湿潤でもなかったし、寒さの厳しい乾いた時期もあるにはあったが、限られたものだった。

南ルート説とそれにまつわる疑問点

新しい説が初めて世に出るときには必ず反対する者が出てくるものだが、その一方で、支持を得て、いつしか科学の一部として受け入れられ定説になるものもある。人類拡散のルートに関する議論において、これにあたると思われるのが、アフリカから海を越えて移動したという考え方だ。

南ルート説は、人類がアフリカの角《つの》〔ソマリアのあたり〕を経由し、紅海を渡ってアラビア半島に達したとする考えで、ケンブリッジ大学のマーサ・ラーとロブ・フォリーが一九九四年に発表したものだが、[15]出アフリカがすべて中東経由である必要はないとする画期的な視点を提供することになった。この南ルート説が近年支持を集めているのは、とりわけ遺伝学的な証拠によって、人類拡散のイメージが鮮明

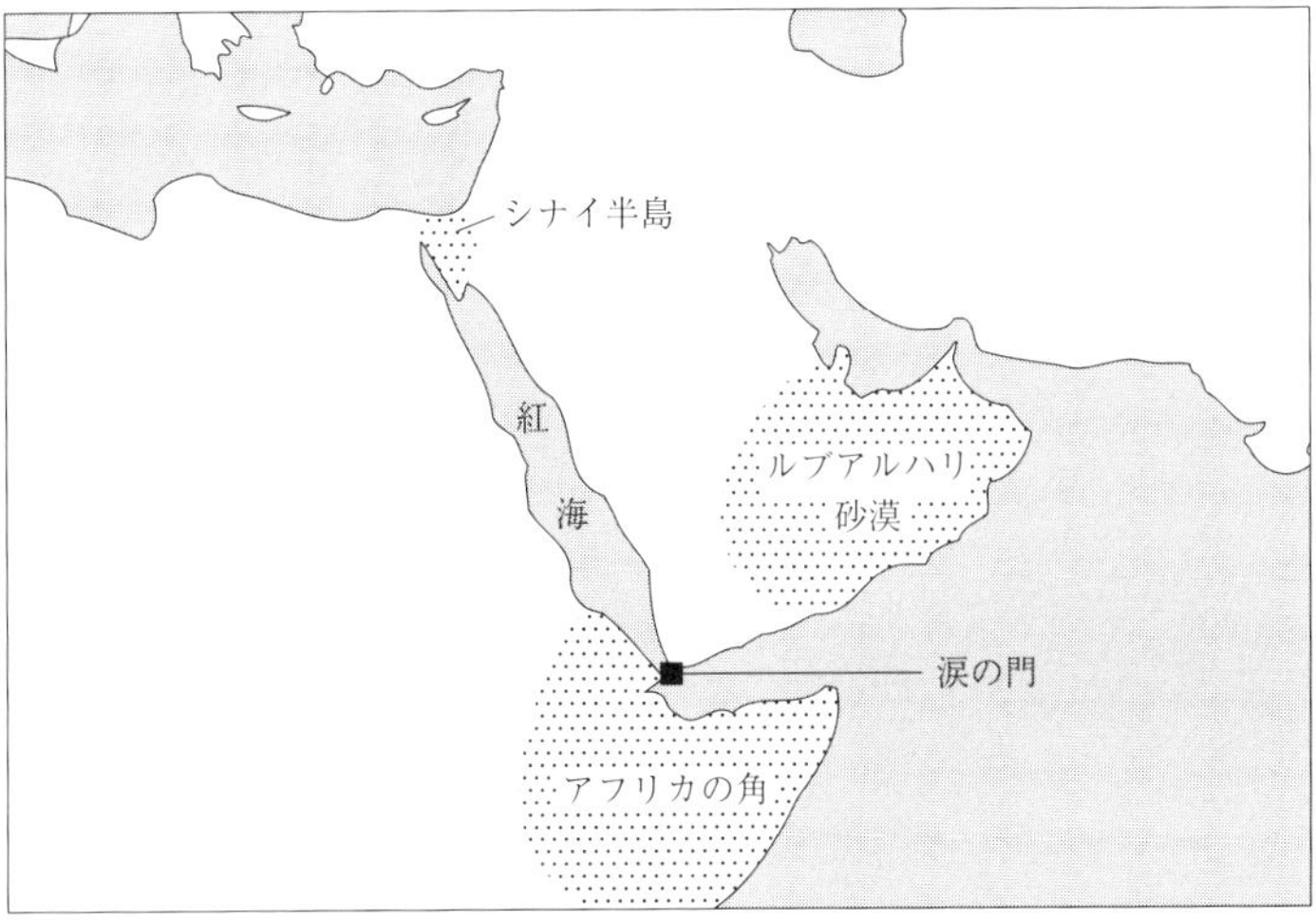

図15　現在のアラビア半島

になってきていることによる。[16] たしかに、この経路は理にかなっているように思える。だが、人類がその経路をどのように利用したかという点については難点がないわけではない。

たとえば、海岸での人類の行動もそのひとつだ。今から一〇年ほど前の「ネイチャー」誌に、紅海に面したエリトリア沿岸にある離水サンゴ礁（海水面より上に見えるサンゴ礁）から複数の石器が発見されたという興味そそる論文が掲載された。[17] 年代は一二万五〇〇〇年前ごろで、早期現生人類によってカキなどの貝類の加工に利用されていたと見られている。つまり、人類が世界へ旅立とうとしていたかもしれないころに、アラビア半島を目と鼻の先にのぞむアフリカの海岸線上に彼らが間違いなく根づいていた痕跡が見つかっているのだ。

この発見は画期的なものとされ、人類が海岸を利用した最古の証拠として脚光を浴びたが、前にも見たとおり、二〇〇七年には、海岸利用がはじまった年代が一六万四〇〇〇年前まで引き下げられている。[18]

しかし考えてみれば、食用にしろ装飾用にしろ、海岸で貝殻を収集することを並外れた行為だとして感心するのは、かなりおかしなことではないか。そうした行動に特別なコツも難しい技術もいらないことは、海辺でビーチコーミングをする人々も証明している。サンゴ礁で石器を見つけた研究チームでさえ、人類が川、湖、河口、そして近隣の海岸を活用していた証拠が一〇〇万年前のホモ・エレクトスの時代までさかのぼるかもしれないことに、後になって気づいたようだ。[19]

海辺で食料を採集した証拠は、一二万五〇〇〇年前より古いものになると見つかりにくくなる。ちょうどそのころに、温暖化によって地球規模の海面上昇が起きたからである。海水面は現在より最大で九メートルも高く、一〇〇年で二・五メートル上昇したこともあったようだ。[20] 海面上昇によって、それ以前に人類が暮らしていた沿岸の遺跡はどれも水没してしまったはずで、人工物はほぼ確実に洗い流されてしまったことだろう。第3章で見たピナクルポイントの一六万四〇〇〇年前の遺跡が無傷のまま残ったのは、それが切り立った崖にあり、海水が届かないほど高い位置だったためである。何事にも例外はあるというわけだ。

カニクイザルとハンマー

海岸での食料採取がとりたてて珍しくないことを示す最も有力な証拠は、一八八七年五月一九日の「ネイチャー」誌に発表された、[21] ビルマ〔現ミャンマー〕の沿岸での観察記録である。発表したのはボンベイ海洋調査局のアルフレッド・カーペンターで、彼がまとめたのは、南ビルマのメルギー諸島に生息するカニクイザルが干潮時にカキを捕り、食べる様子だった。カニクイザルには、カキの殻が外れるまで石で叩くという習性があった。そうしてからカキの柔らかい身を二本の指でつまみ出すのだ。ハンマーとして使われた石が、最長で八〇ヤード〔約七三メートル〕も離れた場所から選別され運ばれてきたことを考えると、これが行き当たりばったりの行動ではないことがわかる。しかし、この記録はその後一〇〇年以上にわたって見過ごされていたようだ。

二〇〇五年初め、スマトラ島沖地震による大津波の被害を調べるため、研究者たちはタイ南部アンダマン海沿岸で調査を開始したが[22]、そこで思いもかけない光景を目にすることになった。ある島で、二頭のカニクイザルの雌が道具を使って貝殻を割っていたのだ。島に上陸してみると、割られたカキの殻の横にサルが使っていた握斧状の石が落ちていた。当然研究者たちは、この驚くべき行為が島にいるカニクイザルの群れにどれくらい行き渡っているのか興味をもった。そしてさらに観察を繰り返すうちに、サルたちが定期的に海岸を訪れ、カキなどの殻を石で割っていることが明らかになった。一二〇年前にカーペンターが、それより北の海岸で発見したものと同じだった。

観察を重ねるほど、いろいろなことがわかってきた。たとえば、好物のカニを探して水中を覗き込んでいる雄ザルの姿も目撃された。また、石器はカキの殻を割るだけでなく、岩から貝をはがすのにも使われていた。現地の住人の話からは、カニクイザルのこうした行動は年間を通じて見られ、適当な石が見つからないマングローブ林では、身を食べ終えた殻で別のカキをこじ開けることがわかった。一二万年前の人類もこれと同じことをしていたとすれば、いったいどれだけの証拠が残されただろうか？

カニクイザルは、ヒトにつながる系統から二五〇〇万〜二一〇〇万年前に枝分かれしている[23]。それを考慮に入れるなら、早期現生人類が一六万四〇〇〇年前に海産物を発見したという考えが極めてばかげたものであることがわかるだろう。さらに、インドネシアのフローレス島——大陸と陸続きだった記録がない島——で見つかった石器が八〇万年以上前のものだったのであれば[24]、人類はそれ以前に海を渡っている必要があり、したがってかなり昔から海岸に親しんでいたと考えられる。ほんの一六万四〇〇〇〜一二万五〇〇〇年前に浜辺で人類の姿を発見したとしても、何ら特別なことはないと結論せざるをえないのである。

どうやって海を渡ったのか？

ビーチコーミングの能力に長けたカニクイザルは、私たちにもうひとつの教訓を与えてくれる。カニクイザルの仲間たちは、東南アジアの広い地域に散らばる数多くの島々に生息しているが[25]、そのなかには、ニコバル諸島〔アンダマン諸島の南〕やフィリピン諸島など、大陸とつながったことのない島も含まれている。どうやらサルたちは、東南アジアにあるたくさんの大河から、意図せぬまま天然のいかだに乗って旅立ち、海流に漂いながら島と島とのあいだを移動したようなのだ（船乗りとしての腕前は、マングローブ林などの川辺や海岸の林を主な生息地とする習性に関わりがあるらしい）。サルたちは何度となく流され、そうした偶然の繰り返しによって、海の向こうの島々へと広がっていった。

私の知る限りでは、カニクイザルが船をつくる方法を考えついたと説く者は一人もいないし、自ら航海術を磨いたとも思えない。サルたちが遠い島々にたどり着くことができたのは、漂流する天然のいかだに頻繁に近づく機会を与えた習性と、偶然のめぐり合わせがたまたま重なったからにすぎない。それにもかかわらず、人類がそうした島々やオーストラリアに広がったとなると、その大移動にはどうしても船と航海術が必要だったということになってしまう[26]。

二〇〇四年の津波で被害に遭い、運よく生き残った住民のなかには、信じられないような体験をした人もいる。海に流された人も多く、たとえば二一歳のある男性は、浮かんだがれきをいかだ代わりにし、古いココナッツの果肉だけをかじって海上で二週間生き延びた。この話からわかるのは、カニクイザルの場合と同様、人類の思いがけない行動が海という障壁を越えさせることも十分にありえたということだ。人類がサルと同じく東南アジアの沿岸や川沿いに暮らしていたとしたら、やはり天然のいかだで簡単に海へ流されることがあったかもしれない。ニアの洞窟が教えてくれたように、人類は四万年以上前から川のそばで暮らしていたのみならず、そのような水辺の環境で定期的に貝を集め、魚を捕っていたのである。

以上のことを考え合わせると、北東アフリカを出た人類が海岸沿いに移動してアラビア半島へ入り、そこからインドや東南アジアへ向かったとしても、あるいはそうでなかったとしても、それは「新しさ」が生んだ結果ではなかったように思われる。人類は突如として海岸を見つけ、海洋資源を利用したわけではないからだ。しかし、ここで疑問が生まれる――人類が地理的拡大をはじめたのが、「新しさ」のおかげでなければ、なぜそれが起こったのだろうか？　その答えを見つけるには、アフリカ人以外の現代人に特有の突然変異が現れはじめた時代、つまり八万年前以降の北東アフリカの状況を考えてみる必要があるだろう。

八万年前の北東アフリカ

動物の個体群が、条件さえ合えば近隣地域へと生息範囲をじわじわと広げていくことを、ここでもう一度思い出してほしい。シラコバトの例を挙げたときに、その鳥が何世代もかけてヨーロッパで拡散していく様子を説明したが、それは「大移動」と呼べるものではなかった。同じようなことは、約八万年前に北東アフリカの人類が拡散していくときにも起こったようだ。それは移住でもなければ、計画的な行動でもなく、ましてや緑豊かな牧草地を求めた集団脱出でもなかった。この点を強調するのは、北東アフリカからオーストラリアへと拡散していく人類の姿を、いまだに人類大移動のように描く者が多いからだ。人類がひとつの確固たるルートをたどったと考え、それを探すことは、化石記録の欠落を埋めるために一九世紀の人々が躍起になって行ったミッシング・リンクの探索と同じくらい意味のないことである。

北東アフリカの海岸からアラビア半島に向かう際にぶつかる難関のひとつに、アラビア語で「涙の門」を意味するバブ・エル・マンデブ海峡がある（図15参照）。紅海とインド洋を結ぶこの海峡は、幅二五キロメートル、深さ一三七メートル。かつて陸橋が存在したことはなく、海水面が最も低かったときでさえ、幅五キロの狭い水路がアフリカとアラビア半島を隔てていたという[27]。そのような狭い海峡が、人類の行く手を阻んでいたのだろうか？　そうとは思えないが、当時の状況を示す確たる証拠がないため、断定することはできない。

もし〈涙の門〉が障壁になっていたとしたら、人類は北上してシナイ半島へ進み、そこからアラビア半島を横断したか、半島の海岸沿いを再び南下したはずである。その場合、北東アフリカからアラビア半島への拡散がどのくらいの時間を必要としたのか、考えてみることにしよう。

〈涙の門〉のアフリカ側からアラビア半島側に陸路を使って向かう場合、その距離はおよそ四五〇〇キロになる。プロローグで見たように人類の一年の移動距離を三キロ（この数字は近年別の研究で算出されたものと大差がない[28]）、一世代をここでは一五年とすれば、目的地に到達するまでに一五〇〇年、一〇〇世代を要することになる。〈涙の門〉の反対側ではなく、アラビア半島に足を踏み入れるだけなら、距離はぐんと短くなって約二六〇〇キロ、所用時間は八七六年、つまり五八世代ほどで着いてしまうことになる。

人口が増加していく環境下で、このように地理的拡大が進んでいったのであれば、その際、高度な知性をもった人類だけが使うような技能は必要とされなかっただろう。第2章で見たように、より原始的な特徴をもった初期人類がはるか昔に東南アジアまでたどり着いているし、状況さえ許せば、他にも多くの種類の動物が、さらに長距離の拡散を頻繁に行ってきたのだから。また、よく見られるように、アラビア半島への拡散が一方通行の動きだったと考えるのも間違いだろう。それよりも、人口が増えていくにつれ、中心部にいた個体がどの方角であれ暮らしやすい環境へと移り続けたと考えるほうが、ずっと自然である。だから、八万年前以降に起きた人類の地理的拡大の証拠を見つけようと思えば、中心部付近からはじめて、あらゆる方角に目を向ける必要がある。そこでまず、中心部にほど近いナイル河谷から見ていくことにしよう。

ナイル河谷の二つの人類

ナイル河谷周辺では、人類が拡散しはじめたとされる年代の人骨は実質上見つかっていないので〔同じことはアラビア半島やインドでも言える〕、私たちは必然的に、石器をはじめとする考古試料を手がかりにせざるを得ない。そうした石器に用いられている技術は、ネアンデルタール人や早期現生人類が中東で一三万〜一〇万年前につくっていた道具と似ており、一般的に中期旧石器文化に区分されている。

一方、人口に関しては中東と対照的だ。というのも、中部エジプトから下エジプトにかけての地域は人口が少なかったようで、少なくとも一〇万年前より古い遺跡は存在していないと言っていいからだ。[29]当時、この地域一帯が温暖多湿だったことを考えると、これはちょっと意外な話である。[30]

一〇万年前以降になると、ナイル河谷に人類がいた証拠がはっきりと現れる。[31]具体的には、このころから七万年前までに谷には異なる技術をもった二つの集団が現れ、それぞれが別の人類だったのではないかと考えられている。[32]

集団のひとつはエジプト北部に広く分布していた**ヌビア人**で、砂漠を熟知した人々だったようだ。獲物を狩ることが生きる上で大切なことだったらしく、彼らが用いていた技術には尖頭器〔先端が鋭く尖った石器〕も含まれていた。ナイル河谷の北部に突如として現れたヌビア人であるが、南部から侵入してきたよそ者だった可能性もある。

もうひとつの集団は、ナイル川下流域に暮らした人々で、彼らの技術は明らかにその地に端を発するものだった。この集団は、新しくやってきたと思われるヌビア人たちと隣り合って生活を続け、川のそ

		主な文化期	現れた年代
旧石器時代	前期		約260万年前～
	中期	ムスティエ文化など	約30万年前～
	後期	オーリニャック、グラヴェット、ソリュートレ文化など	約5万年前～
中石器時代			約2万2000年前～
新石器時代			約1万500年前～

表3　石器時代の一般的な区分

ばから離れることも滅多になかったようだ。もしかすると彼らは、中東に暮らし、西はモロッコまで広がった早期現生人類の一派だったのかもしれない（第3章参照）。こうした考えが支持を集めたのは、彼らの技術が、中東の早期現生人類（さらにはネアンデルタール人）のそれとほぼ同一だったことが理由だ。では、ヌビア人はどうか。彼らが現生人類だった可能性はあるだろうか？　それはわからないが、いずれにせよ、新参者だったヌビア人がすぐさま優位に立つようなことはなく、二つの集団は長いあいだ同じ地域に暮らしながらも、別の居住地で異なる生活を送っていた。そして、第三の集団であるネアンデルタール人も、それほど遠くない中東の地で生き続けていたのである。

集団を動かす力

エジプト北部では、時に気候の変化によって格好の生息環境が生まれることがあった。そのような場合、ナイル河谷に暮らす二つの集団はごく近いところで生活をしたようだ。こうした興味深い状況を調べていくと、集団を動かす力というものが当時も今もあまり変わらなかったことがわかってくる。たとえば、ナイル川の氾濫原には今も昔も人が集まってきたし、周辺の砂漠に暮らす集団は定住地をもたず移動を繰り返していた。

砂漠に暮らすヌビア人の生活には柔軟性があり、環境からのストレスが大きい時期には移動生活を送り、一時的とはいえナイル川や紅海の近くに居を定めることもあった。一方、ナイル川流域に定住していた集団は、砂漠から十分な距離を置いていた――砂漠の民に出くわせば衝突が起こったからだ[33]。プロローグでの定義に従うと、ヌビア人は言うまでもなくイノベーターで、ナイル川流域の集団はコンサバティブだった。しかしナイル河谷、サハラ砂漠東部、紅海沿岸といった絶えず環境が変化する地域では、どちらかが極度に優位に立つことはなかったようだ。

北アフリカからアラビア半島へ

ここまでは北アフリカの様子を見てきたが、もう少し先のアラビア半島の状況はどうだったのだろうか？

実のところ、アラビア半島で私たちの関心を満足させてくれるような遺物については、残念ながらよくわかっていない。中東、アフリカ、インドのものと似た石器が出土した遺跡は複数見つかっているが、それらは一七万五〇〇〇～七万年前と幅広い期間をもったものである[34]。遺跡のいくつかは紅海沿岸にあったが、内陸部にも存在し、なかには山中で見つかったものもある。当時のアラビア半島で人類が暮らしていた場所は、川、湖、泉などの淡水源と密接な関わりをもっていたが、いったん気候が悪化して乾燥化してしまえば、砂漠での生活に適応しなくてはならなかった。また、彼らがインド方面へ海岸づたいに移動したことを確信させる考古学的な裏づけもほとんどない。入手できる証拠からは、少なくとも草原や湿原が広がっていた時期には広範囲への拡散があったことがわかるだけである。アラビア半島は、北アフリカの半乾燥・季節性サバンナのちょうど東端に位置していたため、そこにすむ人々とは密接な関係があったことだろう。

投げ槍とアテール文化

北アフリカの集団とアラビア半島の集団とのあいだに関係があったことは、北アフリカ発祥の**アテール文化**が、アラビア半島南東部のほぼ全域を占めるルブアルハリ砂漠で見つかった遺跡に見られることからもはっきりとわかる。[35] アテール文化の特徴は木の葉型の尖頭器で、木製の柄にくくりつけるための突起が根元部分に見られる。発明したのは狩猟民で、これを利用した投げ槍を離れたところにいる獲物に向かって放ったようだ。この技術は、同じように木製の柄に取りつけて突き槍をつくった中東の早期現生人類やネアンデルタール人の尖頭器を発展させたものである。[36] とはいえ、この違いは狩りをしていた環境の違いにあり、ある人類が他よりも優秀だったということにはならない。気候がより乾燥して、開けた環境が多くなり、待ち伏せによる接近戦が行われた樹木や低木の茂みがまばらになると、重い突き槍は、ある程度の距離から投げられる軽い槍にその座を奪われたのである。同じような例はヨーロッパのステップ地帯でも見られる。

アテール文化の遺跡が記録に初めて現れたのは八万五〇〇〇年前を過ぎたころで、その後はサハラ砂漠中に広がり、西はモロッコ、南はチャド湖やニジェールにまで及んだ。[37] どこで見つかったものも必ず砂漠と結びつけられたようで、半乾燥・乾燥気候のモロッコにおいてでさえも、この技術は砂漠環境への適応だと見なされた。しかし、これは砂漠への適応というよりも、樹木のない乾燥地での狩猟方法に関連していたのではないだろうか。そのような環境で最も一般的に見られた草食動物は、小・中型のガゼルで、捕まえるためには遠くから槍か矢を放つ必要があったからだ[38]。

こうしてサハラ砂漠に広がったアテール文化だったが、やがて気候がさらに乾燥していくと、砂漠中心部では存続できなくなり、消滅することになった。より新しい遺跡は、モロッコのような、乾燥はしていても植物相や動物相が保たれている場所に出現した。そこでアテール文化はつい二万年前まで続いていたと考えられているが、この主張に対しては賛否両論がある。

イノベーターとしてのヌビア人

ここまでを整理すると、アテール文化は、サハラ砂漠、北東アフリカ、アラビア半島の気候が乾燥しはじめたころに姿を現したようだ。その技術は、早期現生人類とネアンデルタール人が何千年も利用してきた技法を発展させたもので、証拠は限られているものの、早期現生人類が発明した可能性が高い[39]。

ナイル河谷では、ヌビア人のあいだで、アテール文化の特徴である突起をもった木の葉型尖頭器の制作がはじまったと考えられる[40]。ヌビア人は、気候の悪化とともに広大な乾燥地に拡散したが、これはちょうど、昔ながらの技術をもった早期現生人類の一部が、中東などの地域を放棄した年代と重なる。

中東などの地では、人類進化の根幹をなしたモザイク状の生息環境が消え、ステップや砂漠が大地を覆い尽くそうとしていた。これを受けて、変化を好まないコンサバティブの多くは、ナイル川や縮小する湖付近の孤立したモザイク地に引きこもったが、北東アフリカの緑茂るサバンナや森林地帯の周縁で乾燥地帯を生き抜いてきたイノベーターたちは、湿気のない開けた新世界に引き寄せられていった。プロローグで紹介した一九世紀のジブラルタルの貧民たちのように、乾いた地で生まれたイノベーターはそこで生き抜く術を身につけており、長いあいだ快適な暮らしをしてきた人々よりも乾きゆく世界のストレスにずっとうまく対処したのである。では、このイノベーターであるヌビア人たちが、北アフリカとアラビア半島で早期現生人類から現生人類へ移行した可能性はあるのだろうか？

現生人類が北東アフリカから拡散した過程については、一般的に「草原を追い求めて」とか「沿岸を移動して」という主張がなされている。だがこうした拡散は、半砂漠やステップで生きることのできる柔軟な姿勢と戦略をもった者たちによってはじめられた可能性が極めて高い。気候変動によって乾燥化が進むにつれて、彼らの生息領域は北東アフリカの拠点から広がっていった。このとき現生人類は、西はアフリカの大西洋沿岸から、東はアラビア半島のインド洋沿岸まで伸びる乾燥した幅広い緯度帯をたどっていったようだ。人類が世界に向けて広がった第一歩は、オーストラリアを目指した「出アフリカ」ではない。それは北アフリカやアラビア半島の乾燥地帯へ広がった「出エチオピア」なのであり、もしかしたらインドへの進出もあったかもしれない。こうした人類拡散の犠牲になったのは、さしあたり早期現生人類だけだったと思われる。ネアンデルタール人のほとんどは、まだ手の届かない北の地にいたからだ。

大西洋が行く手を阻んだため、西への拡散はモロッコで足止めとなった。エチオピアからモロッコまでの全域が同じアフリカにあるという理由から、約五五〇〇キロという距離にも関わらず、この大規模な人類の地理的拡大にはほとんど関心が寄せられてこなかったようだ。一方、同じ距離を東へ向かうと、アラビア半島を越えて東南アジアの玄関口であるガンジスデルタへ到達する。現生人類による早期の出アフリカとして注目を集めてきたのは、こちらのコースだ。政治的な境界線は、ここでもまた私たちの考え方を左右しているらしい。

インドの現生人類

旧石器時代の考古遺物については、アラビア半島よりもインドの方が充実しているが、早期現生人類と現生人類の集団が到着し、広がっていった経緯を知る手がかりとなるような、推定年代の明らかな遺跡はほとんどない[41]。それでもインドの遺跡からは、一〇万年以上前の当地の人口がかなり多かったことがうかがえる。一〇万年前というのは現生人類がやってくる前のことなので、遺跡の主はおそらくスフール、カフゼーの集団とつながりがある早期現生人類だったと思われるが、正体についてははっきりしていない。

今日のインド人の遺伝子を調べることで、現生人類がやってきた時期と、その後の動きを突き止めることができる[42]。それによると、インド亜大陸に到達したのは六万四八二八(±一万五〇〇〇)年前のことで、北東アフリカから拡散した八万年前以降と矛盾は見られない。人口が増加して、亜大陸内に地域的な遺伝的変異が生じたのは、やや遅れて四万三五八八(±五六二一)年前ごろだった。だとすれば、ほんの五万年前以降にこの地で再び多くの遺跡が見つかるようになり、それが現生人類の文化に属する後期旧石器文化への技術移行を反映しているらしいのも、偶然ではないだろう[43]。

ボルネオのニアをはじめとする東南アジアの遺跡に現生人類の痕跡が現れるのは、五万年ほど前にインドの人口が再び増えた後のことである。それまで順調に増えていた現生人類の数が、およそ六万五〇〇〇年前にインドに着いてからしばらくのあいだ停滞していたのはどうしてなのだろう？　その答えは、またしても「気候」と言えそうだ。これまで何度か見てきたように、およそ七万年前に、急激な寒冷・乾燥化が世界を襲った。厳しい環境に適応していたアテール文化人でさえもサハラ砂漠の大部分を放棄したほどの過酷さに、インド亜大陸の多くの地域も生活に適さなくなったと考えられる。人口増加は止まり、考古遺物を見つけにくい低密度の移動集団が点在するようになった。この状態は、一時的に気候が回復し、インド亜大陸にサバンナが広がった五万年前まで続いたと考えられる(44)。

トバの大噴火

何らかの理由で集団の規模が小さくなり、遺伝的な多様性が低くなることをボトルネック効果(45)と呼ぶが、私たちの祖先にもその痕跡が見られることは有名だ。一部の研究者たちは、それを引き起こしたのは、ある火山の噴火と、それに続く「火山の冬」だったという興味深い主張をしている(46)。噴火は、七万三五〇〇（±二〇〇〇）年前にスマトラ島のトバで起こり、その規模は過去二〇〇万年間で最大級のものだったようだ（この年代は私たちのシナリオにぴったり合う）。南アジア一帯に降りまかれた火山灰(47)は太陽の光を遮り、それによって引き起こされた「火山の冬」は、一〇〇〇年にわたる寒冷・乾燥化をもたらした。それに続いて氷期による寒冷・乾燥状態も地球を襲ったが、この状況は、夏季モンスーンの再来によって南アジアが再び潤う五万八〇〇〇年前まで続くことになる。

トバから二〇〇〇キロ以上離れたインドの現生人類にとっても、噴火の衝撃や、それに伴う環境の変化は深刻なものだったはずだ。そこに氷期が重なったのだから、七万三五〇〇～五万八〇〇〇年前という年代は、一部の生命力にあふれた者たちしか乗り越えることのできない時代だったのだろう。極限の生活に慣れることができなければ、ボトルネックを通過することはできなかったかもしれない。

ボトルネックの原因が火山の噴火かどうかは別としても、それを無事くぐり抜けた者たちがインドのサバンナで急速に人口を増やしていったことは間違いない。ただし、この人口増加はインド内だけに制限されるものではなかったようだ。西に向かえばインド北西部のタール砂漠が障壁となったかもしれないが、南東を目指せば、東南アジアの熱帯雨林が新たな挑戦の場となったはずだ。

水と人類

私たちの祖先はしばしば水不足に悩まされてきたが、いつも悪い結果ばかりが起きたわけではない――結局のところ、何が起こるかは自分の居場所次第なのだ。たとえば、東南アジアの熱帯雨林がそうだったように、水に余裕のある場所では、乾燥期になれば森林が開けてサバンナが顔を出した。そうなると草食動物が移りすみ、それを食料とする動物たちも後を追った。なかでも現生人類はそのチャンスをまっ先に利用したようだ。

最も寒く乾いた時期、スンダランドには幅五〇～一五〇キロのサバンナの回廊が広がっていた。[48] 現生人類はおそらく、この回廊を移動する草食動物に続いて、ニアをはじめとする東南アジアにたどり着いたのだろう。とはいえ、熱帯雨林が完全に消えたわけではなかった。約四万六〇〇〇年前と三万四〇〇〇年前の少なくとも二回、ニア周辺に熱帯雨林が戻ってきているのだ。[49] これは人類にとって新たな問題だった。彼らがその手ごわい密林に順応しはじめていたこと、そして、森林を焼き払ってサバンナを守ろうとしたことは先に見た。ニアに残る証拠からは、彼らが私たちと寸分違わぬ行動をとる、機知に富んだ存在だった事実をはっきりと読み取ることができる。

熱帯雨林が勢いを取り戻すと、現生人類は自ら確保した空き地と、河岸や海岸のはざまに追いやられた。ニアの人類は河川資源を利用したが、意外にこれがきっかけとなって、水路を利用し、海岸沿いを移動するようになったのかもしれない。そして、そのような生活を送っているうちに、海に流されたカニクイザルと同様、意図せぬまま東南アジアの数ある島々へと広がっていったのだろう。カニクイザルはニコバル諸島までたどり着いたが、現生人類もニコバル諸島、さらにはアンダマン諸島に拡散した。(50)両方ともスンダランド本土からは六〇〇キロほど離れた場所にあった。

ニューギニア、そしてオーストラリアへ

こうして人々がはからずも島から島をめぐり、最終的にニューギニア島へたどり着いたというのは、ありそうなことだ。ニューギニア島とオーストリアを分かつトレス海峡のような、進出を妨げる水の障壁も当時は存在していなかった。オーストラリア、ニューギニア島、メラネシアの先住民族が、他の集団には見られない遺伝的変異を共有していることから、この地域には五万年前ごろ単一の始祖集団がいたと考えられている。(51)いったんそこに根を下ろすと、彼らは世界から孤立したまま、かなり長い時間を過ごしてきたようだ。そしてこの集団こそが、近隣の島々から偶然に漂流し、ニューギニア島に定着した人々ではなかっただろうか。多くの研究者が言うように、もし東ティモールから九〇キロもの広大な

海原を船で渡ってオーストラリアへ到達したのなら、[52]なぜ別の機会に同様のことが繰り返されなかったのか、なぜそこから別の方向を目指さなかったのかという疑問が残ることになる。そう考えるなら、むしろオーストラリアにたどり着いたが最後、彼らはこの島大陸に囚われてしまったと考えるほうが自然だろう。

新天地への進出は、人口の急増を引き起こした（同様のことはこれまでも見てきたし、後の章でも何度か目撃することになるだろう）。現生人類は五万〜四万六〇〇〇年前に、オーストラリアの北部海岸から二五〇〇キロ離れたムンゴ湖に達した。[53]トバの噴火によるインドでの停滞から二万年後、人類は東南アジア、ニューギニア島、そしてオーストラリアを瞬く間に通り抜けていったのだ。こうした拡散のスピードは、制約のない好条件の下では人口がどれだけ急速に増加し拡大しうるかを示す物差しとなるだろう。

オーストラリアに到達するや人々は囚われの身になったかもしれないが、そこで発見した湖畔、草原、ステップは、現生人類が何世代にもわたって北アフリカ、アラビア半島、インド、東南アジアで追い求めてきた環境とよく似ていた。一番よく知っていることに忠実だった彼らは、道すがら身につけた新しい技術をたずさえて、前人未踏の地に足を踏み入れた——そのひとつが生息環境を広げるための火の使用で、これは新大陸でも利用されたに違いない。

一方ユーラシアにも、自分たちの一番よく知っていることに忠実な者たちがいた——中緯度帯のモザイク状の環境に身を落ち着けたネアンデルタール人である。だが彼らは、北の大地へ広がることには成功したものの、高山や砂漠、南の海、樹木のない北の厳寒地に挟まれ身動きがとれずにいた。これは、現生人類が運に恵まれた結果、ネアンデルタール人が行き着くことのなかった場所に足を踏み入れることができたのとは、極めて対照的である。

そこで次章では、適切な時に適切な場所にいることが、人類の進化をたびたび成功に導いてきた例を見ていくことにしよう。

オーストラリアの現生人類とホモ・エレクトス

現生人類がオーストラリアにたどり着いたのは、偶然が重なった結果であり、また彼らが適切な時に適切な場所、つまりインドにいたおかげでもあった。気候の悪化によりインドのサバンナが消失しはじめたころ、新しいサバンナ帯が南東へと広がった――ある場所ではサバンナを乾いた荒野に変えた気候変動が、別の場所では熱帯雨林の縮小を促すことになったのだ。こうして熱帯雨林は青々とした草原に生まれ変わり、日差しを遮る背の高い樹木は姿を消した。そこに草食動物が訪れ、人類をはじめとする捕食動物がそれに続いた。

現生人類がオーストラリアに到着したとき、その周辺ではまだホモ・エレクトスの集団が生活を続けていた（第2章参照）。現生人類の登場は、先住者たちにどのような影響を与えたのだろうか？　年代測定に間違いがなければ、ホモ・エレクトスの最後の集団はほんの二万五〇〇〇年前までジャワ島で生き残っていたと考えられる。とすれば、五万年前以降にやってきた現生人類が、一夜にして一帯を席巻したわけではなさそうだ。また、東南アジアに浮かぶ島々の多くは、当時の人類にとって避難地の役割を果たしたようだ。たとえば、フローレス島のホモ・フロレシエンシス（ホビット）は一万二〇〇〇年前まで生存していたし、ニューギニア島の北、フィリピン諸島の東に位置するパラオ諸島では、二〇〇八年にさらに注目すべき発見が報告されている——出土した二五体分ほどのごく小型の骨格が、つい二八九〇〜九四〇年前まで生きていた人類のものだったという驚愕の結果が明らかにされたのだ。[1]

この発見から、フローレス島の人類の位置づけをめぐる議論が再燃し、矮小化はやはり離島に隔絶された人類に共通する特徴だったのではないかという主張もなされた。だがここで本当に興味深いのは、東南アジアでは、無数の小島に、さまざまな人々が孤立しながら生き延びていた形跡があることだ。それを考えれば、ホモ・エレクトスの集団も、新しく訪れた現生人類とは一切接触せずに、ごく最近まで同じように生きていたとするのが妥当ではないだろうか。

偶然の勝利者

前章では、現生人類がボトルネック効果を切り抜けた経緯を見てきた。もしも東南アジアに残っていたホモ・エレクトスの集団が、気候変動であれトバの噴火であれ、現生人類を襲ったのと同じ打撃を受けたとしたら、古代世界からの生き残り組の多くは崖っぷちに立たされ、辺境の島で耐え抜いた小規模な孤立集団だけが残された可能性は高い。そう考えれば、現生人類は五万年前を過ぎてから、ほぼ誰もいなくなった土地へ分け入ったのかもしれない。

ちなみに、トバが噴火したときに最も近い場所にいた人類はホモ・エレクトスだったようだ。その影響は、インドにいた現生人類とは比べ物にならないほど大きかったはずで、噴火を知ったホモ・エレクトスの集団は、一七五万年ほど続いた成功の後に、自分たちが間違った時に間違った場所にいたことを思い知らされたのかもしれない。一方、本書の主人公であるネアンデルタール人は、トバからは遠く隔たった土地にいたので、ほとんど影響を受けることはなかったと考えられる。

こうした例は、本書のいたるところで見てきた主張を後押しするものだ――人類の歴史は偶然と幸運に彩られ、そこに移ろいやすい気候と環境が共謀することで、ホモ・サピエンスという類いまれな登場人物が生み出されたのである。この物語をブロードウェイ・ミュージカルとして上演するなら、東南アジアやその先への現生人類の進出は即興ジャムセッションの産物であり、ホモ・エレクトスの絶滅やホモ・フロレシエンシスの存続も、同じように成り行きまかせの筋書きをたどることだろう。

歴史とは概して、勝者によって書かれた敗者の物語であり、同じことは先史時代についても言える。さまざまに変化をとげた先史時代の人類のなかで、今日まで生き抜いた唯一の種だという理由で、私たちはためらうことなく歴史の物語を独占してきた。生き残った者として、私たちは自らを勝者の役に祭り上げ、その他大勢を敗者に貶めてきたのではないだろうか。自分たちの存在が偶然のたまものだと受け止めるには謙虚さが必要だが、これまでの私たちは、その代わりに自己中心的な視点をもって、直系の祖先である「先史時代の征服者たち」の優位性を根拠もなく強調してきた。何ひとつ証拠が残っていないにもかかわらず、東南アジアに分け入った現生人類が、孤島のジャングルに身をひそめて難を逃れた運のいい少数派を除くすべての人類を滅ぼしたと思われているのも、そのためである。これから先、シベリア、中央アジア、ヨーロッパへと話が展開するにつれ、さらに多くの欠陥だらけの表現が先史時代の人類に用いられるのを目にすることだろう――なかでも「北国の愚鈍な野蛮人」と蔑まれてきたのは、ネアンデルタール人であった。

ネアンデルタール人と私たち

人類の進化について考えるとき、雑多な事柄に気を奪われて肝心な問題をおろそかにしてしまうことがよくある。とりわけ惑わされやすいのが、「ネアンデルタール人は私たちと異なる種だったのか？」という問いだ。(2)この疑問はまたしても私たちの分類癖から生じている。あまりに気をとられてしまえば、自然淘汰と偶然によってつくられた細やかなモザイク装飾のような歴史も、荒く粗雑なものとなり、その結果、私たちは詳細を見失い、流れを見誤ってしまうだろう。

遠い過去のどこかの時点で、私たちはネアンデルタール人と共通の祖先をもっていた。一九九〇年代に入り、技術が発達してネアンデルタール人の骨からＤＮＡが抽出できるようになると、私たち自身のＤＮＡと比較するという新しい試みがはじめられた。(3)二〇〇六年までには、さらなる技術の発展と化石試料のおかげでネアンデルタール人のＤＮＡに関する知識は飛躍的に深まり、全ゲノム解析への期待が広がった。(4)すでにニュースのトップを飾るような結果もいくつか出ているが、ほんの数年前には想像すらできないことだ。

なかでも世間をあっと言わせたのは、髪の毛と肌の色、そして発話に関する新事実だった。髪の毛に関しては、ある研究から、ネアンデルタール人に見られる髪の色の多様さは現代人のそれと似ていることがわかり、(5)赤毛の者も一定数いたことから、「赤毛のネアンデルタール人」という記事の見出しが大々的に報じられた。ここで重要なのは、赤毛には白い肌がつきものだという点で、ヨーロッパに暮らすネアンデルタール人にとってこの肌の白さは好都合と言えた。色素の少ない肌は紫外線を透過させるので、不足気味のビタミンDが合成しやすくなるからである。もうひとつの発見は、言語機能の発達に関与することで知られるFOXP2遺伝子において、ネアンデルタール人と私たちが同じ変異を二カ所共有しているというものだ[6]。この遺伝子変異は、ネアンデルタール人と現生人類の共通祖先にも存在していたらしく、ネアンデルタール人が発話できた可能性を示すものと考えられている。

DNAに関する数々の研究によって、私たちとネアンデルタール人の最後の共通祖先がいた年代、つまり二つの集団が枝分かれした年代も推定されてきたが、これはまだ概算であって誤差も大きい。分岐を六〇万年前以降とする研究者もいるが[7]、近年行われている推定では、多くの結果が四〇万年前あたりに集中しているようだ[8]（とはいえ、やはり正確な数字を出すのは難しい）。もしも第1章で見た五〇万年前の〈骨の穴〉の人類が、現生人類と枝分かれしていたネアンデルタール人の祖先だったことがわかれば、分岐点は当然それ以前になるだろう。幅広くとらえてみれば、ネアンデルタール人につながる系統は気候変動の〈一〇万年周期〉が出現した直後、更新世中期のはじまりを示す七八万年前ごろに、現生人類とたもとを分けたと考えられるかもしれない。たぶんこの系統は、私たちが現在、十把一絡げにホモ・ハイデルベルゲンシスと見なしている多くの集団のひとつから派生したものだろう。

ネアンデルタール人と早期現生人類が一三万年前の中東にいたことは先に述べたが、それ以前に接近していた証拠が見つかっていないことから、両者は五〇万年以上のあいだ遺伝的に異なる道を歩んでいた可能性がある。その後、今から四万五〇〇〇年前に、今度は現生人類としてユーラシアで再び顔を合わせたときには、枝分かれしてからさらに長い時間が経っていた。これらの集団が出会って異種交配をしたのかどうかは謎のままだ。解明に近づくためには、はたして接触がたびたび起こるほど個体数は多かったのか、生息環境の違いや地理的要因によって互いに隔てられていなかったか、生物学的・文化的差異は本来なら起きてもよいはずの遺伝子交換を妨げなかったか、という問いを考えるのが適切だろう。こうした問題については、次章で詳しく検証することにする。

七八万年前以降のユーラシア

多くの文献では、最終間氷期にあたる約一二万五〇〇〇年前をネアンデルタール人の最盛期としており、このころには古典的ネアンデルタール人の特徴がすっかりそろっていたようだ。[9] ネアンデルタール人は、更新世中期にポルトガルから少なくとも南シベリアのアルタイ山脈までの広大な地域に広がっていた人類集団の系統から進化したと考えられている。[10] その人類集団とはホモ・ハイデルベルゲンシスの一派で、およそ六〇万年前（もしくはもっと以前）から二〇万年前までユーラシアに暮らし、[11] それまでとはまったく異なる世界を体験することになった。[12]

ユーラシアに生息していた哺乳動物たちは、約七八万年前から見られた気候変動の〈一〇万年周期〉の影響によって、その構成を大きく変えることになった。絶滅した種もたくさんあったし、新しい環境により適した移入種に取って代わられたり、これまでにない形に進化したり、何もなくなった土地を去っていく種もあった。そして、その後数十万年にわたって動物たちは生息範囲の拡大と縮小を繰り返し、その過程で、新世界の環境に適応するよう進化を果たした種も生まれた。

劇的な気候変動は、寒冷化による海水面の低下で陸橋を出現させた一方で、生物の移動を妨げる障壁

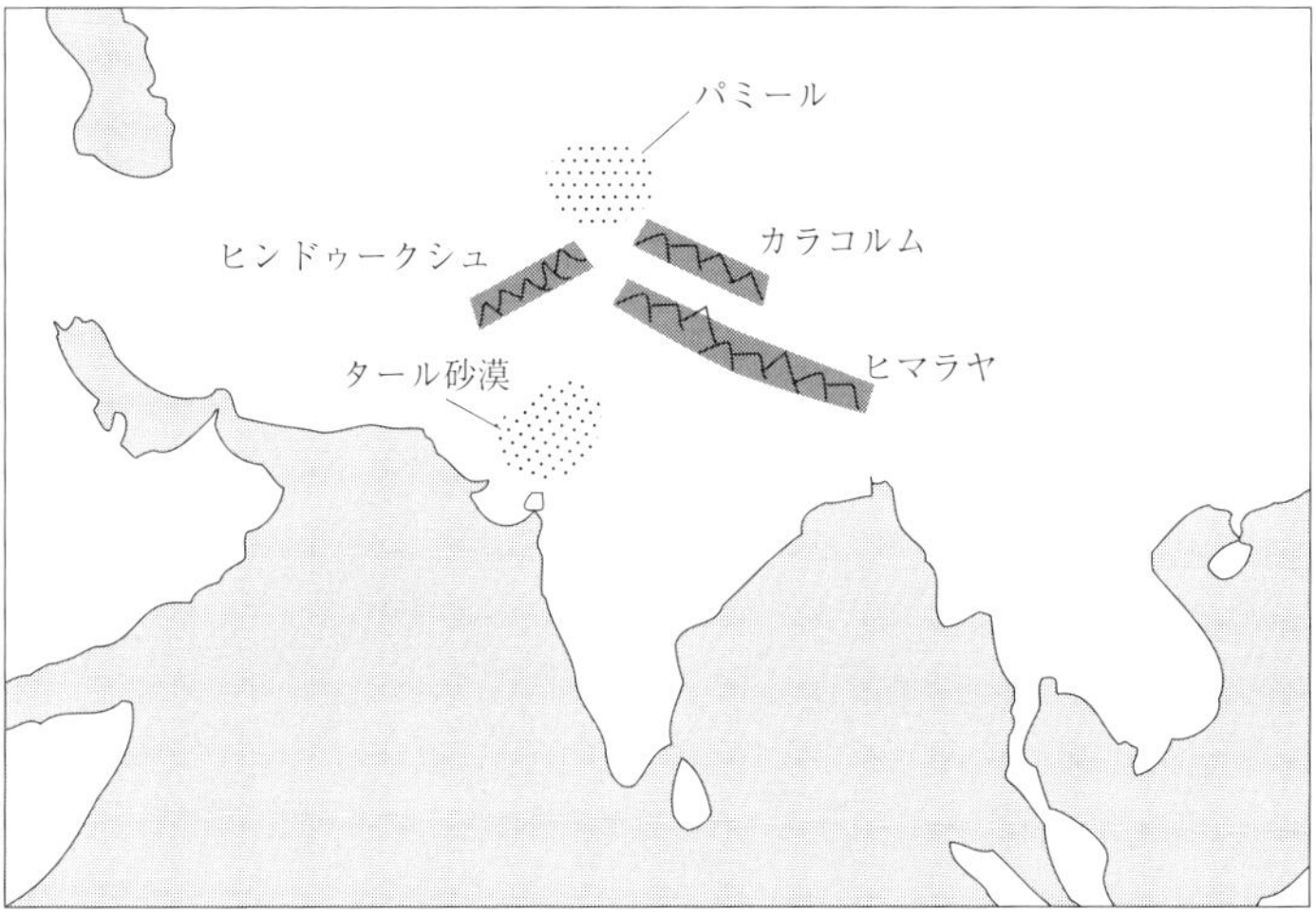

図16　ユーラシア中央部の主な山脈

をつくり出しただろう。たとえば、アフリカ・アジアの広大な領域では、各地域を結ぶ中継地が要所で断ち切られた。極東とヒマラヤ山脈の東を除く地域は、緯度帯に沿って走る高山、海、砂漠によって分断され、熱帯地域は北の温帯地域と切り離されることになった。

ヒマラヤ、ヒンドゥークシュ、パミール、カラコルムといった巨大な山脈によって、北部や西部からの南アジアへのアクセスは遮断された。そこで、東南アジアの熱帯地域にいたホモ・エレクトスたちは北部や西部から隔絶されたその土地にしがみつき、気候が許せば北方の温暖な中国へ繰り返し侵入することもあった。ホモ・エレクトスがこの地域で長く生き延びたのは、東アジアに温帯と熱帯をつなぐ連絡路があったからかもしれない。

それと同じ時期、アフリカは東南アジアよりもずっと乾燥した状態にあった。そのためサハラ砂漠とアラビア砂漠が拡大すると、熱帯アフリカやアフリカ南部は、たびたび北部から遮断されることになった。それらの地域に暮らす人類にとっては、気候が温暖多湿となり北方への移動が可能になったときでさえ、西アジアに屹立する山脈（トロス、ザグロス、カフカス）や地中海が障壁となって、ユーラシア北部への進出は難しかったはずだ。だとすれば、熱帯アフリカおよび南部では、ホモ・エレクトスの集団（もしくは、その子孫で「アフリカのホモ・ハイデルベルゲンシス」とでも呼ぶもの[13]）が孤立したことだろう。北部に影響を及ぼした気候変動は、熱帯アフリカでは周期的な多雨と干ばつをもたらし、それによって絶滅したり、生息地域を変えた種もあったが、環境に応じて自らを進化させるものも出てきた[14]。早期現生人類が誕生したのは、二〇万年前のアフリカでの、このような混沌の中だったのではないだろうか。

一方、ポルトガルからシベリアにいたるユーラシア北部では、ホモ・エレクトスの集団が新しい形態へと進化していた。頑丈な体格、大きな脳をもつようになり、およそ六〇万年前までにはホモ・エレクトスとは異なる種と認められるようになった。その新しい人類がホモ・ハイデルベルゲンシスであり、彼らは同じく新顔の動物たちとともに進化の道を歩むことになる。約七八万年前にはじまった〈一〇万年周期〉は、四〇万年前以降に続くことになる急激な気候変動から見れば、比較的穏やかなものだった。動物たちは変わりゆく環境に適応する時間的余裕をもっていたので、この時代には、進化が段階的に起きた実例を数多く目にすることができる。その典型例がマンモスだ。

マンモスの生存戦略

マンモスは、およそ二六〇万年前にアフリカを出て、ユーラシアと北アメリカに拡散した。当時のユーラシア北部一帯に生息していたのは主に南方マンモスで、(15) 温暖な気候を好み、樹木のあるステップをすみかとしていた。一二〇万～八〇万年前にシベリア北東部が寒冷化すると、そこに暮らすマンモスも影響を受け、根の浅い草に覆われた永久凍土という新しい環境に適応せざるをえなくなった。マンモスの歯はより硬い植物を砕くことができるように変化し、体も祖先よりもずっと大きくなった——こうしてステップマンモスという新しい種が誕生したのである。ステップマンモスがヨーロッパへと凱旋し、南方マンモスに取って代わったのはそのしばらく後、気候が過酷さを増し、南や西へ新しい環境が広がったころだった。

同様の過程は、後にシベリア北東部からもう一度繰り返されることになる。ステップマンモスの生息域を南と西へ広げた気候の悪化は、シベリアの状況をさらに劣悪なものにしていた。その結果、ステップマンモスがヨーロッパにやってきた更新世中期の初めまでに、シベリア北東部ではケナガマンモスとして区別できる新しい種が生まれていたのである。

その後数十万年のあいだ、ステップマンモスはユーラシア南西部に、ケナガマンモスは北東部に暮らしていたが、やがてある変化が生じた。約二〇万年前、気候のさらなる悪化により、ケナガマンモスの生息地だったツンドラステップが西へと広がっていったのである。ヨーロッパにはまだステップマンモスに適した環境（樹木のまばらなステップ）が残っていたので、この二つの種はしばらくのあいだ隣り合って生活することになった。だがそれも長くは続かなかった——一九万年前を過ぎたあたりのヨーロッパには、ケナガマンモスしか残らなかったのである。

このマンモスの話にはどこか聞き覚えがあるはずだ。進化は、環境の変化を経験し、ストレスを受けた集団に訪れる。マンモスの場合も同様だ。氷河がはじめに大きな影響を与えたのは、温暖な海をもつヨーロッパではなく、ユーラシア北東部だった。進化の働きはそのようなストレスの大きい土地で活発となり、中心的な生息域が消えていくなかで、生き抜くことを可能にさせるイノベーションが生まれ、新しいマンモスが誕生した。その後さらに気候が悪化すると、これら新しいマンモスに適した生息域が広がり、繁栄につながった。ヨーロッパにたどり着いたころには、北東シベリアでは別のマンモスがさらに過酷な環境に適応し、新しい波を起こすことになった。

負けたのはどちらの場合も古い型のほうで、新しい型とは争うまでもなかった。ユーラシア北東部では、環境がゆっくりと悪化したため段階的な進化が可能だったが、南西部では急激な環境の変化しか起こらなかったので、その地を去るか、絶滅するしかなかったからである。

寒冷地に適応したマンモスは、気候が暖かくなってくるにつれて、時に部分的な回復を見せはしたものの、その生息範囲を徐々に狭めていった。最終的には生き延びていくための個体数を維持できなくなり、目立った寒冷期が訪れなくなると、死に絶えてしまった。最後のケナガマンモスは、北極海に浮かぶウランゲリ島〔ロシア〕のツンドラステップで、ほんの四〇〇〇年前まで生きていたようだ。このマンモスは大陸側にいた種の矮小型で[16]、貧しい食料事情を反映して、このような大きさになったと考えられている。一方大陸側では、その五五〇〇年以上前に、タイミル半島で最後のマンモスが絶滅している[17]。

ユーラシアのマンモスの物語は、適切な時に適切な場所にいることのひとつの成功例だったが、皮肉なことに、寒冷な環境に適応するための長期にわたる投資は、反対方向への変化が進化の時間的余裕を与えないほど急激だったときには、絶滅の原因となったのである。

氷期を生き延びるために

ケナガマンモスは、本章で見てきた氷期のユーラシアで、寒さに適応した動物の仲間として描かれることが多い。[18] こうした動物の代表的な顔ぶれには、ケサイ、トナカイ、ジャコウウシ、ホッキョクギツネなどがある。もちろん、温暖な間氷期にも代表的な例として扱われる動物たちはおり[19]、どちらも科学文献では定番の顔となっている。しかしながら、第3章で学んだとおり、「氷期の動物相」や「間氷期の動物相」という一括りの視点ですべてが語れるわけではなく、個々の動物たちは、たいてい独自のやり方で気候や環境条件に対処してきた。したがって、特定の動物相へ分類して安心してしまうのは、氷期にも絶えず生物種に動きがあったという事実を単純化する恐れがあるだろう。

図17　ケナガマンモスの復元図

氷期のあいだに動物たちが生息域を変え続けたのは、周囲の環境がさまざまに変化したせいである。気候は、身体構造を変化させることはあっても（たとえば、マンモス、ケサイ、ジャコウウシの体表をびっしりと覆っていた毛は明らかに体温保持を目的としていた）、移動の直接の原因になることはめったになかったようだ――多くの場合、動物たちの移動を促したのは食料問題だったのである。生息域の変化のパターンは、種によって生存のための必要条件や許容範囲が異なるので、ひとつのパターンがあらゆる動物に当てはまるわけではない。さらに事態を複雑にしているのは、環境の変化が起きたときにその集団がいた場所や状態が、非常に重要な意味をもっていたことだ。先に見たように、シベリア北東部のマンモスとヨーロッパのマンモスとでは、変わりゆく環境への対応が異なっていた。また、シベリアの避難地で何度も温暖化を切り抜けたマンモスが結局は絶滅してしまったことから、環境の変化時に各集団が置かれた特定の状況が、運命を大きく左右していたこともうかがわれる。[20]

消え去った動物たち

更新世中期のユーラシアの動物相から、密林にしかいない動物を探し出すのは骨が折れる仕事だ。実際それに該当するのはタピルス・アルベルネンシスだけで、この森をすみかとしていた草食動物は、東南アジアと南アメリカの熱帯雨林で今も見ることができるバクの仲間だった。[21]七八万年前にはじまった気候変動の〈一〇万年周期〉は、ユーラシアに最後まで残されていた暖かく湿った森を事実上消し去り、その後を引き継いださまざまな種類の広葉樹林や針葉樹林も、環境を完全に支配することはついになかった。こうした環境で生き延びるには、樹木を中心とする環境に通じるばかりでなく、草の茂る閉鎖林から、灌木地、森林周縁部、サバンナ型草原、ツンドラステップまで、多種多様な環境に対処できる柔軟性が必要とされたことだろう。[22]

なかには生き残るのに特殊な条件を必要とする動物もいた。しかしそうした動物も、更新世中期には少数派になり、やがて絶滅していった。たとえば、足元の草を食む「グレイザー」であるカバは、ヨーロッパを北上してイギリス諸島まで到達したものの、冬の気温が重大な障害となってヨーロッパ大陸東端に達することはなかった。[23] また、長く厳しい寒さが苦手で、暖かい気温と多雨を好むこの動物は、湖や川に密着した生活を送っていたため、大陸のいたるところに拡散するわけにはいかなかった。カバは一二万五〇〇〇年前ごろの暖かな最終間氷期、あるいはその直後に、ヨーロッパという舞台から消え去った。[24] カバとよく似た条件を必要としていたムルスイギュウも、ほぼ同時期に姿を消したと考えられる。[25]

カバやムルスイギュウと同様に、最終間氷期にヨーロッパから忽然と消え去った動物がいる。[26] バーバリーマカクは、熱帯を離れて繁栄した数少ないサルの一種である。[27] イギリス諸島やドイツまで北上したこのサルは、温暖な間氷期のあいだ、中央ヨーロッパのほぼ全土を覆っていた森林に生息していた。バーバリーマカクのヨーロッパでの歴史は古く、約五〇〇万年前の温暖な鮮新世にまでさかのぼると考えられているが、更新世中期には遺存種と見なされるようになった。その後も繰り返される氷期をヨーロッパの避難地にしがみつくことでなんとかやりすごしたが、最後の氷期が襲いかかると、その過酷な環境についに屈してしまうことになった。

いま挙げた草食動物たちは、七八万年前以降のヨーロッパを繰り返し襲った寒冷化と、それに伴う食料不足によって駆逐された種のほんの一例である。ほかにも多くの草食動物が苦境に立たされ、樹木のないツンドラステップが大陸のほとんどを覆い尽くすと、状況はさらに悪化した。こうした動物がたどった道は、細部は異なっていても大筋は似ていた――部分的に残された避難地にとどまって悪環境を耐え抜き、状況が好転して森林やサバンナが再び勢いを取り戻すと、そこから拡散していった動物たちもいたが、個体数の減少を繰り返した挙げ句に回復できずに絶滅した種もあった。もちろん、絶滅のパターンは画一的ではなく、すべてが同時期に消え去ったわけではない。数は少ないが、カバ、ムルスイギュウ、バーバリーマカクのように最終間氷期後は別の地で存続した種もあったし、ステファノリヌス・ヘミトエクス、メルクサイ、アンティクウスゾウのように最終間氷期は生き延びたが、しばらくして滅びてしまった種もあった。[28]

いま挙げた絶滅したサイやゾウの分布には興味深い点がある。これらの大型草食動物は、気候が温暖な時代にすみかである広葉樹林が広がると、イベリア半島やイギリス諸島からロシアの太平洋岸近くまで、樹木茂るヨーロッパの平原とシベリアを広範囲に拡散していった。だがやがて寒くなり森林が縮小すると、生息域が分断されるようになった。最後の個体群は最終間氷期は切り抜けたようだが、そのころまでには地中海沿岸、とりわけ温暖なイベリア半島に閉じ込められ、そこにしばらくしがみつきながら絶滅の時を待ったようだ。[29] このような過程は、同時代に生きていたネアンデルタール人と驚くほど似かよっている。

ネアンデルタール人はいかにして登場したか

ネアンデルタール人とその祖先であるホモ・ハイデルベルゲンシスは、氷期のヨーロッパの寒さに適応した人類として描かれることが多いが、実はそうではない――むしろ彼らは、ユーラシアの中緯度帯で見られた森林やサバンナで進化をとげたと考えられているのだ。[30] 多くの場合、周辺には湿地帯があり、大型草食動物もよく見られた。それは、さまざまな食物を入手する機会に恵まれた、非常に豊かで実り多い環境だった。気候が穏やかな時期、彼らはそうした生息環境を北へたどり、イギリス諸島やドイツへたどり着いた。東への拡散は、温暖な森林を好んだ大型草食動物と同様、ヨーロッパの東端あたりに限られた。

ホモ・ハイデルベルゲンシスは、見通しの悪い密林ではなく、樹木や水源などがある変化に富んだ地勢になじんでいたようだ。また、モザイク状に散らばった温暖な森林にいる動物たちをよく知っており、その多くはかなり大型のものだったはずだ。開けた平原に暮らすものとは異なり、これらの大型動物は大きな群れでは生活しておらず、生息域のあちこちに点在していたと考えられる。しかし、草原からも森林からも動物がやってくる淡水源のような恵まれた場所では、個体の密度はより高かっただろう。イギリス諸島のボックスグローブ、ホクスン、ペイクフィールド、ドイツのマウエル、シェーニンゲン、マイセンハイム、ビルツィングスレーベンといった、ヨーロッパ北西部のホモ・ハイデルベルゲンシスの遺跡の多くが、草原や開けた森林にほど近い湖畔や川辺に存在するのも不思議なことではないのである[31]。こうした遺跡では、大型哺乳動物の狩猟や、死肉あさりがさかんに行われた。シェーニンゲンでは四〇万年前の木製の槍が見事な保存状態で見つかっており、当時の人類が優れた狩猟技術をもち、原材料として木を使っていたことの証明となっている[32]。

第1章では、〈骨の穴〉で見つかった人類＝ホモ・ハイデルベルゲンシスが、頑丈な体と大きな脳をもち、たぶん会話で意思疎通をしていたことを見た。長年吹聴されてきたネアンデルタール人の「原始的な」イメージは、その先祖の業績までも貶めるものだったが、実のところホモ・ハイデルベルゲンシスは、大型哺乳動物を素早くしとめる力と知性を兼ね備えた狩人であり、危険な捕食者がはびこる世界で自らの居場所を見つけることができた人類だったのである。

豊かで多様な巨大哺乳動物の世界でホモ・ハイデルベルゲンシスは絶頂期を迎えていたが、やがて寒冷・乾燥化の波が押し寄せてくると、豊かな環境も徐々に衰退しはじめ、これまで何度も見てきたように、絶滅する種が現れてきた。私たちがネアンデルタール人と呼ぶ、進化したホモ・ハイデルベルゲンシスが足を踏み入れていたのは、このように荒れ果て、死に瀕した世界だった。さらに事態が目に見えて悪化してくると、ますます多くの生物が消え去っていったが、それが新しい動物たちに取って代わられることはなかった。

境遇の犠牲者

古典的ネアンデルタール人[33]が出現した約一二万五〇〇〇年前には、彼らはすでに消えゆく運命にあった。ユーラシアの森林地帯にいたカバ、サイ、ゾウと同じく、ネアンデルタール人にも絶滅を避ける道はなく、残り少ない余生を送ることしかできなかったのである。それから一〇万年後、気候が再び温暖になったころには、それらのサイやゾウも、そしてネアンデルタール人ももはや存在していなかったと思われる。ただ亡骸だけが化石となって大地に埋もれ、もうひとつの人類——自らの存在について思い悩み、厚かましくも遠い親戚であるネアンデルタール人の絶滅に手を下したと考える者たち——に発見されるのを待つだけとなった。

ネアンデルタール人はたしかに滅びてしまったが、温暖な森林、サバンナ、大草原にすむ草食動物がすべて消え去ったわけではなかった。なかでも適応範囲が広かった種は、困難な時代を乗り越えて、現在も私たちといっしょに暮らしている——アカシカ、イノシシ、アイベックスなどがそうだ。地球が暖かさを失ったのちネアンデルタール人が必死にしがみついたのも、そうした中型動物がすむ地域が大半であり、そこで動物たちは定番の獲物とされた[34]。

一〇〇万年前以前にユーラシアに足を踏み入れたホモ・エレクトスは、長期間にわたって生き残りに成功し、自分たちが適切な時に適切な場所にいたことを知った。ユーラシアでは、変わりゆく気候の影響で温暖な環境にすむ大型草食哺乳類が群集するようになっていったが、このような状況は、第3章で見たような水が厳しい制限要因だった南方の熱帯サバンナよりも、人類が暮らすのに適していたことだろう。その結果生まれたのが、ヨーロッパのホモ・ハイデルベルゲンシスだった。しかし、こうした良好な環境が永遠に続くわけもなく、次のネアンデルタール人は、気候の悪化、集団の孤立、資源の欠乏にぶつかった。しばらくのあいだ彼らはうまく立ち回ったようだ。だが状況がさらに悪化すると、自分たちが間違った時に間違った場所にいたことを悟った[35]。進化よりも絶滅が幅を利かせる不安定な世界では、次に何が起こるかは誰も予測することができない——ネアンデルタール人は境遇の犠牲者となったのだ。

ネアンデルタール人の狩猟様式

最終間氷期が終われば当たり前となることだが、寒さと乾燥が強まるにつれて、ホモ・ハイデルベルゲンシスやネアンデルタール人の重要な食料供給場所だった森林地帯は、樹木のない環境に取って代わられるようになった。多くの場合、彼らの食料調達の基本は大型草食動物の狩猟と死肉あさりだった（第7章では、地中海沿岸のネアンデルタール人が、北にすむ親戚とは異なり、いかにバラエティ豊かな資源で暮らしを立てていたのかを見ていく）。前述のとおり、ホモ・ハイデルベルゲンシスは哺乳動物を狩るのに槍を使い、ネアンデルタール人もその慣習に従った。突き槍を使った奇襲攻撃は、日常的に行われていたようだ[36]。

ネアンデルタール人が奇襲攻撃を成功させるには、必要な条件が二つあった。ひとつは身を隠し獲物に近寄るための茂みで、彼らが暮らす開けた森林やサバンナではよく見られた。もうひとつは体力で、祖先から受け継いだ筋骨たくましい体には、あふれんばかりに備わっていた。ホモ・ハイデルベルゲンシスはユーラシアの温暖な森の中で数十万年にわたって奇襲攻撃を続けたが、ネアンデルタール人はそうした歴史の産物だったのである。

技術の進歩としてもてはやされるものに、現生人類による飛び道具の製作がある[37]。だがそのような技術は、更新世中期のヨーロッパにいた屈強な動物たちに対しては、ほとんど役に立たなかったことだろう。そうした動物を倒すのに必要だったのは、体力、したたかさ、協力関係、そして獲物に接近することだった。ネアンデルタール人が接近をいとわなかったのは、彼らが現代のロデオ騎手に匹敵するけがを繰り返し負っていた痕跡からも明らかだ[38]。ネアンデルタール人が肌の触れ合う距離で獲物を相手にしたのも珍しいことではなかっただろう。

不適切な時、不適切な場所

大型哺乳類と渡り合える体格になるために何十万年もの年月を投資したネアンデルタール人は、それなりの代償も払わなければならなかった――身を隠す茂みがない環境や、群れをさがすために長距離の移動を必要とする環境では、体格の大きさが障害となって生き残ることができなくなったのだ。

寒さがツンドラを南へ追いやり、乾燥がステップを西へ進めたとき、そこにツンドラステップという新しい環境が生まれ、見慣れない動物たちも登場した。ケナガマンモス、ケサイ、ジャコウウシ、トナカイ、サイガなどで、ユーラシア全土に広がった樹木のない生息環境で繁栄したと考えられている[39]。

こうした動物たち、とりわけ小型のものにネアンデルタール人が怖じ気づくことはなかっただろう。体格の大きさだけを見れば、以前からいたダマジカやアカシカであっても、新しく現れたトナカイであっても、大した違いはなかったはずだからだ。問題は獲物に近づく手段だった。開けた森林やサバンナでは獲物を追跡したり待ち伏せしたりすることは可能だったかもしれない。だが、視界を遮るものがないツンドラステップでは、ネアンデルタール人は遠くからでも目立つ存在だったに違いなく、トナカイの群れに近づくのは容易ではなかっただろう。そう考えると、ネアンデルタール人や、その前身のホモ・ハイデルベルゲンシスが、温暖な間氷期にツンドラやステップへ進出しなかったのも納得できる。彼らは、奇襲攻撃が非効率的になるか、もしくは完全に不可能になるくらい樹木がまばらな場所に、生活の境界線を置いていたのだ。ネアンデルタール人が常に直面したのは、気候が寒冷・乾燥化すると、その境界線が危険なほど生活の中心域に接近してくるという問題だった。森林から樹木が消え去るときの変化は急速で、ネアンデルタール人は後退するより方法がなかった[40]。

境界線の前進と後退は、ネアンデルタール人の集団を何度も孤立させ、また再び引き合わせたことだ

図18　ロシアのウランゲリ島のツンドラ

ろう。[41]集団の大きさがどれくらいだったのかは、どの段階をとってもはっきりしない。だが、繰り返し押し寄せる寒波によって人口は次第に減少し、暖かい間氷期に再び増加に転じたときも、完全には回復しなかったようだ。その後また孤立した集団は以前より規模が小さくなり、そこに寒波の影響が加わって、いつしか残された人口だけでは回復が不可能になった――そうしてやってきたのが絶滅だった。

四万五〇〇〇年前のスナップ写真

絶滅したアンティクウスゾウやサイと同様、散り散りになったネアンデルタール人の集団は、イベリア半島、バルカン半島、クリミア半島、カフカス地方で生き延びた。比較的温暖で、起伏の多い地勢のところどころに森林が残っていた地域だ。[42]北アフリカの海岸を一望できるジブラルタル海峡北岸も、そんな場所のひとつだった。ジブラルタル北岸は温暖な気候を好む植物の避難地であり、霜や低温や干ばつに耐性のない多くの爬虫類、両生類、その他の動物たちが難を逃れた土地でもあった。ネアンデルタール人の最後の集団が生き延びたのも、このジブラルタルにあるゴーラム洞窟と呼ばれている洞窟内であった(43)。

現生人類がヨーロッパに足を踏み入れようとしていた四万五〇〇〇年前に人類のスナップ写真を撮ることができたなら、ヨーロッパの南岸や、シベリア南部沿いに散らばる開けた森林や起伏の多い地勢に、ネアンデルタール人の集団が点在しているのに気づくだろう。環境からの強いストレスによって衰退の道を突き進んでいたこの集団は、とうの昔に中東を去っていた。一方、アフリカで暮らしていた現生人類は、そのころまでに大陸全土に行き渡り、そこからアラビア半島、インド、中国、東南アジア、オーストラリアまで到達していた。また、わずかに残っていた孤立したホモ・エレクトスとホモ・フロレシエンシスは、東南アジアにある熱帯の辺境地で細々と生きながらえていた。

ネアンデルタール人が絶滅した原因についてどのような立場をとるにせよ、南ヨーロッパやアジアの拠点に現生人類が到着したころには、ネアンデルタール人がすでに絶滅の途上にあったことは否定できない。ユーラシアを再び人類のすみかとしたのは、前からそこに暮らしていたネアンデルタール人ではなく、新しくやってきた現生人類だった——彼らは運に導かれ、適切な時に適切な場所へたどり着いたのである。

第6章　運命のさじ加減——ヨーロッパの石器文化

単一起源説と多地域進化説

私が人類の起源に興味をもちはじめた一九八九年当時、盲目的に信じられてきたのは次のような説だった——「われわれの祖先である解剖学的現代人[1]は、二〇万年前の熱帯アフリカに生きていた一人の共通祖先『ミトコンドリア・イブ』の血を引いていた。彼らは故郷のアフリカを飛び出して、世界を征服したのだ」。この単一起源説は疑う余地のないものとされ、その確信の深さは、もうひとつの可能性である多地域進化説を検討しようものなら、たちまち異端扱いされたほどだった[2]。

単一起源説は、「現代人」が世界中に広がる過程で、他のあらゆる人類集団に置き換わっていったとしている。置き換わった手段については諸説あったが、極端な例になると、「現生人類初の、そして最も成功した周到な虐殺計画」と説明されたものもあった[3]。ニュースの見出しを飾るには格好の題材かもしれないが、虐殺の証拠がいったいどこにあるというのだろう？　実のところ、そうしたものはどこにも見つかっていない。それどころか、置き換えられた他の人類より現生人類が優位に立っていたという証拠すらないのだ。

第3章では、ネアンデルタール人と早期現生人類が同じ年代に中東にいたことを見たが、両者が顔を合わせたかは定かではない。わかっているのは、中東では早期現生人類が消え去り、ネアンデルタール人が残ったということ。そしてこの事実は、私たちの祖先が優位にあったという考えを脅かすものだということだ。はたして現生人類の優位性は私たちの思い込みにすぎないのだろうか？

単一起源説は決して新しい主張ではない。一九五〇年代にはすでに提唱されており、七〇年代には「ノアの方舟説」という名でよみがえっている。[4] この段階ではまだ人類の起源となる土地はわかっていなかったが、その状況も一九八七年に一変する――レベッカ・キャンらの研究チームが、五つの地域の集団から、一四七人分の現代人のミトコンドリアDNAを収集して解析した画期的な論文を発表したのだ。[5] その結果、人類起源の候補地として二〇万年前のアフリカに白羽の矢が立ち、これで謎は解けたかのように思われた。

論文の発表から二カ月あまりたったころ、ケンブリッジ大学で学会が開催され、人類の起源を第一線で研究する五五名の研究者が一堂に会した。学会の内容はのちに一冊の会議録にまとめられ、キャンとマーク・ストーンキングの論文が巻頭を飾ることになるのだが、そのとき人類の進化がどうとらえられていたのかは、会議録につけられた『人類の革命（The Human Revolution）』という題名から一目瞭然だろう。[6] 続く二〇年間には、〈人類の革命〉をひたすら支持するおびただしい数の論文や書籍が登場した。重大な貢献をした文献もあったが、多くは批判力も根拠もない主観的なもので、その目的は既存の証拠をこねくり回して単一起源説を擁護することにあった。[7]

こうした状況を知れば、一方の多地域進化説がすでに廃れたと多くの人が考えるのも仕方のないことかもしれない[8]。**多地域進化説**とは、旧世界の各地に定着したホモ・エレクトスの集団がそれぞれ進化して現代に見られる人種になったというもので、たったひとつの集団が拡散したとか、それが他のあらゆる人類と置き換わったとする主張を否定している[9]。アメリカの人類学者ウィリアム・ハウエルズが「枝つき燭台説」と名づけたものも、そのひとつである。

今でも時おり多地域進化説の議論が再燃することがあるが、そのときに出てくる名前は、この説の主唱者であったフランツ・ヴァイデンライヒやカールトン・クーン、枝つき燭台説の名づけ親のハウエルズではない——新たな情熱と意気込みをもってこの理念を引き継ぐ者がいるからだ[10]。多地域進化説には熱烈な擁護者がおり、なかでもよく知られているのが、ローリング・ブレイス、アラン・ソーン、そしてとりわけミルフォード・ウォルポフである[11]。

一方、単一起源説を説明するもののひとつに、ホモ・エレクトスに続いて行われたホモ属二度目のアフリカからの大規模な拡散が現生人類によって果たされたとする「第二次出アフリカ説」があるが[12]、その旗手と見なされているのがクリス・ストリンガーだ。

単一起源説は本当に正しいのか？

八〇年代以降に繰り広げられた単一起源説と多地域進化説の激しい論争は、ウォルポフ派とストリンガー派の聖戦の様相を呈していたが、他方で、社会的な重要性をもつ問題でもあった。というのも、もし多地域進化説が正しいとすると、現存する人種間の時間的な隔たりが大きくなり、単一起源説の場合よりも人種間の溝が深まることを意味するからだ。現在では下火になったとはいえ、この対立は完全に消えたわけではなく、古人類学関係の集まりで人類の起源が新たに吟味されるような機会には、白熱した議論が再燃することもある。

人類の起源が問題となって以来、遺伝学をはじめ、これまでにさまざまな技術の進歩や新しい化石の発見があったが、個人的な見解を述べれば、それでもまだ私は第二次出アフリカ説が主張する人類の置き換えがそのとおりに起こったと確信することはできない。だからといって、私が多地域進化説の極端な論理を支持しているとは思わないでほしい。そうではなく、五万〜三万年前にユーラシアなどの旧世界で営まれた人類間の交流は、ある集団が他の集団に置き換わるという単純な構図ではなかったと考えているのだ[13]。

このように考えているのは私だけではない。たとえば、古人類学者のエリック・トリンカウスらの研究チームは、中国の周口店田園洞で出土した初期の現代人の化石を分析し、「現生人類がアフリカから単純に拡散したものとは考えづらい」と述べている[14]。また実際、古人類学におけるここ一〇年の大きな進歩は、創造力の急速な発展が〈人類の革命〉をもたらしたという考えに疑惑の影を落としてもいる[15]。にもかかわらず、一九八七年に続き二〇〇五年にケンブリッジ大学で開催された学会をまとめた論文集の題名は、「〈人類の革命〉をもう一度考える（Rethinking the Human Revolution）[16]」というものだった。古い習慣とは、なかなか消えないものらしい。

ユーラシアの全景——五万年前から三万年前まで

研究者たちの論争はさておき、ここで私たちは五万〜三万年前という年代に注目し、その時代のユーラシアを眺めてみることにしよう。

五万年前のユーラシアに暮らしていたのはネアンデルタール人だけだったが、三万年前までに大半が消え去り、大陸は現生人類のものとなっていた。だが、その時代のユーラシアの景観はどのようなものだったのだろう？　気候はどんなふうだったのか？　どこにどんな環境があり、どのような動物がいたのか？　現生人類はどこにいたのか？　これらの疑問に答えを出すことができたなら、人類がどうやってその場所にたどり着いたか、彼らは何者でどこから来たのかという問題にも取り組みやすくなるだろう。

まず見ていくのは気候だ。七万四〇〇〇～五万九〇〇〇年前の寒冷期が終わると、ユーラシアの気候は部分的に回復していく。五万年前には気候が穏やかになり比較的安定したが、その前の間氷期ほどの暖かさではなかった。その後四万四〇〇〇年前になると気候の悪化が再びはじまり、三万七〇〇〇年前にはついに最低気温に達する。[17]

もちろん気候の変化の流れは一方通行ではなく、通常は数百～数千年という比較的短い期間の温暖化や寒冷化が何度も差し挟まれる。[18]　五万～三万年前も例外ではなく、温暖化と寒冷化が繰り返される激変の時代だったが、大局的に見れば気候は着実に寒冷化しており、その傾向は約二万年前に訪れる**最終氷期最盛期**でピークを迎えることになる。

気候の変化自体は、ユーラシアのどの地域でもさほど変わらなかったが[19]、環境に与えた影響は各地域で大きく異なっていたようだ。しかし、それが実際にどのようなものであったかについては意見が一致しておらず、なかには驚くような主張も見られる。たとえば一部の研究者は、環境証拠を解析して、ア

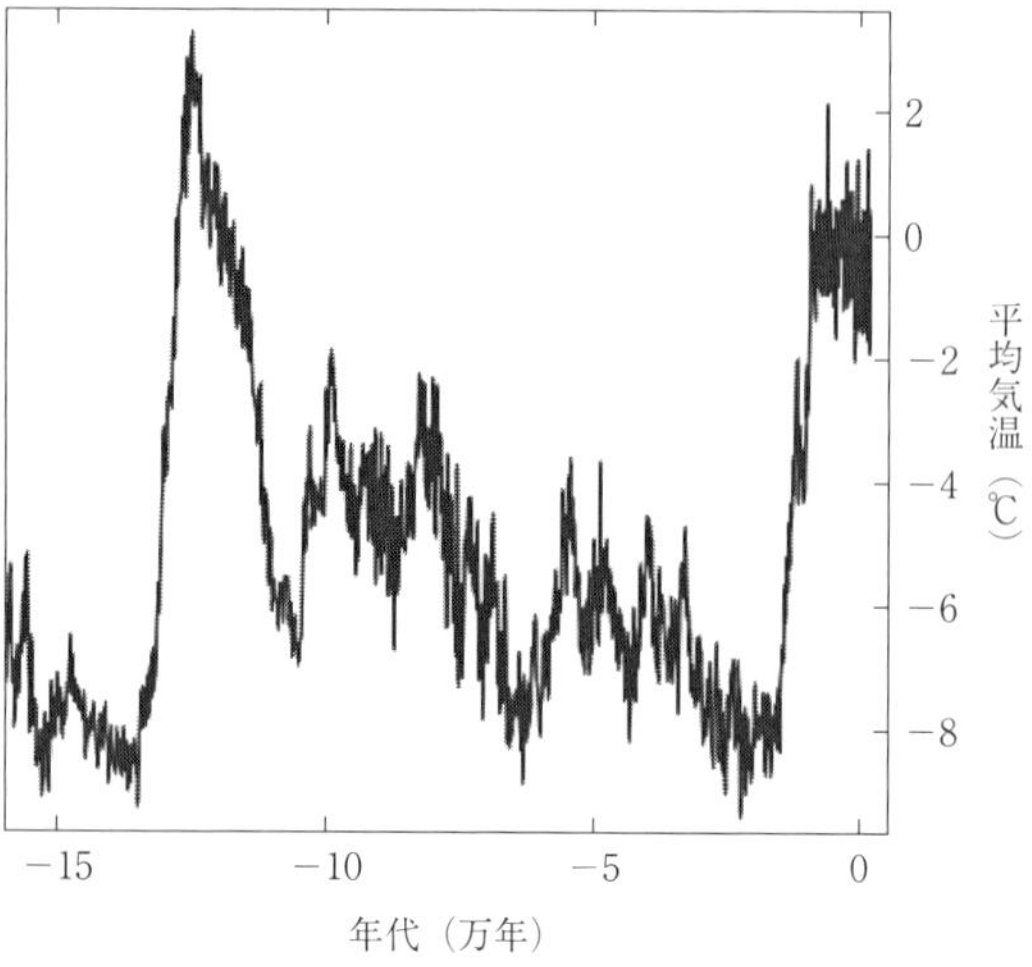

図19　過去15万年の平均気温

ラスカをのぞむシベリア北東部の最果てには、最終氷期最盛期でさえ氷床が少なかったと結論している[20]。その地域を覆った氷床はそれ以前の寒冷期に比べてもずっと規模が小さかったというのだ。この意外な主張は、遠い西の地を覆っていたスカンジナビア氷床とバレンツ海やカラ海の氷床の規模があまりにも大きく、東へ流入する水蒸気の量が減ってしまったことで説明できるかもしれない。

一方で、氷床はもっと広範囲で、最大で三九〇〇万平方キロメートルまで広がっていたとする研究者もいる[21]。それほど広範囲の氷床であれば、ロシア北極圏の大半を覆うことができるので、現在シベリアから北極海に流れ込んでいる主要河川の河口が氷のダムで堰き止められるという、目をみはるような事態が起こっていたはずだ。その結果、淡水の内海がシベリア全土に発達し、気候の変化に伴って氷のダムが不安定になると、広い地域で大規模な洪水が起きたことだろう[22]。こうした洪水の被害は甚大で、一夜にして環境を激変させ、人類を含むさまざまな動物の運命に致命的な影響を与えた可能性もある。また当時のユーラシアでは、シベリア東部の太平洋岸からイギリス諸島まで平地の回廊（北は氷床、南は地中海地方、西南アジア、中央アジアの山々に挟まれていた）[23]が延びていたが、これらの巨大な内陸湖はその回廊において大きな障壁となったと考えられる。

ツンドラステップの誕生

東西を結ぶ平原の回廊は、気候の気まぐれに応じてさまざまな姿を見せた。たとえば、五万〜三万年前の気候の悪化は、回廊のいたるところに樹木のない環境が広がるのを促した。さらに寒さが増すと、氷床に先立ってツンドラが南下し、乾燥が増すとステップがユーラシアの中心部から広がった。この二つが交わった地域に誕生したのが**ツンドラステップ**である（次頁図20参照）。その後、ツンドラとステップは二重の波となって東西に広がっていった。ときに温暖・湿潤期が再びやってくると樹木に場所を明け渡すこともあったが、それも次第にまばらになり、とくに内陸部では森林環境の寿命は短くなる一方だった。

回廊にかつてあった森林やサバンナには哺乳類が暮らし、長いあいだ繁栄していたことは前章で見たとおりだ（ホモ・ハイデルベルゲンシスとネアンデルタール人もそうした環境を中心に暮らしていた）。ところがいまや気候がその地に襲いかかり、森林を分断させてしまった。そうした世界に受け入れられたのは、樹木のない環境でも下草を食んで繁栄することができるグレイザーであり[24]、葉を摘んで食べる生活から抜け出せなかったブラウザーは、それを茂みの陰から奇襲し捕食する動物たちとともに消え去

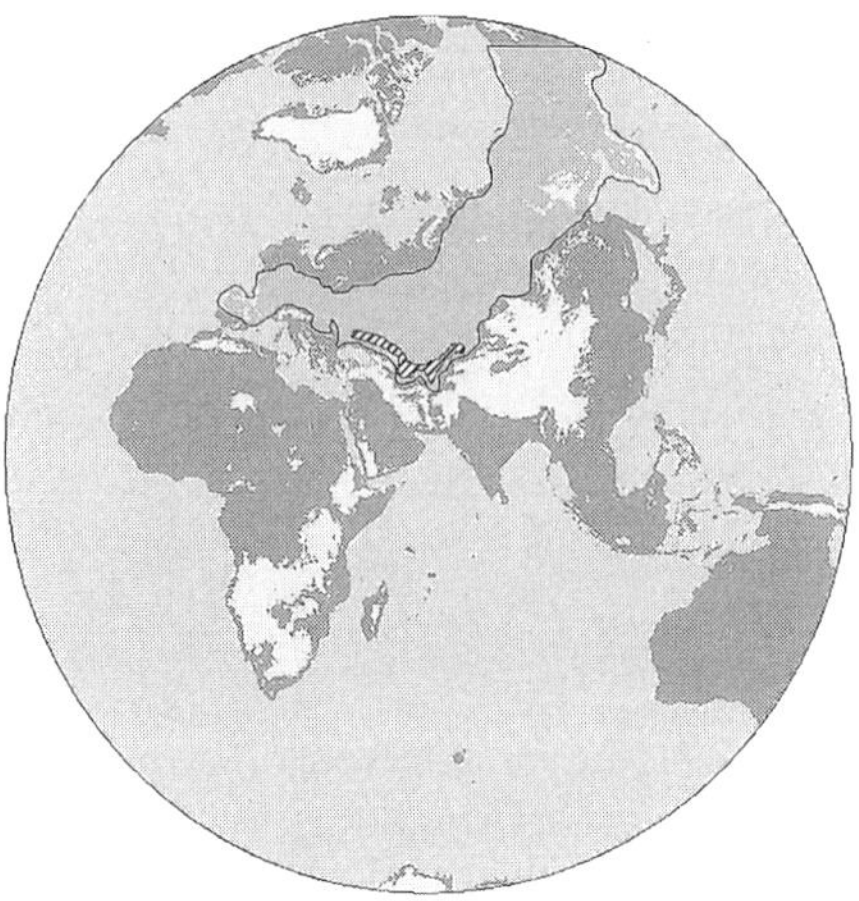

図 20　更新世中期～後期のツンドラステップ。斜線部分はホモ・サピエンスの集団が最初に定着した地域。

ろうとしていた。

こうした環境の変化によって被害を被ったのは、ネアンデルタール人をはじめ、アンティクウスゾウやヒョウなど多岐にわたるが、反対に恩恵を受けた動物たちもいた。たとえば、ケナガマンモス、ケサイ、トナカイ、ジャコウウシなどの北方の草食動物がそうだ。また、乾いたステップや大草原に生息していたウマ、ステップバイソン、サイガなどもいたが、こうした種にとって五万～三万年前というのは最も繁栄した時代で、西はフランス、イギリス諸島、スペイン北部まで到達することができた。他に食習慣を柔軟にすることで生き抜いた種に、ヘラジカ、オオツノジカ、ノロジカ、アカシカ、オーロックス、シャモア、野生ヒツジ、アイベックスなどがいる。

大型肉食動物で生き残ったのはヒグマやホラアナグマだ。こうした動物は、肉のほかに植物や果実を食べることができたし、寒い季節には冬眠することもできた。大型草食動物に依存しない小型の肉食動物にも生き延びたものがいた。たとえば、フランスまで南下したホッキョクギツネ、寒さから退避したアカギツネ、そしてオオヤマネコとヤマネコがそうだ。しかし隆盛を極めたといえば、やはりツンドラステップ一帯で大型草食動物を追跡することのできた捕食者たちだった。ライオンやブチハイエナも当面のあいだ食べていくことはできたが、獲物をとことん追いつめる長距離ランナーには太刀打ちできなかったようだ。

そんなツンドラステップという開けた空間の覇者となったのはオオカミだ。ライバルは遠い北の地にしかいなかった——ヒグマの個体群から進化し、肉食獣として特殊化したホッキョクグマである[25]（ホッキョクグマもオオカミのように獲物を求めて広範囲をさまよったが、厳しい冬には眠りに入った）。

これらの動物たちは、ツンドラステップでハンターとして成功するには何が必要なのかを教えてくれる。何より重要なのは、エネルギーを急激に消費する短距離ランナーではなく、長距離ランナーになることだ。それに比べれば、食資源が限定されないこと、脂肪を蓄えること、エネルギー消費を減らすこと、食料を貯蔵すること、集団で協力して狩りをすることなどは、すべておまけみたいなものなのだ。とはいえ、こうした能力を多くもっているものが、ユーラシアの樹木のない大草原で一流のハンターになる可能性を秘めていたのも確かである。詳細については第8章で見ていくことにしよう。

三つの文化——ムスティエ、シャテルペロン、オーリニャック

気候と環境が目まぐるしく変化したこの年代に、人類は何をしていたのだろうか？　皮肉なことに私たちは、当時の現生人類よりも、ネアンデルタール人についてよっぽど多くのことを知っている。

五万年前のネアンデルタール人は、ロシア平原と東ヨーロッパ一帯に広がりつつあった樹木のない環境の影響をすでに受けており、その生息範囲も縮小しはじめていた。四万年前までには、地中海地方、フランス南西部、黒海周辺まで追いやられ、[26] 三万七〇〇〇年前以降にさらに気候が不安定になると、いっそうの後退を余儀なくされた。[27] そして三万年前になると、イベリア半島南西部に最後のネアンデルタール人が残された。[28]

一方の現生人類については謎が多く、はっきりしたイメージをつかむことは難しいが、東欧に目を向けるとその姿を垣間見ることができる。考古学的な証拠から判断すると、どうやら現生人類は、三万六〇〇〇～三万年前ごろ、黒海の北岸と西岸に暮らしていたようだ[29]（これはユーラシアでは最も古い現生人類の化石が見つかった地域で、約三万七五〇〇年前のエジプトのナズレット・カーター、[30] 四万一〇〇〇～三万四〇〇〇年前のニア、四万二〇〇〇～三万八〇〇〇年前のムンゴ湖の化石試料よりもわずかに新しいだけである）。一方、遺伝学的な証拠からは、三万年以上前に現生人類（もしかしたら早期現生人類も？）の先駆的集団がかろうじてユーラシア北部へ進出したものの、そのときは確固たる足がかりを得られなかったことが示唆されている。[31] しかし、わかっているのはこの程度のことで、当時の現生人類の生態に関する私たちの知識はいまだ乏しいままだ。

遺物から過去を探る考古学者たちは、それとはまったく違った見方をしているようだ。ネアンデルタール人と早期現生人類が、一三万～一〇万年前ごろに中東で同じような石器をつくっていたことは前に見たが（第3章参照）、そこで用いられた技術は中期旧石器文化に属し、**ムスティエ文化**と呼ばれている。ネアンデルタール人はその後も、ヨーロッパ各地でこの文化を継承していった。

ユーラシアで見つかっている一二万年前から二万八〇〇〇～二万四〇〇〇年前のムスティエ文化遺跡は、ネアンデルタール人以外の人類と結びつくとは考えにくいので、そこにいたのがネアンデルタール人だったと考えてまず間違いないだろう。ここで問題になるのは、後期旧石器文化という名で一括りにされる、四万五〇〇〇年前ごろユーラシアに出現した一連の新技術である。これらは現生人類の手によるものだと長いあいだ解釈され、それによって彼らがそこにいた証拠とされた。つまり現生人類のヨーロッパ到達は、化石によるものでも、遺伝学的証拠によるものでもなく、使用された技術をもとに理解されてきたのだ[32]。これは本当に信頼できるのだろうか？

驚くべきことに、五万～三万年前のユーラシアに現れた数多くの石器文化に関して私たちが断言できるのは、ムスティエ文化の担い手はネアンデルタール人だったということだけだ。たしかに、四万五〇〇〇年前ごろにフランスに登場し、三万六五〇〇年前まで続いた**シャテルペロン文化**[33]も、ネアンデルタール人によるものだと考えられているが[34]、道具と化石の関係がはっきりとしないため、別の人類が関わっていた可能性を捨て去ることはできない。このころの中央および東ヨーロッパ、中東には別の文化も見られるが、これまでのところ化石人骨と結びつけられるものはない[35]。

では、そのほかの文化はどうだろうか？　ヨーロッパで見られる後期旧石器文化のひとつ**オーリニャック文化**は、最近まで現生人類と密接な関わりをもつと考えられていた。そして、この文化がヨーロッパ各地に普及していたという事実こそが、現生人類が中東から拡散した疑いのない証拠だと考えられていたのだ[36]。オーリニャック文化の遺物と現生人類の化石はともに出土しており、その代表的な遺跡としては、ドイツのフォーゲルヘルト洞窟が知られていた。ところが、二〇〇四年にフォーゲルヘルトの人骨が放射性炭素年代測定で計測されると、その結果に多くの研究者たちが慌てふためくことになった。人骨は新石器時代にあたる五〇〇〇~三九〇〇年前のかなり新しいものであり、オーリニャック文化の遺物とはまったく関係ないことが判明したのだ[37]。オーリニャック文化の遺跡を調べたり、現生人類の骨とのつながりに関する主張をいくら検討してみたところで、その文化の担い手の正体をあばくことは不可能に近い。シャテルペロン文化と同じく、ネアンデルタール人と現生人類がこの文化を分かち合った可能性を排除することもできないのだ。

知っていることを整理する

簡単に言ってしまえば、私たちは知らないのである。このようなもどかしい状況では、自分たちに何ができるか疑ってしまうかもしれないが、ここで諦めてはいけない。たしかに知識は少なく、空白部分も存在するが、それでも自分たちが何を知っているかを整理することはできるのだから。

ユーラシアにツンドラステップが広がるにつれて、ネアンデルタール人が徐々に衰退していったことについては、明白な証拠が残っている。また、現生人類の小集団が中東を通ってヨーロッパに進出した遺伝学的な証拠もあるし、先に見たように、その子孫が三万六〇〇〇年前から中央および東ヨーロッパに存在していたことを裏づける化石もある。

ネアンデルタール人の勢力が衰えるとともにムスティエ文化も縮小し、代わりに、移行期の文化として区分される新しい文化が数多く花開いた。これらの文化はすべて気候と環境が目まぐるしく変化していた時代に生まれたが、それは、いまだ正体がわかっていないユーラシアの人類たちが新しい試みをすることで激変する環境に対処しようとした結果なのかもしれない。

この時代に、ある人類が他の人類より優れていた、もしくはある文化が他の文化に勝っていたことを示す明確な出来事は起こっていない。ユーラシア一帯に生まれた文化に多様性が見られるのは、各地域が長期間にわたって隔絶し、中緯度帯に暮らす人類の独自性が保たれたことの証拠だ。したがって、それぞれの文化は孤立傾向にあったはずだが、ムスティエ文化とオーリニャック文化だけは、特定の環境に限られていたとはいえ、広範囲に分布していたようだ[38]。これをヒントに、当時のユーラシアと中東の状況を再確認してみることにしよう。

約四万五〇〇〇年前の中東には、移行期または後期旧石器時代初頭と考えられる文化があったことがわかっており、そこでは現代的とされる新しい文化へと変わっていく過程を見ることができる。こうした遺跡は第二次出アフリカ説を裏づける証拠だと長いあいだ考えられてきた。アフリカの祖先たちの前進の波はここからはじまったというのだ。だが、これまでも見てきたように、これらの遺跡を現生人類が存在したことの証明と受け取るわけにはいかない。ほぼ同時期に同様の文化がユーラシア各地にも出現していた証拠が、今でははっきりと確認できるのである。前述したフランスのシャテルペロン文化はそのひとつだし、中央および東ヨーロッパ、黒海北岸の平原、そしてシベリア南部からアルタイ山脈までの一帯に出現した移行期および後期旧石器時代初頭の文化がそれだ[39]。つまり、ある文化の遺跡が見つかってわかるのは、現生人類が拡散していたことではなく、ユーラシアと中東でほぼ同時期に人類による実験とイノベーションが繰り広げられていたということなのである。こうした出来事が、まったく先の読めない気候悪化の時代と一致しているのも、また偶然ではない。

ヴェゼール渓谷の人類

生物学的なイノベーションが、中心部ではなく周縁部の集団で最も頻繁に生じることは、これまでも繰り返し指摘してきた。ユーラシアの移行期または後期旧石器時代初頭の文化を発展させた人類も例外ではなく、やはり周縁部の住民だったようだ(40)。

天候が悪化しツンドラステップが広がってくると、その最前線に立たされていた周縁部の集団は、二つの選択のどちらかを選ぶようにせまられた——新しい状況にすみやかに適応するか、それとも絶滅するか。前者を選ぶのであれば、突如として辺り一面に現れた未知の世界、樹木のない開けた環境で生活し、そこに暮らす動物を狩る方法を見つける必要があった。

当時の人類は環境変化にどう対処したのか——その一例をフランス南西部のヴェゼール渓谷で見ることができる。三万四〇〇〇～二万七〇〇〇年前のヴェゼール渓谷は、森林とツンドラステップが接する土地で(41)、オーリニャック文化をもつ人類が暮らしていた(現生人類だったと考えられているが、早期現生人類、もしくはネアンデルタール人であった可能性も完全には捨てきれない)。

当初は寒く乾燥した気候で、ステップが支配的だったため、狩りの獲物もトナカイやウマが中心だったようだ。ヴェゼール渓谷の人々は、遠くから調達した石材を加工した石刃を使って持ち運びやすい道具をつくり、動物の群れを追って開けた土地を縦横に移動した。やがて気候が暖かく湿ってくると、ステップに代わって樹木の茂るサバンナや森林が優勢になってきた。こういう環境では、これまで狩ってきたトナカイは減少したが、代わりに多様な哺乳類が見られるようになった。そのため食料をさがしに

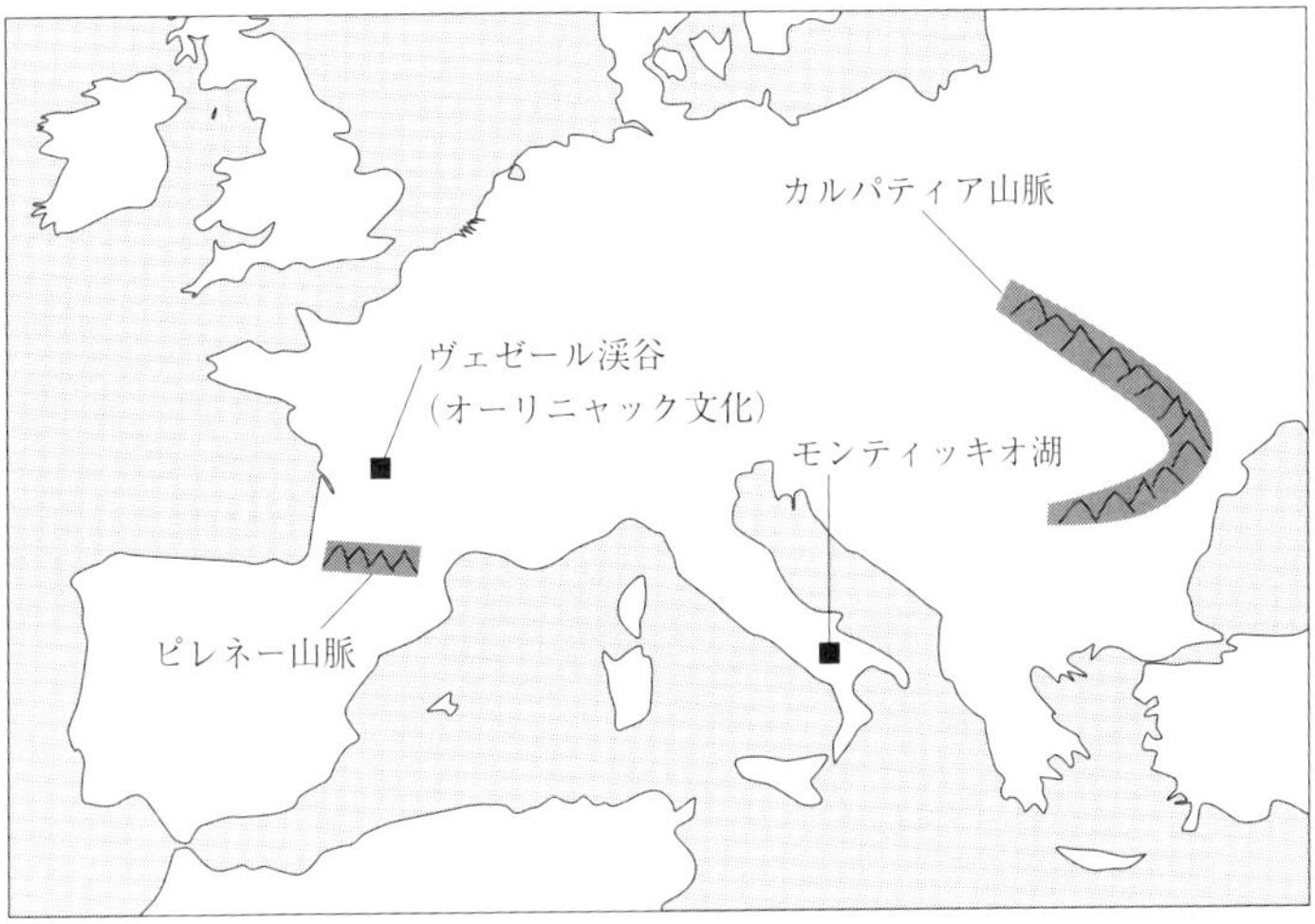

図21　ヴェゼール渓谷には壁画で有名なラスコー洞窟もある。

遠出する必要がなくなり、以前ほど移動することなく、主にアカシカ、イノシシ、オーロックスを狩ることになった。こうしてより定住型の生活様式になると、石器の原材料も地元で調達されるようになり、つくられる道具の形態も前の時代とは変わっていった。ヴェゼール渓谷の人類は優れた適応力をもっていて、環境の変化に応じて行動や道具を調整していたようだ。

ヴェゼール渓谷の人々が経験した変化は、当時のユーラシア北部の不安定な状況をよく表しているが、南イタリアのモンティッキオ湖で採取された過去一〇万年に及ぶ花粉記録からも、それがはっきり見受けられる[42]。花粉記録からは、モンティッキオ湖周辺の植生がステップから樹木の茂るステップを経て森林へと、行きつ戻りつしながら目まぐるしく変動したことが読みとれる。これは他の地域でも起きていたことで、したがってユーラシアに暮らす人類は繰り返し適応をせまられたのだろう。

驚くべきことに、モンティッキオ湖の記録からは、平均すると主要な植生が一四二年で変化していたことがわかっている。これを人類の時間に当てはめるなら、親世代は森林に暮らし、子世代は樹木の茂るステップ、孫世代は開けたステップで暮らした可能性もあることになる。もちろん変化は一方向とは限らないので、次の世代は再び樹木の茂るステップか森林で生活したのかもしれない。また、環境の変化が最も頻繁で激しかったのは、ユーラシア北部の平原と南部の丘陵地や山地が接する地域だったこともわかっている(43)。

山脈の南側

気候が大きく揺れ動いていたころ、モンティッキオ湖周辺のような急激な生態系の変化は珍しいことではなかった。だが不思議なことに、より条件の厳しいシベリアの北極圏ではそうした変化は見られなかったようだ。シベリアの動物たちは、生息域の拡大とともに南西へと進み、シベリア南部やフランス周辺部で人類との邂逅《かいこう》を果たしたと考えられる（反対に人類がシベリアに足を踏み入れたのは三万六〇〇〇年前を過ぎてからのことだ(44)）。

人類が創意工夫の才を極限まで引き出したのは、そのシベリア南部やフランス周辺部、具体的にはアルタイ山脈、カルパティア山脈、ピレネー山脈といった山地と北側の平原が接する地域のことで、移行期または後期旧石器時代初頭のものとされる文化は、ちょうどこうした場所で見つかっている。このような地域では、その後一万五〇〇〇年にわたって生存競争が繰り広げられ、勝者と敗者がいくたびも生まれた。

もちろん、山地と平原の接点は北側だけにあるわけではない。南側では、中東から北インドに及ぶ一帯がそうだった。ここでも狭い範囲に異なる環境が混在していることが多かったが、その様子は北側とはまったく違うものだった。たとえば、北側と同様に森林が消え去るような急激な変化も起こったが、その代わり現れたのはツンドラステップではなく、第3章で見たような乾いたステップや砂漠だった。したがって、ツンドラステップの動物がこの緯度まで下がってくることはなく、人々が獲物にしていたのは、ガゼル、ダマジカ、アカシカ、ノロジカ、オーロックス、野生ヒツジ、アイベックスなどの動物だったと考えられる。(45)

ユーラシア北部で見られた移行期文化は、この地域でも目にすることができる。だが、誰が何をつくったのかを正確に知るのは、ここでも困難を極める。一般的には、当時の中東にいたのは現生人類で、ネアンデルタール人はとうの昔にこの土地を放棄したと考えられている。これは真実のように思えるが、中東で見つかっている化石からは、そこまで言い切ることは難しい。主な化石に、ナズレット・カーターの三万七五〇〇年前の人骨、レバノンのクサール・アキルで出土した三万五〇〇〇年前の子どもの骨、三万〜二万八〇〇〇年前のカフゼーの頭骨片がある。(46) ヨーロッパ同様、三万八〇〇〇年以上前に現生人類が中東にいた直接の証拠はなく、明確な痕跡が見つかるのはずっと後、二万年前以降のケバラ文化を待たなければならない。(47)

前章で見たように、遺伝学的な証拠から考えて、現生人類は少なくとも五万年前にはインドにたどり着き、そこから東南アジアとオーストラリアへ急速に拡散したようだ。遺伝学的な証拠はまた、同じくらいの時期にインドの南方ではなく北や西へ向かった集団があり、その集団が中東や東地中海北岸および南岸に到達したことを示している。遺伝子マーカーが示すところによると、この拡散と現代のヨーロッパ人との関わりは強くなく、さらには化石人骨が見つかっていないことから、ヨーロッパへの大規模な移動はなかったことの裏づけになると考えられている[48]。

こうした遺伝学的な知見に、とくにオーリニャック文化に代表される考古遺物を当てはめて考えてみる研究者たちもいたが、前に述べたとおり、文化の担い手が誰であったのかはまだわかっていない。いずれにしても、オーリニャック文化は人類の拡散とともに他の地域から持ち込まれたわけではなく、ヨーロッパで生み出されたものと思われる[49]。

特定の文化は特定の人類のものなのか?

ここまで見てきたことから五万〜三万年前という年代をまとめると、次のようになるだろう——気候は悪化の一途をたどり、急激な変化が繰り返されたせいで生息環境が一定することはなかった。変化が最も大きかったのは平原と山地が接する地域で、そこではさまざまな環境が隣り合っていた。この地域に人口が集中したのは、狭い範囲内に豊かな多様性をもつこのような場所では、生き残るための選択肢もまた豊富だったからである。

平原と山地が接する地域を離れて北方に向かい、開けた平原に進出できた人類はごくわずかしかいなかった。大半の人類は、そうした地域の南側で長いあいだ生活し、砂漠が拡大した乾燥期には狩りの仕方を変えることで対処した(具体的には、飛び道具を発展させると同時に、奇襲型から長距離の追跡型に切り替えることで、ガゼルなどの砂漠の動物をしとめられるようにした[50])。

このように人類は環境に応じてさまざまに道具を工夫したが、そうした考古遺物から集団間の交流や衝突といった物語を読み取ることはできるだろうか？

異なる人類間に交流や衝突があったかについては、研究者のあいだでも白熱した議論が繰り広げられている。この論争が満足な結果の望めない不毛なものとなったのは、利用できる証拠に限りがあることに研究者たちが気づいていなかったからである。たとえば、考古学者のフランチェスコ・デリコ、ジョアン・ジルホーらの研究チームは、一九九六年「ネイチャー」誌に、ネアンデルタール人がシャテルペロン文化に関与していたという内容の論文を発表した。[51] シャテルペロン文化は、前述のとおり、中期および後期旧石器時代の特徴を備えた移行期文化で、骨の加工品や装身具など、それまでは現生人類の専売特許と考えられていた数々の重要な手工品が見つかっている。デリコとジルホーは、この手工品こそが、ネアンデルタール人がシャテルペロン文化の唯一の担い手であるという明確な証拠であり、現生人類にあらゆる面で匹敵していた彼らの能力の証しであると主張した。[52]

この主張は、乏しい証拠をもとに多くの不完全な結論が導き出されている現状を象徴するものだ。ネアンデルタール人が現生人類にひけをとらない水準で道具や装身具を製作できたという考えから、シャテルペロン文化を独占していたのはネアンデルタール人だったという考えにいきなり飛躍しているのだ。これは、「(たとえばネアンデルタール人などの)特定の人類」＝「特定の文化」と見なす、私に言わせれば間違いだらけの見解が、一部の考古学者のあいだで根強く残っていることの表れのように思う。さらにおかしなことには、こうした主張をした研究者たちが、のちに生態と文化を強く結びつけることに異論を唱えることもある。[53]

一九九八年に私は、フォーブズ採石場におけるネアンデルタール人骨発見一五〇周年を記念する国際学会をジブラルタルで開催した（図22参照）。講演者として招いたのは、そのときすでにシャテルペロン文化に関する先の論文を発表していたジルホーと、ケンブリッジ大学の考古学者ポール・メラーズだ。ジルホーの論文に対する研究者たちの反応はすさまじいものだった。学会は終始その話題でもちきりで、以前は現生人類だけのものと考えられていた行動がネアンデルタール人にも難なくできたと考える肯定派と、そうでない否定派のあいだで議論が交わされた。手工品の存在からネアンデルタール人の能力の高さを主張するジルホーに対し、メラーズが指揮を執る否定派は、それは現生人類と接触したことで起きた文化変容のおかげか、あるいは新しくやってきた人類との取引で「現代的」作品を手に入れた結果だと反論した。いずれにせよ、外部の力を借りずにそのような手工品はつくれなかったというわけだ。こうした両陣営の争いは、今日まで続いている。[55]

ネアンデルタール人と現生人類が四万〜三万五〇〇〇年前の西ヨーロッパで実際に遭遇したかどうかは、シャテルペロン文化がネアンデルタール人だけのもので、オーリニャック文化が現生人類だけのものか、という問題と深く関わっている。だが、オーリニャック文化の担い手の正体が不明で、いくつかの遺跡にすんでいたネアンデルタール人がシャテルペロン文化をもっていたことは、すでに見てきた事実だ。つまり、この二つの文化は、どちらか一方がつくったのかもしれないし、両方が関わっていたものかもしれないし、もしかすると早期現生人類によってつくられた可能性すらあるのだ。

シャテルペロン文化の遺物が出土した層からオーリニャック文化の道具が見つかったという報告もあるが、もしこれが本当だとしても、ネアンデルタール人が現生人類のやり方をまねたり、道具を交換し

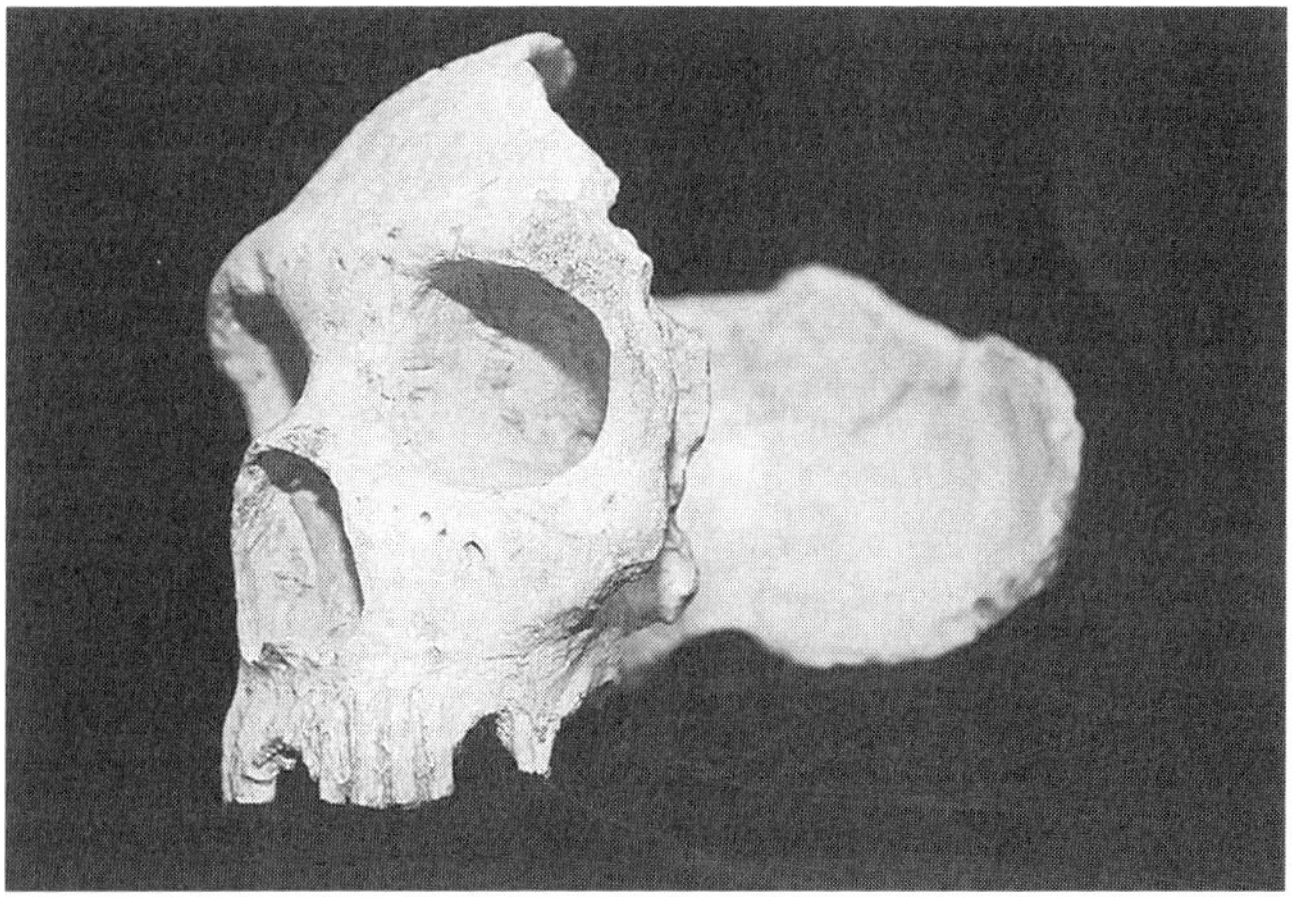

図22　1848年3月3日にジブラルタルのフォーブズ採石場で発見された頭蓋骨。ネアンデル渓谷での出土より8年早かった。

ていたとは限らない。なぜなら、ヴェゼール渓谷のオーリニャック文化人たちがそうしていたように、ひとつの集団が環境の変化に応じて道具を切り替えることもありえるからだ。結局のところ、ネアンデルタール人が後期旧石器時代の道具や装身具をつくることができたとか、現生人類から入手したとかいう主張は、机上の空論の域を出ないものなのだ。

一〇〇年も前に出土した博物館の展示品を放射性炭素年代測定にかけるなど、ささいな遺物を調べるのに大がかりな分析が行われたこともあり、この問題には、あたかも高度な科学技術によって答えが与えられてきたような印象がつきまとっている。だが、真実はもっと単純なものなのかもしれない。移行期の文化と後期旧石器時代初頭の文化が、常に山地と平原の境界に見られるのは偶然なのだろうか？　そうした地域から遠く離れたところにこれらの文化が見つからないのも偶然なのだろうか？　答えは生態学を通じて見つけられそうだが、そのためにはまず、四万五〇〇〇～三万年前のユーラシア北部と中東各地でつくられた道具や遺物について理解を深める必要がある。そのヒントは、ヴェゼール渓谷のオーリニャック文化人の行動に見つけることができるだろう。

オーリニャックの道具

樹木が消えた寒冷期のヴェゼール渓谷で暮らすオーリニャック文化人は、持ち運びができる小型の道具を製作していた。道具の大半は木製の柄に取りつけると軽量の武器になる槍先や矢じりで、おそらく投槍器を用いて小型・中型の動物を遠くから狙っていたものと思われる。

開けた環境で狩りをする場合、森林の中よりもずっと長い距離を移動する必要があり、その際のエネルギー消費量の増大こそが、この戦略の大きなコストだった。また、獲物たちはまだらに分布していたので、それを見つけ出すことが最も重要な任務となった。いったん見つけてしまえば、獲物はたいてい群れをなしていたため、遠くからしとめる手段である飛び道具は、障害物の少ない場所では有効な武器となった。

こうした狩猟を行うには長距離移動が必須であり、道具の原材料の産地から離れることも多かったので、人々は高品質の材料を選んで持ち運び、同じ道具を何度も再利用することになった。リサイクルは、ユーラシア平原の狩猟民からはじまったのである。

持ち運びや再利用ができる高品質の道具は、ユーラシアの森林とサバンナから最初に飛び出した人々にとっては必要不可欠なものだったようだ[56]。というのも、その場所がフランスであれ、カルパティア山脈であれ、中東であれ、移行期または後期旧石器時代初頭のものと見なされる多種多様な文化は、すべてこうした道具を決定的な特徴としているからだ。そのなかでオーリニャック文化のような広範に行き渡った文化が現れてくるのだが、これは次の二つのうちいずれかが起こったことを示している。つまり、ほかの技術よりも効率のよいものが製作者とともに広がっていった、もしくは、情報交換や交易を通じて集団間を伝わっていったことが考えられるだろう。後者の場合は、誰が誰に技術を伝えたのかという疑問が出てくるが、ネアンデルタール人だけが現生人類から新しいアイデアを拝借して、その逆はなかったとなぜ言い切れるのか？　おそらく、両者は互いに学び合ったのではないだろうか。こうした主張は、ネアンデルタール人と現生人類が出会い、一方が他方をまねたというイメージに比べると、残念ながら歯切れが悪い。しかしこの説明が、数万年前に実際に起きたことを表している可能性は高いのだ。

その理由は、当時の厳しい環境にある。ユーラシアの人々は日常的に空腹に苦しみ、餓死する者も大勢いたことだろう。山地の南側の中東、アラビア半島、北アフリカであれば、干ばつがさらに追い打ちをかけたはずだ。人々は環境に対処できる新しい手段を見つけることで細々と生き延び、やがて状況が改善に向かうと態勢を立て直した。ただし問題もあった。気候が良好になるにつれ森林も回復したため、それまで使用していた持ち運び可能な飛び道具が使えなくなってしまうのだ（木々が立ちはだかる場所でシカに槍を投げるところを想像してみてほしい）。そこで彼らは、旧式の道具である突き槍を再び手に取った。次に気候が悪化したときには、飛び道具づくりの習慣はたぶん失われていていたはずだ。人々にできるのは、飛び道具を新たに考案し直すことか、その技術をまだもっていた他の集団から教えてもらうことのどちらかだっただろう。もしもこうした出来事が人類の一世代程度の短い期間で起こり、気候データからもそれが読み取れるとすれば、考古学的記録から詳細を拾い上げられる可能性はどれくらいあるだろうか？

考古学的記録は、五万〜三万年前にユーラシア北部の多くの地域に人類が暮らしていたことを示しているが、その人数についてははっきりしていない。ただ人口がまばらで、局所的な集団の絶滅が日常茶飯事だったのは間違いなさそうだ。ネアンデルタール人も結局はこうした運命をたどることになるのは周知のとおりだが、だからといって新しくやってきた現生人類のほうがうまく状況に対処したと考える理由はない。たしかにヨーロッパや北アジア各地へ進出した現生人類もいたようだが、ネアンデルタール人も短い温暖期には北へ歩を進めていた。どちらの集団が成功してどちらがつまずいたのかは、前章で見たように適切な時に適切な場所にいること、そして気候に大きく左右されたようだ。ちょっとした運命のさじ加減によって、気候が寒冷化する代わりに暖かさを増していったとしたら、今ごろ私たちではない人類によってどんな物語が語られていただろうか？

ネアンデルタール人との異種交配はあったのか？

次の章に移る前に、ひとつ厄介な問題を片づけておくことにしよう——ネアンデルタール人と現生人類のあいだで異種交配は行われたのだろうか、という問題だ。この疑問については長年にわたって議論が続けられてきたが、一九九九年にポルトガルの考古学者らによる研究チームが、ネアンデルタール人と現生人類とのあいだで異種交配があったことを明確に示す幼児の人骨を発見したと発表したときから、(57)ますます重要な議題として扱われるようになった。解剖学的に見てネアンデルタール人と現生人類の中間にあるとされる人骨の発見が、さらなる議論を呼び起こさないわけはない[58]。

これまでにその人骨の正体について意見の一致は見られていないが、私が納得できないのは、ネアンデルタール人と現生人類がさまざまな地域で頻繁に交配していたという指摘である。これもまた、わずかな証拠から極端な一般化を行った例のように思えるが、一見短絡的なこの主張の背後にある論理にも目を向けてみるべきだろう。

異種交配があった証拠とされる、ポルトガルで見つかった幼児の人骨は約二万五〇〇〇年前のものと考えられる。だがその発見がなされた当時、ネアンデルタール人は三万年前には絶滅したとされていた。つまり、ポルトガルの幼児が生きていた少なくとも五〇〇〇年前にはネアンデルタール人は絶滅しており、このことがネアンデルタール人と現生人類が広範囲で頻繁に交雑していたという主張につながるきっかけとなったのだ。最後のネアンデルタール人が去ってからそれだけ長い時間が過ぎたあとの交配種について、ほかにどんな説明ができただろう？　絶滅のずっと後までその痕跡が残っていたということは、異種交配があちこちで行われていたからに違いない——証拠は限られていて、しかも間接的なものだが、この考え方は理に適っているようだった。

だが、その後二〇〇六年になって、私は〈ジブラルタルの岩〉で二万八〇〇〇〜二万四〇〇〇年前まで生き延びた最後のネアンデルタール人についての論文を共同で発表することになった[59]。その結果、最後のネアンデルタール人とポルトガルの幼児は同じ時代と地域に位置づけられ、ネアンデルタール人が広範囲で異種交配を行っていたという主張に疑問が投げかけられることになった。もしそれが本当に起こったと主張するのであれば、証拠は別のどこかに求めなくてはならなくなったのだ。

ヨーロッパ西端のポルトガルだけではなく、東端に位置するルーマニアも異種交配論争で注目を集めた土地である[60]。そこで出土したヨーロッパ最古のホモ・サピエンスの化石に、ネアンデルタール人に特有の形質が見られると主張する研究者が現れたのだ。こうした主張はルーマニアばかりではなく、中央および東ヨーロッパの化石に対してもなされ、そこから、現生人類の集団がヨーロッパへ拡散していく過程で、小規模ではあるがネアンデルタール人を吸収していったと結論づける者もいた[61]。

こうした議論を生み出す前提となったのは、ネアンデルタール人と現生人類の交配種は、両者の中間的な身体構造をいくらか持ち合わせているという考えだった。ところが実際には、交配種が必ずしもそうした身体構造をもっているわけではない。たとえばヒヒであれば、アヌビスヒヒとキイロヒヒの雑種は、両親を足して二で割ったような容姿はしていない。むしろ異種交配の結果生まれたヒヒの子は、両親よりも多様な外見となり、ときにはどちらにも見つからない新しい特徴をもつこともあるのだ[62]。つまり、異種交配の結果として予期されるのは、各個体が中間的な特徴をもつことではなく、集団として見た場合に身体構造が多様化し、新規性が増していることなのである。断片的な人骨と、誤差をもつ年代測定からは、このような現象を一点の曇りもなく解明するのに必要な解像度が得られるはずもなく、そこから考古学的な証拠を見つけるのは事実上不可能だと言えるだろう。

DNAからの追跡

考古学的な証拠が見つからないとすれば、遺伝学的な証拠はどうだろうか？　今では、ネアンデルタール人の骨からＤＮＡを抽出するのに成功したことで、異種交配の謎の解明に向け新たな道がひらかれている[63]。だがこれまでのところ、遺伝的交流があった可能性は完全に排除できないものの、結果はかなり否定的だ――ネアンデルタール人の遺伝子からは双方が交配していたことはうかがえないのだ[64]。こうした研究結果に加えて、ネアンデルタール人と現生人類の解剖学的な差異は根深く、出生前の胎児にもすでに確認でき、成長過程を通じて保持されていたという主張もある[65]。ここから、交配種が生殖可能な年齢まで生きられる可能性は極めて薄かったと考えることができる。

まとめると、私たちがもっているネアンデルタール人と現生人類についての考古学的、遺伝学的知識と、世界各地へまばらに広がった人類集団の生態学的背景を考え合わせるならば、双方のあいだに重大な遺伝子混合はなかったようだ。たとえ実際に交配したことがあったとしても、現在入手できる証拠からは、ネアンデルタール人が私たちの遺伝子プールに重要な貢献をしなかったことが推測できる。またいずれにせよ、ネアンデルタール人がまだ多くいた時代のヨーロッパへ進出した人類は、その遺伝子の痕跡を現代のヨーロッパ人にほとんど残すことができなかった。そうであれば、現生人類（もしかしたら早期現生人類も？）とネアンデルタール人のなかに交配したものがあった場合でも、その後ネアンデルタール人が絶滅し、先駆的な現生人類もほぼ姿を消したため、手がかりが失われてしまったという可能性もある。

当時のヨーロッパでは何が起こっていたのか？　それを知るためには三万年前以降に時を進める必要がある。だがその前に、私たちはここでひと息おいて、最後のネアンデルタール人に会いに行くことにしよう。

第7章　ヨーロッパの中のアフリカ——最後のネアンデルタール人

ドニャーナ国立公園

遠いかなた、低い位置に見える水平線から赤い玉のような太陽が顔をのぞかせると、立ち並ぶコルクガシの輪郭が淡色の空を背景に浮かび上がった。ところどころで水面がオレンジ色のきらめきを放ち、その向こうの薄暗い影の中にはスゲやイグサが見える。夜な夜なアンコール曲を歌い続けていたカエルの合唱団は眠りにつき、お腹を空かせたタカは朝食を探しに飛び立つ。コルクガシ林の奥から、けたたましい鳴き声が聞こえる——サギの営巣地として知られる広大な「ラ・パハレラ」で、新しい一日がはじまったのだ。鳴き声は、高く昇った太陽が湿地帯を明るく照らすにつれて賑やかさを増していく。一番高い木の、一番高い枝にどっしりと腰を据えているのが、この舞台の王者イベリアカタシロワシだ。

いま描写したのは、スペイン南西部に位置するドニャーナ国立公園の大自然で[1]、三万年前のネアンデルタール人が容易に眺めることができたと思われる光景と同じものだ（ビクトリア朝時代の博物学者アベル・チャップマンは、人里離れたこの地帯を「ヨーロッパの中のアフリカ」とぴったりの言葉で表現した）。ネアンデルタール人がこうした景色を眺めていたというのは、夢見がちに膨らんだ私の想像ではない。この景色は、〈ジブラルタルの岩〉の洞窟群で延べ一七年以上にわたり発掘してきた、いくつもの確かな証拠に基づいたもので、そこでは最後のネアンデルタール人たちが、他の場所より少なくとも二〇〇〇年長く生き延びていたと考えられている。(2)

〈ジブラルタルの岩〉の洞窟群はたぐいまれな情報のアーカイブであり、(3)他のどんな遺跡にもまして、ネアンデルタール人がどのような場所に暮らしていたかを正確に伝えてくれる。洞窟で見つかったものには、花粉、たき火跡の木炭、食料にされた動物の骨、使っていた道具などがあり、それらの証拠をつなぎ合わせると、ネアンデルタール人の生活を示す見事なジグソーパズルが完成する。そして、現在目にすることのできる景色のなかで、そのパズルに最も近いのがドニャーナ国立公園なのだ。ジブラルタルは海に面した砂浜だったが、だからといって不毛の荒れ地ではなかった。それどころか、洞窟外に広がっていたモザイクのような生息環境は、今日のドニャーナのように、多種多様な動植物が存在する豊かな生態系をもっていたのだ。(4)

ジブラルタルのネアンデルタール人街

〈ジブラルタルの岩〉は地中海にそびえる四二六メートルもの一枚岩で、絶壁の足元には洞窟群が点在し、それらはすべてネアンデルタール人によって利用されていた（図23参照）。ヨーロッパ最南端のこの地には、いわば「ネアンデルタール人街(5)」が存在していたのである

洞窟群のなかでもひときわ目立って見えるのが、巨大な聖堂を思わせる**ゴーラム洞窟**だ。ネアンデルタール人に関する、唯一というわけではないが重要な遺跡で、その内部は空洞ではなく、一見したとこ

図 23　〈ジブラルタルの岩〉の基部に見える左から 2 番目の大きな窪みが、最後のネアンデルタール人が生きていたゴーラム洞窟。上の写真は海水位が高い現在の様子で、下の写真はネアンデルタール人が洞窟にすんでいたころの一般的な状態。当時の海水位は今より最大 120 メートル低く、ネアンデルタール人が食料を探し歩いていた浜辺があらわになっていた。

photo : Clive Finlayson; reconstruction : Stewart Finlayson

ろ砂のようなもので埋まっている――より正確には、大部分は砂だが、コウモリのふん、ネアンデルタール人の廃棄物、崩落した鍾乳石など、数千年以上存在をとどめることのできたあらゆるものが混ざり合っている。

この堆積物の層は合計で一八メートルにも及び、最古の遺物を含んだ最下層は、最終間氷期だったおよそ一二万五〇〇〇年前のものだと推定されている。上の層になるにつれて時代は下り、最後のネアンデルタール人がいた二万八〇〇〇～二万四〇〇〇年前の次には現生人類が到着した二万年前、氷期が終わった一万年前、そして最上層には有史時代の層が続く。[6]

堆積物の各層からはさまざまな動植物の化石が出土し、気候を知るための重要な手がかりとなっている。たとえば植物では、オリーブ、イタリアカサマツ、マスティックトゥリーが見つかれば、当時は温暖な地中海性気候だったことがうかがえる。また動物では、卵が孵化するために年間平均気温が一四℃必要で、七〇〇ミリを超える年間降水量には耐性がなかったヘルマンリクガメが見つかれば、環境もそれに準じたものだったことがわかる。ほかにも多くの動植物を試料として利用することができ、それらから得られた情報を総合すると、当時の洞窟周辺の気候をある程度の自信をもって言い当てることができる。

その結果は驚くべきものだった――過去一二万五〇〇〇年の間、わずかに寒冷・乾燥化した時期や、少しばかり湿った時期もあったが、洞窟周辺の気候は現在とほぼ同じだったのである。[7] 前章で見たような気候変動、とりわけ五万年前以降のユーラシア北部で起きた頻繁な気候変動を念頭に置くと、この結論はとても大きな意味をもつ。おそらくジブラルタル以外のヨーロッパ南西部も、こうした変動の影響をあまり受けなかったのだろうが、このことは、はるか北の地では広範囲に分布していたツンドラステップの哺乳類が南西部ではまったく見られないことからも裏づけられる。ケナガマンモス、ケサイ、トナカイ、ジャコウウシ、ステップバイソン、サイガ、ホラアナグマ、ホッキョクギツネが、この緯度まで達することはついぞなかった。ここはまさに別世界、チャップマンが言ったとおり「ヨーロッパの中のアフリカ」だったのである。

動植物の化石から何がわかるか？

動植物の化石はまた、気候ばかりではなく、洞窟外の生息環境についても詳細に語ってくれる。私と妻のジェラルディンは、一〇年以上の年月をかけてイベリア半島の津々浦々を歩き回った。寒さに凍てつくピレネー山頂の荒地から暖かい南西部の地中海性森林まで、そして、北西はカンタブリア州の湿潤な森林地帯から南東はアルメリア県の砂漠までを網羅する、変化に富んだイベリア半島の環境サンプルを集めるためだ(8)。私たちは適当な場所で立ち止まり、一ヘクタールあたりの植生を記録していった(9)。その数は一〇〇〇区画にものぼり、作業中には鳥の姿も容易に観察できたため、それぞれの区画で見た種ごとの推測数も記録に付け加えることにした。これによって、たとえば特定の鳥がどんな生息環境に暮らしていたか、また、それが現在にどれだけ当てはまるかを分析することができた。ほとんどの鳥は度重なる氷期の前に進化を遂げてそのまま生き残ったものなので、身体構造はかなり昔から変わっていないと言っていい。つまり私たちが、ある鳥の化石を洞窟内で発見したならば、外にはその鳥が必要としたある一定の生息環境が存在していたと考えることができる。同じような環境に暮らす別の鳥の化石が見つかれば確信はさらに深まり、以後そうした発見が続くごとに、私たちの予測はますます確実なものになるだろう。

私たちが次に目を向けたのは植物で、それを使って予測を補完することができた。たとえば、コルクガシはトキワガシとは異なり、同様にトキワガシはフランスカイガンショウとは異なって、それぞれが特有の生息場所構造を発達させている。だから、同じ層から見つかった鳥と植物の化石がよく似た生息環境を必要としているのであれば、それらが堆積した時代には、洞窟の外にそれぞれに相応しい環境があったことが確信できる。さらに、同じ層にネアンデルタール人の生活跡まで見つかったなら、その環境はネアンデルタール人が洞窟に暮らしていたときに存在していたことになるはずだ。また、異なる時代の層を比較すれば、環境の変化はあったのか、あったならどのように推移したのかを理解することができるだろう。

ネアンデルタール人が見た景色

これでようやく、ネアンデルタール人を取り巻いていた環境について語ることができそうだ。手短に言うと、ネアンデルタール人街の住人が洞窟周辺で利用していたモザイク状の生息地は、私たちが知っているドニャーナ国立公園とほぼ同じだったようだ。そこでは強風によって流動した砂丘が植物を飲み込んだり、植生を囲んでコラールと呼ばれる小区画を形づくったりした[10]。イタリアカサマツ、コルクガシ、ジュニパーが茂るサバンナがあり、川辺の茂みには植物がより密集して、とりわけヤナギやアシが足の踏み場もない水辺のジャングルを形成していた。また、地下水が地表に近い場所にあるときは、今日のドニャーナと同じように季節性の湖や小さな池ができたはずで、そうした湖には多彩な水鳥たちが立ち寄ったことが、洞窟内で見つかった化石から推測できる。水位と気温の上昇が生命に魅惑の言葉を囁きかけた春には、たくさんのカエル、イモリ、カメが繁殖のために訪れたことだろう。対照的に、何カ月にも及ぶ干ばつが生命を脅かした夏には、現代と同じように死が待ち構えていたに違いない。皮肉なことに、ネアンデルタール人が苦戦を強いられたのは寒冷期ではなく、暑く乾燥した時期だったようだ。淡水の不足によって行動が大幅に制限されたのが原因だったかもしれない。

洞窟の外には、緑豊かなサバンナと季節性の湿地だけではなく、アイベックスを狩るのに適した切り立った崖や海岸もあった。ネアンデルタール人がジブラルタルに暮らしていた最後の一〇万年間、ほとんどすべての時期を通じて海水位は現在よりずっと低い位置にあった。気温が涼しく、大量の海水が極域で氷床として閉じ込められていたからだ。

ゴーラム洞窟沖の大陸棚はとても浅い。したがって、ネアンデルタール人がいたころのように海水位が八〇～一二〇メートル下がれば、現在では地中海の底に沈んでいるかなりの面積の土地が姿を現したはずだ。海岸は洞窟から最大五キロ離れたところにあったようで、洞窟のすぐそばの狭い浜辺に波が打ち寄せる現在の様子とは大きく違っている。いまや海底に眠る広大な土地を、ネアンデルタール人は狩り場としていた。だが、一万年前に最後の温暖化が起きると、上昇した海水位が沿岸に並ぶ洞窟の多くを水浸しにした。なかには完全に水没し、ネアンデルタール人のすべての痕跡を洗い流してしまったものもあるだろう。ゴーラムをはじめとするいくつかの洞窟が難を逃れ、地中海地方に暮らしていたネアンデルタール人の失われた世界を垣間見ることができるのは、幸運だったと言うほかない。

ゴーラム洞窟の食料事情

アフリカのキリマンジャロのふもとには広大なサバンナが広がり、現在ではセレンゲティ国立公園として世界的に有名となっているが、ネアンデルタール人が暮らしたジブラルタルは、まさに〈地中海をのぞむセレンゲティ〉と呼ぶに相応しい場所だったのではないだろうか。そこでは、下草を食んだり木の葉を食べたりする哺乳動物の群れが、豊かなサバンナを歩き回る姿を目にすることができただろう。主な動物に、アカシカ、イノシシ、ウマ、オーロックス、ステファノリヌス・ヘミトエクス、アンティクウスゾウがいた。どれも温暖な森林やサバンナに典型的に見られる動物だ（第5章参照）。そのうちサイとゾウは、ネアンデルタール人の時代が終わりに近づくにつれ希少になっていったようだ。

こうした草食動物たちを食料にしようと集まったのは、ネアンデルタール人だけではなかった。たとえばブチハイエナは、一〇万年にわたって最も一般的な肉食動物として洞窟のアーカイブに保存されていた。また、自らの身を隠すだけでなく、獲物の保存場所として樹木を利用していた有能なハンターのヒョウも、その記録に名をつらねている。ライオン、オオカミ、オオヤマネコ、ヒグマなどのほかに、もっと小型の肉食動物も数多くいたようだ。こうした環境では、ネアンデルタール人は獲物に注意を払う一方で、捕食者にも気をつけなければならなかっただろう。

ネアンデルタール人が大型哺乳類を食料としていたのは間違いない。洞窟の中から、焼かれて炭化した骨や、フリント〔非常に硬い岩石の一種〕製ナイフで切り裂いた明らかな痕跡が見つかっているからだ。獲物の中心はアイベックスだったらしく、化石の数は他の大型動物よりも圧倒的に多い。二番目に人気のメニューはおそらくアカシカで、その後も草食動物が続く。これは、ネアンデルタール人がイノシシ、オーロックス、サイのような危険な動物を避け、代わりにそれほど手ごわくない相手を狙っていた可能性を示している。彼らが突き槍を使って近距離から奇襲攻撃をしていたことを考えれば、不思議なことではないだろう。

しかしながら、ネアンデルタール人がこうした動物を始終狩っていたかどうかは定かではない。ゴーラム洞窟を取り巻く環境では、今日のドニャーナと同じように、予測不可能な干ばつも起きたことだろう。夏のあいだ三カ月にわたって雨が降らないばかりではなく、数年にわたって降雨のない時期もあったはずだ。こうした厳しい状況は、ネアンデルタール人を死肉あさりに向かわせるきっかけになったに違いない。加えてゴーラム洞窟では、ハイエナや、ヨーロッパに生息する四種類すべてのハゲワシの化石が見つかっており、ここからも死肉あさりが生業として成り立っていたことが推測できる。

ネアンデルタール人は鳥を捕まえることができたか?

洞窟で見つかった化石のなかでも大きな驚きだったのは、小型の動物たちだった。先史時代の研究者のあいだでは、ネアンデルタール人とその同時代人(現生人類を除く)には、小型の獲物を狩る能力がなかったという共通の認識があった[11]。鳥を捕まえるなど難しくてできっこないというのだ。しかし第2章で見たとおり、大きな脳や洗練された技術をもたないオマキザルでも、新世界の熱帯雨林で定期的に鳥を捕まえることができる。オマキザルにできることは、ごく初期の人類にも可能だっただろうし、大きな脳をもち道具を使用したネアンデルタール人であれば、不可能なはずはなかっただろう。

研究者のなかには、ネアンデルタール人はたしかに小型の動物を狩る能力をもっていたが、容易に捕まえられる動物を好む怠惰な人類であり、簡単な獲物が底をついたときだけ難しい獲物に乗り換えたのではないかと考える者たちもいる[12]。そうした研究者の調査によると、次のような筋書きが考えられるようだ――イタリアや中東の地中海周辺部にいたネアンデルタール人は、海岸で食料をあさり、カサガイやムラサキガイを集めて暮らしていた。消費するほどに貝の数は少なくなり、その証拠に貝の大きさは年を追うごとに小さくなっていった[13]。途方に暮れたネアンデルタール人たちは、カメに目をつけることにした。カメは動かないわけではないが、ネアンデルタール人でも捕まえられるくらいゆっくりと移動するからだ[14]。だがそのうちカメも消費し尽くしてしまう。そうすると次は、より捕まえるのが難しい野ウサギに白羽の矢を立て、最後は難関の鳥に鞍替えした。こうした筋書きが現実的だとはあまり思えないが、ゴーラム洞窟の研究結果を用いて検証する価値はありそうだ。

ネアンデルタール人は愚鈍な獣であり、地球という惑星で何とか二五万年余をやり過ごしたにすぎない――そう考える人たちにとって、ゴーラム洞窟は実に驚くべき新発見に満ちていた。まずわかったのは、ネアンデルタール人が食べた哺乳類の骨の八〇パーセント以上がウサギのものだったことだ。見つかったウサギはイベリア半島に固有の種で、洞窟外の砂丘は巣穴をつくるのに理想的な場所だったので、かなりの数が生息していたと考えられる。したがって、ウサギを捕まえるのは難しい仕事ではなかったに違いない。また鳥の化石も豊富で、一四五種類もの鳥類が発見されている。この数はヨーロッパに生息する繁殖鳥のなんと約四分の一に相当するが、アフリカの「冬の別荘」とヨーロッパの「夏の邸宅」を行き来する渡り鳥にとって、ジブラルタル海峡が拠点のひとつになっていることを思えば、不思議なことではないだろう[15]。もちろん、ネアンデルタール人はそうした渡り鳥も食料にしていた[16]。

環境と食事のメニュー

それに加えてネアンデルタール人は、カメ、栄養豊富なイタリアカサマツの実[17]、そして地中海沿岸の他の地域と同様、カサガイやムラサキガイも食べていたようだ。また驚くべきことに、フリント製ナイフの跡がくっきり残ったアザラシの骨が数体分見つかっており、その近くからは、魚と二種類のイルカの化石も出土している[18]。海洋資源を利用できたのは現生人類だけで、この独自の習慣のおかげで海岸づたいにアフリカを出ることができたと主張していた研究者にとって、これは衝撃的な発見だった。ネアンデルタール人がまったく同じ行動をとっていたことがわかったからだ。

この一連の発見で重要なのは、ゴーラム洞窟のネアンデルタール人たちが、大型哺乳類の奇襲を専門とする狩人ではなく、目の前にある豊富な資源を使いこなせる器用な採集者だった事実が示されたことだ。おそらく彼らの食生活はこれまで確認されているものよりも広範囲にわたり、果実、地下茎、地虫なども食べていたに違いないが、そうしたものは痕跡を残さずに消えてしまったのだろう。いずれにしても、大型哺乳類が食料の摂取量に占める割合はごくわずかだったはずである。

つまり、南ヨーロッパのネアンデルタール人は多種多様な資源を見つけ、そのすべてを活用することに成功していたようだ。その一方で、はるか北、たとえば中央ヨーロッパの樹木のない平原の果てなどでは、事実上手に入る資源は大型哺乳動物しかなかった。カサガイやカメやアザラシはいなかったのである。近年の研究によれば、一年のある特定の期間、特定の場所に淡水魚がいて、ネアンデルタール人がそれらを食べていた可能性も否定できない。だが、どうして仰天する必要があるだろう？　ヒグマが何の技術ももたずにサケを捕まえるならば、ネアンデルタール人にそれ同等かもっとうまくできないことがあるだろうか？　高緯度に暮らしたネアンデルタール人についての研究から、彼らが徹底して肉しか食べなかったことがわかっているが[19]、その地域にエネルギー源がそれだけしかなければ、そうなるのが自然だろう。さらにいえば、ベルギーからクロアチアに及ぶヨーロッパ平原のネアンデルタール人が肉食だったからといって、別の場所や年代のネアンデルタール人もそうだったとは限らない。そう考えるのは、限定された情報を一般化してしまう悪い例にすぎない。自分の知っていることに基づいて知らないことを推測するときの危険性を、ゴーラム洞窟ははっきりと示しているのだ。

ゴーラム洞窟から得られた重要な視点はまだある。たとえば、ネアンデルタール人が居住していた全期間をとおして、彼らが採集していた食材の幅には変化がなかった。ある時期に人類の食料の幅が劇的に増大したと主張する研究者もいるが、そのような革命的変化は起こらなかったのだ。ネアンデルタール人は、同じ地域に何万年も生きていながら、資源を過剰に消費することはなかった。その地の最後のネアンデルタール人たちも、一〇万年前に生きていた彼らの祖先と同じ範囲の食生活を保ち続けていたのである。

さらにもうひとつ、とても重要なことがわかっている。それは、ゴーラム洞窟の住人たちが先人と寸分違わぬ石器や武器をつくっていたということだ。彼らは最後までムスティエ文化の影響下にあった。世界に変化がなかったから、技術を変える必要もなかったのだ。南のネアンデルタール人がムスティエ文化に固執しているあいだ、たしかにフランスに暮らす親戚たちは、変わりゆく環境に対処するために、約四万五〇〇〇年前からシャテルペロン文化のような新しい技術に移行していった。だからといって驚く必要はないだろう。同種の人類が異なる場所で異なる文化を発達させることは、歴史を振り返ってみても、とくに珍しいことではないのだから。

なぜジブラルタルなのか？

ゴーラム洞窟があるジブラルタルからポルトガル南西部までの土地は、ユーラシアの他の地域とはまったく異質である——つまるところ、あまりにも西であり、あまりにも南なのだ。実際、その全域はウェールズより西にあるし、北アフリカよりも南に位置している場所もある。したがって、遠い北の地が極寒の氷期であっても温暖なままいられたのは、さほど不思議ではない。

この地域には高い山がなかったので局所的に寒冷地が生まれることはなかったし、地形が変化に富みたくさんの谷があったので個体群が守られ、多くの動植物が生き延びることができた。また大西洋に近いため、極端な干ばつを免れることもできた[20]。小さなオアシスとも言えるこの環境の中で、最後に残されたネアンデルタール人たちは孤立しながらも、他の場所では何千年も前に消え去ってしまった生活様式を守っていた。しかし、気候の大きな変動があるたびにその数も減り、ついには忽然と姿を消すことになった[21]。

ネアンデルタール人がユーラシア南西部という最果ての地で滅びたのは、決して偶然ではない。南には北アフリカが悠然と待ち構えていたが、そこへ続く道はジブラルタル海峡によって阻まれていた。逃げ道はもはやなく、今日のパンダやトラのように、ネアンデルタール人も好転のチャンスのほとんどない絶滅危惧種と化していたのだ。最後の集団が滅びたのは、近親交配を余儀なくされるほど少数になったからかもしれないし、人口が不規則に変動した末にゼロになってしまったからかもしれない。また、病気により一掃された可能性も考えられる。このとおり、最後の集団が終焉を迎えた本当の原因は知る由もないが、それがネアンデルタール人の「絶滅理由」ではないことをはっきり理解しておかなければならない。これまで見てきたように、絶滅は何千年もの長期間に及んだ減少傾向の過程のひとつにすぎなかったのである。

焚き火跡と二つの人類

ゴーラム洞窟からはほかにも少し変わった記録が見つかっており、少数の生き残りに降りかかったかもしれない出来事について考えるヒントを与えてくれる。洞窟には、意図的に内部で行われたと考えられる焚き火の跡がある。通常ネアンデルタール人は、煙が洞窟内に充満しないよう入り口付近で火を焚いたが、ゴーラムは天井の高さが床から三〇メートルという巨大な洞窟だ。一酸化炭素中毒の危険を伴わず、洞窟の奥で火を扱うことができた。また、焚き火跡の後方には大きな部屋があって、彼らは入り口をふさぎ捕食者の侵入を防いでくれる火に守られて眠ることができたはずだ。初めて使われたと考えられる三万二〇〇〇年前から、最後の焚き火跡から推定される二万八〇〇〇〜二万四〇〇〇年前まで、この場所は同じ目的に何度も繰り返し使われていたようだ。

変わった記録というのは、そこからわずか一メートルも離れていない場所で見つかった焚き火の跡のことである。これは一万八五〇〇年前以降に現生人類によって新たに残されたものと考えられている。

ネアンデルタール人の焚き火の跡からは六〇〇〇～一万年ほど後の時代になるが、それまでおよそ一〇万年にわたってネアンデルタール人がその洞窟内に暮らしていたことを考えると、この空白期間はいかにも長い。そこで、ジブラルタル東方沖の海底の堆積物から気候記録を調べてみると、洞窟が使われていなかったころは、ちょうど寒さと干ばつを特徴とした非常に過酷な気候だったことが判明したのである[22]。この一時的な干ばつは、回復力のある動植物を絶滅させるほど深刻なものではなかったが、すでにストレス下にあった集団を瀬戸際へ追いやり、新しい集団の定住を阻止するには十分な悪条件だったのだろう[23]。

ゴーラム洞窟についにやってきた新顔は現生人類だったが、少なくともこの地では、ネアンデルタール人に対して何の影響も及ぼさなかった──両者が出会うことは決してなかったからだ。現生人類は、ソリュートレ文化と呼ばれる、飛び道具製作を含む新技術を身につけていた。また、洞窟の壁にシカの姿や自分たちの手形を残し、磨いて孔をあけたアカシカの歯やタマキビガイでネックレスをつくった。ネアンデルタール人との違いはこれだけであり、それ以外の点についてはほとんど同じような行動をとっていたと考えられる。二つの集団は、同種類の動物を似たような割合で狩っていた。どの地域でも言えることだが、ネアンデルタール人であれ現生人類であれ、住んでいた場所と手に入る資源が、その住人の行動を大きく左右していたのである。

現生人類は北方からやってきてゴーラム洞窟にたどり着いたが、ここが最終氷期最盛期前に定着したヨーロッパ最後の場所となった。やがて寒さが厳しくなると、中央ヨーロッパにいた現生人類集団の多くが絶滅し、南ヨーロッパは再び避難地となる。

次章では、現生人類がどのようにヨーロッパに広がったのか、そもそも彼らはどこからやってきたのかについて見ていくが、そのためには再び北東に目を向け、ロシアと中央アジアのステップを訪ねることにしよう。

第8章　小さな一歩――ユーラシアの現生人類

周縁部に生きる

ユーラシア各地でネアンデルタール人が苦しんだ急激な環境の変化は、当然のことながら、新しくやってきた現生人類にもさまざまな影響を及ぼしたと考えられる。だが、ユーラシアという広大な土地のそこかしこに出現した文化の担い手を特定する難しさは前に見たとおりで、中緯度に位置する山岳地帯以北では、三万六〇〇〇年前より以前に現生人類がいたという確たる証拠はない。たとえそれらしい遺跡があったとしても、そこで見つかった人類の身体的特徴が、一部の人類学者に言わせればネアンデルタール人と自由に異種交配をしていた可能性を示していることから、実際にどれだけ「現代的」なのかという議論が絶えないのだ。

ヨーロッパの平原地帯のあちらこちらで見つかっている、まぎれもなく現生人類の痕跡と呼べる遺跡は、すべて三万年前以降のものである[1]。これらの遺跡は、中央アジアを経由してやってきた集団の子孫が残したもので、そのころまでには樹木のない環境で生活する術を身につけていたようだ。自らの祖先や、別の地域に生きる多くの同時代人が縛られていた森林という足枷から逃れることに、彼らは成功していたのである。もちろん別の地域でも、たとえばオーストラリアや熱帯アフリカなどでは、人類が同じように森林やサバンナから離れていったと考えられるが、ここユーラシアのツンドラステップが最も徹底的で、顕著な例だったと言える。

ユーラシアの現生人類たちが樹木から全面的に解放されたのには、二つの生態学的な理由が考えられる。ひとつは、活用する手段さえ見つかれば、ユーラシアのツンドラステップは食料の貯蔵庫と言ってよかったこと。もうひとつは、熱帯地方では制限要因となった水に、それほど行動を制限されなかったことだ。ツンドラステップでは、トナカイ、ステップバイソン、ウマなど、多くの大型哺乳動物が巨大な群れをなしていた。こうした資源を利用できる者はそれまでいなかったが、ツンドラステップの周縁部にいた人類は茂みからの奇襲攻撃を利用して、これらの動物を狩ることができた。とはいえ、周縁部では森林の恩恵もまだ受けることができたので、季節によって移動する気まぐれな動物の群れに完全に依存することはなかっただろう。つまり、開けた平原と森林の境界に暮らすことは、最も豊かで実り多い場所に生きることだったのだ。(2)

ある一族の物語

周縁部に暮らす人類が、生活環境の絶え間ない変化や、その結果として生じたストレスによって、いかに自らの創意工夫を発達させていったかは第6章で見たとおりである。しかし、そうして獲得した新しい技術がどこまでも発展し続けるということはなかった。気候が逆転して以前の環境が回復すると、過去の生活習慣も取り戻されることになったからだ。これからお話しするのは仮の話ではあるが、同様のことは現実でもたびたび起こったのではないかと思われる。

親から子の世代へと時が経過するあいだに環境の変化に直面して、樹木をすっかり失ってしまった人類の集団を想像してほしい。食料ならまだあった――開けた平原を見渡せば、食欲をそそるトナカイの群れが目に入ったからだ。けれども、どのようにして近づけばいいのか。そんなとき目端のきく仲間が、軽い槍をつくって遠くから投げることを考えついた。これで無防備なトナカイを集団で狩ることができる。しかし、トナカイをしとめるには槍がたくさん必要だ。そこで彼らは、獲物を群れから追い立てて、仲間が投げ槍を構えて待っている小道へと誘い込む方法を考え出した。こうして集団が協力をする必要が生まれた。

やがて気候が再び暖かくなり、樹木が戻ってきた。トナカイが去った後に姿を現したアカシカは体も大きく、多数で群れることもなかった。大きくなった子どもたちは、軽い槍がもはや役に立たないことを悟った。なにしろ一頭一頭がばらばらで追跡するのも一苦労だったし、たとえうまく誘い込むことができても、生い茂る木々のせいで近づいてくる動物も見えず、槍も遮られ、取り逃がしてしまうことになったからだ。よしんば槍が届いたとしても、体の大きなアカシカの皮を貫くのは簡単なことではなかっただろう。

だが、その集団にはツキがあった。ある一人が、消えてしまった古い森に暮らしていた祖父から聞いた話を覚えていたのだ。その話は当時の狩猟の技術についてのもので、祖父がどのように行っていたか正確にはわからなかったが、試行錯誤の末に強力な武器が出来上がった――木製の長い柄の先に、殺傷力のあるフリントの先端をつけた突き槍である。狩りの腕前は実践によって完璧に近づき、飢えた一族を食べさせなければという緊張感が精神を研ぎ澄まさせた。いまや小所帯となっていた彼らは、自らの祖先がしていたのとまったく同じように、近距離からアカシカを奇襲する方法を身につけたのだ。もちろん、すべての集団が幸運だったわけではない。隣りの谷に暮らしていた集団には、祖父の話を覚えている者がいなかった。暖かかったその夏、彼らは死に絶えてしまった。

中央アジアへの進出

ここで、これまで見てきた地域から、さらに東に目を向けてみることにしよう。黒海やカスピ海の北に広がるロシア平原、中央アジア、シベリア南部では、人類は樹木のない環境にもっと長い期間さらされることになった。これらの地域は乾燥した大陸性気候で、[3] 降雨量が変化するごとに、ステップ、草原、開けたサバンナ、またはその逆と推移を繰り返したようだ。雨が最も少ないときには、今日の中央アジアがそうであるように、砂漠がある程度の領域を占拠したはずだが、人類の主な生活の場は、丘陵や山地の斜面を占める森林やサバンナと、樹木のない土地だった。つまりこの地にも、樹木が茂った場所とまったくない場所の境界という豊かな環境があり、そこで生活を送ることができたのである。ただ西方とは異なり、ここには食欲を満たしてくれるステップが常に存在した。そのため、気候が変わるたびに昔の習慣に戻る必要はなく、人類には資源を利用する手段を発達させる機会が山ほど与えられた。

当時の人類の生活を物語る化石人骨は、事実上見つかっていない。しかし遺伝学からは、インドおよびその周辺地域まで到着していた現生人類の一派が、おそらくステップ地帯を通って北へと広がり、五万～四万年前に中央アジアへと足を踏み入れたことがわかっている。[4] 第6章で見たように、インドから

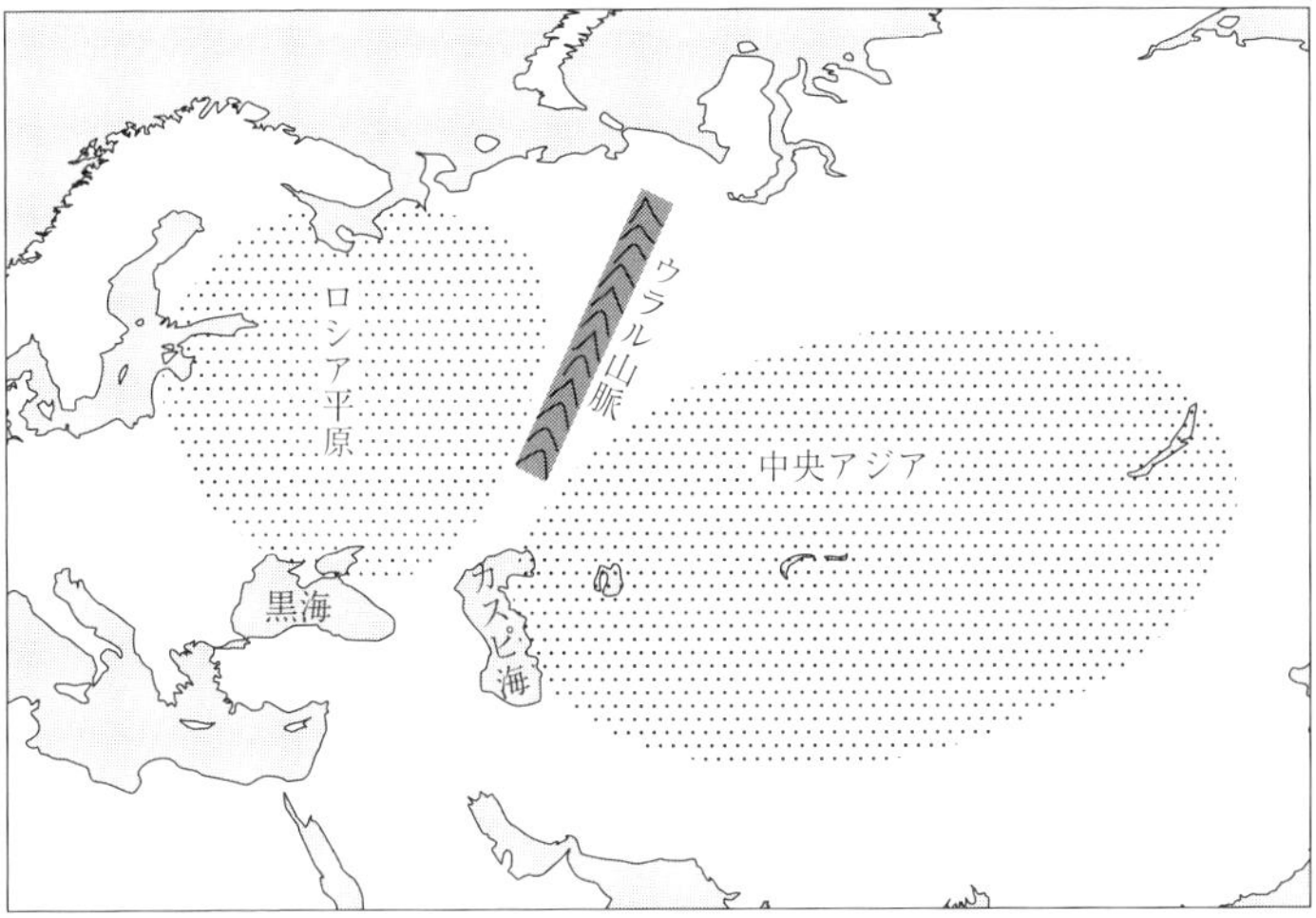

図24　現在の中央アジア

ヨーロッパへと向かった集団もあったと考えられるが、しっかりとした地盤をつくることができなかったようで、遺伝的証拠からはその確証は得られていない[5]。

四万五〇〇〇年前以降になると、ロシア平原、中央アジア、シベリア南部の各地では、後期旧石器文化と定義される技術が出現しはじめる（化石人骨は見つかっていないが、一般的には新しくやってきた人類の所産と考えられている[6]）。徐々に気候が不安定になってきていたヨーロッパにおいて、この新しい技術は広範囲の影響を与えることになったが、瞬く間に一帯を席巻したというわけでもないようだ。たとえばステップと森林の境界では、新旧の習慣が入り交じって存在していた――もともと根づいていたネアンデルタール人のムスティエ文化から派生したと思われる文化と、新しい人類の到来と受け取れる間歇《かんけつ》的な文化があったのだ[7]。こうした中期旧石器文化と後期旧石器文化の重なり合いは、一万八〇〇〇〇年ものあいだ続いたと見られる。このことは、変化というものが段階的であり、あらゆる集団が均一に影響を受けるわけではないことをこの上なく明瞭に物語っている。したがって、ここ中央アジアでもまた、ヨーロッパや中東と同様に、新しくやってきた現生人類による単純な形の交代劇はなかったと結論するほかない。

約四万五〇〇〇年前にステップ周縁部ではじまったささやかな変化から一万五〇〇〇年後、私たちは正真正銘の現生人類が、平原で飛躍的に数を増やしていくのを目の当たりにするだろう。そこにはもうネアンデルタール人の姿は見当たらない。一度もつれた糸をほどくのは難しく、急速な気候変動は長期間にわたってネアンデルタール人の数を着実に減らしていった。生き残りは、はるか南方の避難地に閉じ込められてしまった。その結果、ユーラシアの平原で唯一の存在となったのが、刻々と増え続ける現生人類だった（もともと平原にはネアンデルタール人を含む初期の人類がわずかにいただけだったので、現生人類の進出が他の人類を犠牲にすることはなかっただろう）。現生人類は、これまで誰も足を踏み入れたことのない新天地を切り開いた。それは人類にとって大きな飛躍だった。

躍進のはじまり

人類がこのような躍進をとげた裏には、おそらく試行錯誤の物語があり、考古学では知ることのできない数多くの失敗があったことだろう。有史以来の歴史の大半がそうであるように、考古学もまた、失敗よりも成功について熱弁をふるいがちである。その理由はいたって単純だ。成功した人類は必然的に個体数が多くなったはずであり、その結果、生活の痕跡を大地に残す可能性も高くなったと考えられるからだ。したがって、現在の私たちがわかることは歴史のほんの一部でしかないが、そのなかでもある程度の自信をもって断言できることがひとつだけある。それは現生人類の躍進がはじまった場所であり、動かぬ証拠は私たち現代人の遺伝子に隠されていた。

中央アジアは、遺伝的多様性の豊かさという点で異彩を放っている。言い換えれば、中央アジアはユーラシア中のどの地域よりも長い時間をかけて突然変異が蓄積した場所なのだ。当地を皮切りに、人類は平原に沿って西はヨーロッパ、東はアジアの太平洋岸に向かい、ついには北アメリカへ足を踏み入れたと考えられている。(8) 起源となった中央アジアの集団は、四万〜三万五〇〇〇年前に現れた特有の遺伝子マーカーを保有していた。ヨーロッパへ進出した人々は、この祖先集団から派生した新たな突然変異を保持しており、それによって彼らが西へ拡散したのが約三万年前だということがわかる。(9)

少なくとも今述べたことに関しては、遺伝情報は考古遺物や化石証拠と符合しているようだ。ヨーロッパ人、北アジア人、先住アメリカ人はみな、四万〜三万年前に中央アジアで誕生した。彼らが成功し発展することができたのは、これまで何度も見てきたある組み合わせのおかげだった——草を食む哺乳類の群れと、そうした動物が気ままにうろつく開けたステップ地帯だ。ステップは長い期間を通じてあまり変化をしなかったが、そこに暮らした人間は次第に動物たちを活用する手段を身につけていった。だからといって彼らが特別な存在だったわけではない。たんに、無人の場所を見つける幸運に恵まれていたというだけのことなのだ。こうして彼らは繁栄を続けた。気候が寒冷・乾燥化するにつれて、それまでいた地域は砂漠へと変わっていったが、ステップとそこに生きる動物たちは西へと移動し、かつては樹木が支配していた土地を占拠した。前に説明したシラコバトと同様の形で人類もそれに続き、最終的にはヨーロッパの大西洋岸までたどり着くことになる（東へ向かった集団については次章で触れることにしよう）。

三万年前の第一歩

ジャレド・ダイアモンドが著書『銃・病原菌・鉄』の中で述べているように[10]、地球が現在と似たような気候に落ち着いた一万年前以降、一部の地域の人々が他に比べて技術的に優位に立ったのは、地理的・環境的な要因によるものだった。本書でこれまで見てきたとおり、この考え方は遠い過去にも通用し、一万年前以降の人種間よりもっと大きな違いをもつ人類集団（ネアンデルタール人、早期現生人類、現生人類など）にも応用することができるだろう。中央アジアからはじまった人類の飛躍は、農耕や工業における革命と同様、能力の差よりも状況の違いに深く関わっていたのだ。

人類の歴史においてよく知られる画期的な出来事の多くは、手を貸さずとも自己触媒的に広がっていき、はじまったが最後、後戻りはきかなかった。だが、たしかに現実はそのように進んだかもしれないが、理論的に必ずそうなるというものではなかったはずだ。たとえば、農耕の発展もその一例だろう。一万年前を過ぎると以前よりも気候が温暖となった。それにより、狩猟採集民としての生活を代償に世界各地で農耕・牧畜が飛躍的に広まり、人口が急増した。しかし、もし気候がもう一度悪化していたら、ここで生まれた技術も過去の多くの例と同様に廃れることもありえたのだ。

四万五〇〇〇〜三万年前、ユーラシアの人類はツンドラステップの豊かな資源を活用しようと試みていたが、不安定な気候によっていつも足を引っぱられることになった。中央アジアのどこかで、ひとつの集団が躍進をとげたのは、そんな時代だった。およそ一万年前の農耕の開始は、人類の特別な歴史の幕開けとしてもてはやされることが多いが、平原に暮らす人々が三万年前になしとげていたことを振り返ってみれば、すべてはその時その地ではじまったこと、そして後氷期〔一万年前〜現在〕のユーラシアにいた人々は数万年前に先人が発見したことを応用しただけだということに気づかされるだろう。

三万年前の中央アジア、平原の周縁部にある丘の上、居心地のよい洞窟にあなたはいる。目の前には平原が果てしなく広がっているが、そこには獲物に忍び寄ったり肉食獣の襲撃を逃れたりするための樹木もなければ、避難する洞窟も、位置を知るための目印もない。何もかもが同じに見える環境に足を踏み入れるのは、身のすくむような決断のように思われる。だが平原を見渡せば、時折おいしそうなトナカイの群れが見える。捕まえてくれと言わんばかりのその姿に、誘惑はどんどん高まっていく。このチャンスをみすみす逃がす手はない。あなたは一年のうちの決まった期間、おそらく動物たちが最も群れをなしている時期、もしくは最も弱っている時期に遠征することからはじめるかもしれないが、自分の住居がある起伏に富んだ土地を捨てることは決してしてない。新しい武器や技術の発明によって、開けた場所での狩りが可能になっても、古いやり方を完全には放棄せず、丘に戻れば単体のアイベックスやアカシカを再び奇襲したことだろう。それはいわば保険であり、あなたは立派なリスクマネージャーになっていた。

こうして発展させてきた混合戦略だが、近隣の集団や遠くに暮らす親戚たちも似通った経験をしていた。だから、そうした人々と遭遇したり様子をうかがったりするときに新しいアイデアを盗むこともあるし、反対に相手がこちらのアイデアを拝借することもあるだろう。時には隣り合わせに暮らす友好的な集団が熱心に協力の手を差し伸べ、技術を分かち合い、物々交換を申し出ることもある。

おかしな言葉を発する風変わりな人々の姿も見かけるが、彼らが何を求めてやってきたかはよくわからない。筋骨たくましく、力が強そうな連中なので、安全な距離を保っていたほうがよさそうだ。しかし彼らは、眼下に見えるトナカイの大群よりも、丘陵いっぱいに散らばるアカシカに夢中らしく、すぐにこの場を去っていく。以前に彼らがトナカイを捕まえようとしている場面を見たあなたは、その武器に感心して、自分の道具にも取り入れてみたものだった。だが、そうした立派な発明品をもっているのにもかかわらず、開けた平原での彼らの動きはぎこちなく、多くの獲物を取り逃がしていた。連中が通り過ぎると、あなたの関心は再び目の前の平原に広がる何百もの点のような動物の姿に注がれるのだ。

黒海北岸のグラヴェット文化

次に私たちが訪れるのは、今からおよそ二万八〇〇〇年前、黒海の北に位置する辺境の地である。そこで見る景色は次のようなものではなかっただろうか。

曲がりくねった川の近くにドーム型をした見慣れない建物が密集し、いくすじかの煙が立ちのぼっている。これらの建物がなかったのなら、何の特徴もない景色が広がっていたことだろう。夜明けを合図に吠え唸るオオカミたち。驚いたことに、その吠え声は建物のあたりから聞こえてくる。動物の皮でつくった円屋根の下からひとりの男が現れ、手に持っていた大きな肉の塊をオオカミに投げ与える。その変わった外見のオオカミは、よく見るとつながれているようだ。やがて、元気いっぱいの子どもたちが登場し、それに続いて母親らしき女たちも姿を見せる。にわかに活気を帯びはじめたこの野営地では、老若男女がそれぞれ違ったことをしていた。おしゃべりをする者、黙々と仕事をこなす者、その周りで遊ぶ子どもたち。こうした様子は、遠くからだとアリの巣のように見え、集団全体がひとつの大きな超個体として動いているようにも思える。しかし、そこにいるのは機械的に動く巨大アリではなく、まぎれもない人間だった。毎日の仕事は状況に応じて柔軟に変わり、明らかに過去の経験も反映されていた……。

いま描写したのは、のちにその文化的偉業によって名を知られることになる現生人類の共同体の様子だ。この共同体に見られる文化は黒海北岸の平原か、さらに東方で生まれたと考えられるが、最初に確認された遺跡があった場所〔フランス西部のラ・グラヴェット〕にちなんで**グラヴェット文化**と呼ばれるようになった[11]。また、その担い手たちを遺伝的に見れば、ステップを初めて手なずけた中央アジアの集団にまでさかのぼることができる。

グラヴェット文化は、人類がなしとげた文化的・技術的業績のすばらしい例である。高度な技能と発明の才をもったグラヴェット文化人は、気候が最終氷期最寒冷期へと向かうなかで、他の何者もなしえなかった発展をとげることになる。三万年前から二万二〇〇〇年前の約八〇〇〇年という長い期間を通じて、グラヴェット文化は西ユーラシアの平原を席巻し、南は地中海沿岸まで伝わっていった。なかにはイベリア半島南西部まで到達した者もいたが、彼らがネアンデルタール人と接触することはまずありえないことだったろう。というのも、彼らがその土地に足を踏み入れたときには、ネアンデルタール人はとうに消え去っていたはずだからである。

だとすれば、グラヴェット文化をもった人類がいかに技術的・社会的影響をもっていたとしても、ネアンデルタール人の絶滅を彼らの責任にすることはできない。また、西ユーラシアの平原を席巻した人類の子孫に、ネアンデルタール人の遺伝子の痕跡が見られないのも、この二つの人類がめったに出会わなかったと考えれば当然のことである。ネアンデルタール人と現生人類の邂逅は、東アジアや北アメリカへ向かった集団ではより少なく、南アジア人やオーストラリア人はそれよりもさらに少なく、アフリカ人ともなれば出会うことすらなかっただろう。

パッケージにまとめる

ところで、グラヴェット文化の担い手が見せた新しさとはいったい何だったのだろうか？　それを理解するには、まず考古学的記録に残された彼らの優れた能力を調べる必要があるだろう。

実のところ、グラヴェット文化人が平原でとった行動に新しい要素はほとんどない。現代的な行動だとか、私たちを人間たらしめた革命だとかいうものは、その何万年も前からすでに生まれていたものなのだ[12]。グラヴェット文化の本当の新しさとは、昔からあった技術の諸要素をひとつのパッケージにまとめた点にあり、それこそが樹木のないツンドラステップで生き抜くために必要なことだった。パッケージの中には、ネアンデルタール人や先駆的な現生人類が、五万〜三万年前にユーラシアの新しい環境に対処しようと発展させた技術も含まれている。こうして身につけた技術を何千年にもわたって実践し続けたこと、そして各地の狩猟民と情報交換を続けたことで、今から三万年前にさまざまな技術をひとまとめにしたグラヴェット文化が平原に現れたのだろう。

繰り返すが、グラヴェット文化で見られる行動の新しさはどれも、たとえば、「神経系の突然変異によって特別に賢い人間が生まれたから」などという説明に頼らなくても理解できるものだ。彼らはすでに十分な能力を備えていたのであり、それは同時代に生きた多くの人類や、不運にも生き残ることができなかった集団にも言えることだ。イノベーションは、身体的な能力のおかげというよりも、新たな生活環境で直面した問題を解決することで生まれた。あなたが今、樹木のない、荒涼とした環境での生活を強いられたと想像してみてほしい。道に迷わないように自分の位置を確認したり、草食動物の大群を見つけたりするには、大海原を航海するときと同じくらいの困難があったに違いない。また季節がはっきりと分かれている環境では、長くて寒い冬の夜など、これまで知らなかった状況に対処する必要も出てきただろう。熱帯の霊長類から枝分かれした人類は、生物学的な理由から冬眠という選択肢をもっていなかった。だから寒い冬が定期的にやってくるのであれば、それを避けるために重い荷物を持たずに移動する術を身につける必要があったし、自分たちのいる土地の特徴をつかんだり、仲間に的確に意思を伝達する方法を見つけたりしなくてはならなかった。こうしてグラヴェット文化は情報時代に突入していったのである[13]。

骨と牙

次に、グラヴェット文化の遺跡に典型的に見られる素材、たとえば道具や武器をつくるための骨、象牙、枝角《えだづの》の使用について考えてみよう[14]。現代的だからこそ利用できたと考えられてきたこれらの素材も、環境に対応する手だてにすぎなかったと見ることができるだろう。

枝角は主にトナカイから、骨と象牙はマンモスから手に入れる[15]。平原に暮らす集団はこういった素材を簡単に入手できたが、もちろん、それらの動物が少ない場所ではそうはいかなかったことだろう。骨などの素材をどのように利用したかについては、入手の困難度だけではなく、それを扱う人々の創造性とも関係している。

人類史の大部分において、道具や武器の主な素材は木だったはずだ。保存性のおかげで木製の遺物を発見するのはまれだが、これまでに集められた試料からは、ホモ・ハイデルベルゲンシスが木を使っていたことが示されている（第5章参照）。一方、樹木が乏しい環境に置かれた人々は、その代用品として骨、象牙、枝角のような有機物にすぐさま目をつけたようだ。

グラヴェット文化をもった集団は、一年の大半が寒く、凍った土に長年覆われた土地に慣れ親しんでいた。この凍った土、永久凍土は天然の冷蔵庫であり、死んだ動物が腐るのを遅らせる働きをするため、ゆっくりと腐敗した死骸は、夏になり凍土が融解すると露出し、たやすく手に入るようになった。こうした環境では、いたるところに無数の死骸や骨が転がっていたに違いなく、人々はたちまちその用途を見つけ出したことだろう。マンモスの死骸はとりわけ使い道があった。平原に暮らす人々は岩窟のような自然の住居をもたず、自ら建設しなければならなかったので、マンモスの牙や骨はその格好の骨組みになったのである。

この骨組みを動物の皮で覆えば天幕となり、なかには部分的に地面を掘るなどの工夫が見られるものもある。似たような建造物は実はもっと古くからあり、それは木を使って建てられていた。おそらく、初めて平原に挑んだ人々や[16]、ネアンデルタール人など木の利用に長けた人類によるものだろうと思われる[17]。このような天幕建設は時間をかけて徐々に発達してきたものと考えられるが、ひとたび平原に出て、身を切るような寒風から身を守る必要にせまられると、発展の速度は急激に増すことになった。木の不足と、大型骨、牙、獣皮のありあまる恩恵を受けて、建築技術は大きく飛躍したのである。

集団での狩りと村の成り立ち

グラヴェット文化人は、主な資源であるトナカイの他にウマやウサギも狩っていたようだ。マンモスに関しては、死骸をあさって持ち帰ることが多く、食べられない部分は住居用としてとっておいた。だが、ときには先手を打つこともあった。人手をそろえて、マンモスの通り道や群れの集まる場所などに向かったのだ。彼らは、狭い谷間や沼沢地といった地形をうまく利用してマンモスを狩った。ただ、こうした野営地の痕跡はトナカイが多く見つかる遺跡に比べると数が少なく、厳しいストレスにさらされたとき——おそらくトナカイが少なかったころ——に行われたまれな例と考えられる[18]。

アフリカゾウをしとめるのは、たとえライフル銃などの現代の武器があったとしても危険なことで、どんな事故が起きても不思議ではない。三万年前の人類が巨大なマンモスを狩るとなれば困難はそれ以上だったはずで、狩りに参加している者同士の緊密な協力関係がなければ不可能だったことだろう。また、当時の槍でふさふさの体毛に覆われたマンモスに挑むには、狩人間の連携ばかりでなく、地勢を熟知することも必要だったはずだ。実際の狩りがどのようなものだったのかは想像するほかない。もしかしたら、弱っている個体や幼い個体だけをおびき出したのかもしれないし、自然を利用した罠や仕掛けへと火を使って追い立てたのかもしれない。いずれにせよ、槍を手に正面から立ち向かうのはとうてい無理だったのではないか。だが、ひとつだけ確実だと思えることがある。このような離れ業をひとりで、もしくは少人数でやることはなかったということだ。集団の力を合わせることこそが、成功への鍵だったのである。

クラヴェット文化の野営地跡が示す使用年月の長さと規模の大きさからは、狩猟採集民の小さな集団《バンド》が集まって大きな共同体が生まれるという、前例のない現象が起きていたことがうかがわれる。こうした集まりは、おそらく特定の季節、もしくは特定の場所にだけ見られたものだろう。だがそれでも、これこそが新しい世界の幕開けにつながる出来事だったのである。

その新しい世界では、多くの人々が集い互いに協力しあうことで、新しい生活様式を容易に身につけることができた。そうした生活の中心となったのが野営地であり、これが村の原型となった。しかし、人類はそれまでも何万年も野外で火を囲んで生きてきたのであり、だとすればどこに新しさがあったと言えるのだろうか？　違いは人々の暮らす環境にあった。彼らが生きたのは、見渡す限り何もない土地だった。草食動物の群れを見つけられれば大成功だったが、問題はそれ以外のときだった。

多くの人々が集まり協力をすることにはたしかに利点があるが、状況によってはそうと言えないこともある。たとえば、森林やサバンナで単独行動をする動物を狩る場合はどうだろう。こうした狩りでは手に入る獲物が少ないため、食いぶちを稼ぐことができず、大きな集団は存続できなかったはずだ。では、もっと大きな群れで行動する動物はどうか？　これも状況によっては、大規模な狩猟には不向きだった。というのも、たとえば熱帯アフリカの平原では、暑さのなかで肉を保存する方法がなかったし、だからといって大量の獲物を自分たちの住居に持ち帰る方法もなかったからである。

一方、ユーラシア平原は気候が寒冷で、熱帯地方よりもずっと長く食料を保存することができた。具体的には、グラヴェット文化人は地面に穴を掘り、天然の冷蔵庫として利用することで食料を貯蔵していたようだ[19]。余剰を生み出すことでリスクが軽減されると、貯蔵食料が暮らしの重要な要素となり、それらを保護し管理する必要性が生まれた。一年中とは言わないが、少なくとも食料が貯蔵されている期間は、何人かの仲間が貯蔵庫の近くにとどまっている必要が生まれたことだろう。

そう考えると、必然的に次の二つの結論が導かれる。ひとつは、食料の貯蔵が可能になった結果、狩猟採集のための移動生活を縮小する人々が現れたこと。もうひとつは、集団内に間違いなく役割分担が生まれたこと。分業の概念が発達して、さまざまな手工品の専門家が生まれた可能性は極めて高いと思われる。

狩りとコミュニケーション

貯蔵食料を手に入れたからといって、グラヴェット文化の狩猟集団が完全な定住生活を送っていたと考えるのは早計である。生活の中心である動物を捕まえるためには、定期的に遠征をしなければならなかったはずだからだ。彼らは、現代のモンゴルの遊牧民がしているのとそっくり同じように、資源を追って季節ごとに野営地を移動していたと思われる。暗い冬の日々は野営地の近くで過ごし、備蓄品で食いつなぎながら、うろつくオオカミの群れに襲われる危険を遠ざけていたのかもしれない。春、夏、秋は狩りのシーズンだったから、動物の群れの通り道の近くに野営地を置いたのだろう（それでも、狩りの効率を最大限に高めるために、狩人たちは広い範囲を歩き回る必要があったはずだ）。トナカイなどの動物が脂肪を蓄え、厚い毛皮を身にまとう秋の狩りは、とりわけ重要だったと考えられる。また、冷たく乾いた秋の空気も、肉の保存に最適だったことだろう。

狩りが行われているあいだは、鳥のコロニーと同じように、野営地が情報センターの役割を果たしたかもしれない[20]。その様子をさぐるために、ここでは、秋の狩りのシーズンのために野営地をかまえた、ある一族を想像してみることにしよう。

狩りのためにまずやるべきことは、群れがやってくる場所を予測することだ。一族のうちの経験豊かな狩人たちが、見込みのある場所について話し合い、どこまでも続く平原をじっくりと眺めた後、いくつかのチームに分かれて違う方向に偵察に出ることに決める。道のりは広漠としており、群れを見つけるのが一時間後なのか、数日かかってしまうのか、まったく予想がつかない。それでも遠征の計画は進み、再び野営地で落ち合う日どりも決められた。

偵察に出た人々は三日後に戻り、集めた情報を交換する。まったく何も見なかったチームや、数頭の動物しか見つけられなかったチームもあったが、二つの偵察隊が大きな群れを発見していた。これで狩りの計画が立てられる。活動の出発地点であり、情報の集まる場所である野営地は、こうして共同体の中枢となったのである。

この過程において、これまでとは根本的に違う、何か新しいものが生まれていた――自分の目で見ていないことも経験できる人々が現れたのである。トナカイの群れを目撃した者が、見つけられなかった者たちに、自分たちがどこで何を見たのかを伝える。このとき求められたのは効率的なコミュニケーション、つまり情報を伝えるための高度な技術だった。彼らの祖先は私たちの知る限りしゃべることができたから、発話そのものは目新しいことではなかった。新しいのは、話し言葉によるコミュニケーションをできるだけ詳細なものにしようとする要求だった。グラヴェット文化は、何よりもまず狩りに関する専門用語をもち、そうした用語の必要性が複雑な言語の発達を促したと、私は確信している。またこの過程では、いかにも人間らしい副産物も生まれた――情報の誤った送受信、つまり欺瞞と誤解である。

芸術活動の高まり

もちろん、コミュニケーションは話し言葉だけにとどまるものではない。それはまた音楽や造形美術へと姿を変えていったはずだ。前者については考古学的記録からは立証しにくいが、現代人に特有のものと見なされてきた後者に関しては、遺物として形が残されている。ただこれも、とりたてて特別なものとは言えない。前に見たとおり、人類が一六万年も前からオーカーなどの素材を使いこなして芸術品をつくっていた見込みは高いのである[21]。また、岩壁画の起源はそれ以前のオーリニャック文化期にさかのぼると言われているが、それがグラヴェット文化の成果でないという絶対的な確信はない[22]。確かなのは、グラヴェット文化とともに芸術の大きな高まりが訪れたことだけである。

粘土を焼いてつくる陶器の起源は、一般的に約八〇〇〇年前の中東にあると言われているが、少なくとも一万三〇〇〇年前には、ロシア東部で土器がつくられていたようだ[23]。グラヴェット文化期のユーラシアの平原部では、陶製の器こそつくらなかったものの、粘土を高温の窯で焼いてつくった小さな立像や彫像――持ち運びのできるポータブル・アート――が頻繁に登場している[24]。つまり彼らは、極東ロシアの最初の焼き物師より一万五〇〇〇年も早く、中東の陶器職人より二万年も前に、陶芸に必要な火の扱いを身につけていたのだ。

また、同じくグラヴェット文化期にあたるペシュ・メルルやレ・ガレンヌ〔ヴィロヌール〕のようなフランス南西部の遺跡には、洞窟壁画の証拠も残されている。これらの洞窟壁画の技術が完成の域に達していることから、グラヴェット文化人がそれまでもずっと絵を描き続けていたことが推測できる。だが、風化しやすい素材を野外で使っていたため、その証拠が残らなかったのだろう。そう考えれば、今日私たちを感嘆させる洞窟内の作品群も、フランス南西部に壁画の保存に適した石灰岩洞窟が多くあることを反映しただけの、偏った試料にすぎないのかもしれない。

洞窟壁画は、先史研究において過度に重要視されてきたもののひとつだ。作品の多くが魅力的で、美しく仕上げられているのを見れば理解できなくはないが、壁画の見つかった洞窟の数や分布を考慮すれば、この現象が広範囲に及ぶものではなく、人類発展の証拠とするには不十分であることがわかるだろう。むしろ現時点の研究が示しているのは、洞窟壁画の発展は突発的・革命的な出来事ではなく、局所的に生じた芸術の緩やかな盛衰の過程なのである。[25] 加えて、フランス南西部やスペイン北西部にいたすべての人が、洞窟で絵を描いたわけではないことにも留意すべきだ。その表現方法や腕前から巨匠と認められる者たちはたしかにいるが[26]、他の大半の人々はそうしたすばらしい表現力は持ち合わせていなかった。現代の私たちのほとんどが、システィーナ礼拝堂を再現しようとは夢にも思わないのと同じことだ。ちなみに、フランスのショーヴェやレ・ガレンヌで見られる見事な芸術作品のいくつかは、ヨーロッパにやってきた最初期の現生人類のものだが（三万〜二万七〇〇〇年前ごろ）、有名なフランスのラスコーやスペインのアルタミラの遺跡群はその数千年後のもので（一万七〇〇〇〜一万四〇〇〇年前ごろ）、そのときにはもうグラヴェット文化は遠い過去になっていた。

西ヨーロッパという地域で、なぜ人々が多くの労力を割いて、洞窟の奥深くにこれほどまでに美しい絵を残したのか、私たちがその理由を知ることは決してないのかもしれない。だが私は、こうした芸術のはじまりには実用的なきっかけがあったはずだと考えている——洞窟の壁に描かれている動物たち、とりわけ食料になったと思われる草食動物のほとんどすべては、狩りに関する情報を伝えることと関係していたのではないだろうか。また、描かれているのがほぼ例外なく開けたツンドラステップに生息する動物だという事実は、グラヴェット文化がこの習慣の起源に密接に関わっていたことを示しているのだろう。[27] とはいえ、なぜ熟練した絵描きたちがその場所で絵を描かなければならなかったのか、本当の理由はやはり闇の中だ。洞窟の壁にネアンデルタール人を描いた痕跡がないのは意外な気がするが、描き手が一度もネアンデルタール人に遭遇したことがなければ、それも当然の話である。

水と石

変化が見られたのはコミュニケーションや芸術ばかりではない。たとえば、行動を制限する主な要因だった水の扱いにも工夫がなされた。

ツンドラステップをうまく活用する方法を見つけたグラヴェット文化人にとって、水不足はそれほど深刻な問題ではなかったようだ。ツンドラステップには湖が多くあったし、また大量の水が氷となって永久凍土に閉じ込められていた。[28] 食料を貯蔵するために穴を掘っていた彼らは、そこに氷があることを承知していただろうし、また、必要に応じて火を使い、氷を水に戻す方法も知っていたはずだ。そうなれば、水がなくて移動できないという事態はもはや起こらなかっただろう。またその一方で、肉食に大きく依存するようになった人々は、多量の尿素を排泄する必要にせまられるようになった。その結果、水はこれまで以上に欠かせない資源となったことだろう。(29)

樹木のない環境では、骨やその他の有機物を木材の代替品とした例を先に見たが、石はどのような役割を果たしたのだろうか。道具や武器をつくるのに適した石は、フリントをはじめいくつかあったが、開けた平原に足を踏み入れた人々は、そうした石材のとれる場所が近くにはないことに気がついただろう。だとすれば選択肢は、石器なしで間に合わせるか、狩りのたびに持ち歩くかのどちらかになる。後者を選ぶなら習慣を変える必要があった。これまでのように重い石器を大量に運んでいれば、狩人の動きはどうしても遅くなってしまうからだ。そこで彼らは——オーリニャック文化やシャテルペロン文化でも見られたように——より小さく、軽量で、何度でも再利用できる武器や尖頭器をつくりはじめることにした。

限られた資源を効率よく使う方法も生み出された。たとえば、あらかじめ多面体に整形したフリントの石核《せっかく》から、平行な二辺の刃をもった細長い剥片を打ち剥がす技法がそうだ。これはグラヴェット文化だけによる発明ではなかったものの、従来のような幅の広い剥片に代わって細長いものを生産することによって、ひと塊のフリントからずっと多くの剥片を得ることができたため、遠くの採石場に足繁く通う必要もなくなった。このような新技法はまた、発展段階にあった飛び道具とうまく結びつき、少し離れた場所からの狩猟を可能とした。そして、携帯の便利さ、狩りの効率のよさという二つの利点によって、石刃を使った道具や武器の製作が普及しはじめた。こうした武器の小型化の傾向は、グラヴェット文化の消滅以降もずっと続くことになるが、それについては次章で見ていくことにしたい。

網でウサギを捕まえる

研究者たちは長いあいだ、植物繊維を用いた技術が生まれたのはグラヴェットト文化よりもっと後のことで、農耕の発展が伴っていたはずだと考えていた。だが近年、アメリカの考古学者ジェームズ・アドヴァシオとイリノイ大学のオルガ・ソファーらが、想像力に富んだ研究結果を報告して、周囲をあっと言わせた。

グラヴェット文化期につくられた数々の陶製の小立像や、その他の手工品に施された模様を丁寧に調べていたアドヴァシオらは、あるとき、チェコ共和国のドルニ・ヴェストニッツェ遺跡やパヴロフ遺跡の工芸品を詳しく分析してみることにした。結果は驚くべきものだった。すでに二万六〇〇〇～二万五〇〇〇年前には、植物繊維を使って織物、かご細工、縄、そしておそらく網までもつくられていたことがわかったのである(30)（次頁図25参照）。つまりユーラシア平原部のこの地域では、織物やかご細工が他の地域よりも七〇〇〇～一万年早くつくられるようになったわけで、これは陶芸品が生まれた時期とそう変わらない。また、獣皮や布地を縫うのに使われたに違いない孔のあいた針などの道具が、これらの結果とちょうど一致するように、グラヴェット文化期に初めて登場している。

一点の曇りもなく証明することはできないが、小型の動物を捕まえるための目の細かい網のつくり方も、彼らは知っていたようだ。捕まえていたのは、グラヴェット文化期の遺跡ではおなじみのキツネやウサギなどで、キツネは毛皮を、ウサギは毛皮と肉の両方を目的に狩られたのではないかと考えられる。

図25　チェコ共和国、ドルニ・ヴェストニッツェ遺跡に隣接したパヴロフ6号遺跡の発掘現場（2007年）。中央には炉があり、丸いくぼみがいくつかとマンモスの骨が見える。
photo：Dr Jiri Svoboda

ここから、グラヴェット文化人が網を使って小型哺乳類の大量捕獲を行った最初の集団のひとつだったことが推定できる。

こうしてグラヴェット文化はまた一歩成功の道を歩むことになるが、その推進力の根底には体格の問題があった——ネアンデルタール人や、同じように近距離からの奇襲攻撃を行っていた初期の人類に比べると、グラヴェット文化人たちは頑丈でもなければ、大きくもなかったのである。継続的に生活資源を手に入れるために筋骨たくましい狩人である必要は、もはやなかった。むしろ、武器の軽量化が必然的に生じたのと同様、平原でエネルギー効率よく活動できるようにする体格の変化であれば、どのようなものでも自然淘汰による後押しを受けたに違いない。

しかしながら、グラヴェット文化人の体格がアフリカの祖先から受け継がれたものなのか、段階的な進化の結果だったのかは、実はいまだ推測の域を出ていない。私が支持するのは二つを組み合わせた説で、何千年ものあいだ中央アジアの平原でそこに暮らす動物たちと関わり続けていくうちに、彼らの体格は徐々に調整されていったのではないだろうか。一方で、もっと西側に暮らしていたネアンデルタール人や現生人類は、同様の適応をするほどの長期間、そうした環境にさらされることはなかった。

　気候の変動が激しくなり、それまで温暖な環境が広がっていた地域にツンドラステップがせまってくると、そこに暮らすあらゆる種類の人類たちは技術を発展させて変化に対処しようとした。しかし、最終的にはたくましい体格が裏目に出てしまう。たとえ高い技術をもっていたとしても、そうした体で動物を求めて広大な土地を歩き回ることの弊害を埋め合わせることはできなかった――ネアンデルタール人の絶滅とは、長きにわたって存在したある特有の体格の絶滅だったとも言えるのである。[31]

　現生人類のとある一集団が、世界のとある場所で、開けた環境に絶えずさらされた末に体格を変化させていったのは、状況によって生み出された結果だった。またその後、こうして変化した体格に適した環境が各地に広がっていったのも、まったく運のおかげだった。

　ツンドラステップへの進出は、現生人類の一集団にとっては小さな一歩だったが、三万年後になされる初の月面着陸よりも、人類に大きな影響を与えることになる。

第9章　永遠の日和見主義者——加速する世界進出

ヨーロッパでの生態的解放

前章で見たように、およそ三万年前になされたツンドラステップへの進出により、中央アジアにいた現生人類の集団はヨーロッパへと広がっていった。もちろん、こうした動きはより大きな拡散の一部でしかないし、また常に単一の方向に向かっていたと考える理由もない。これは数万年後のチンギス・ハーン率いるモンゴル帝国軍の侵攻のような一斉の行動ではなく、これまでも繰り返し述べてきたシラコバト型の拡散だったのである。その原動力については前に見たとおりで、その結果人類は、生物学者の言う「生態的解放」、つまり、天敵のいない新天地に適応し急速に生息域を広げるという反応を示した。

ヨーロッパへの現生人類の拡散は瞬く間に行われたようで、ステップ地帯からフランスにたどり着くまで実質一〇〇〇年もかかっていないと考えられる。(1)これは、環境資源を有効利用できるようになったことによる出生率の増加と死亡率の減少のおかげかもしれないし、また、平原に暮らす人々の新しい生活様式が飛躍的な発展へと結びついたのかもしれない。

前章では、集落や野営地が情報センターの役目を果たし、集団間で獲物について情報交換できるようになったことに触れたが、ここでは、その様子についてもう少し詳しく見ていくことにしよう。

半定住型の生活と出産間隔

それ以前の狭い範囲で行われていた狩りでは、集団が総出で参加することも可能だったかもしれないし、おそらくネアンデルタール人はその方法をとっていた[2]。だが、開けた平原での狩りでは、短時間にかなりの距離を移動する必要があり、狩人以外の人々は足手まといになったに違いない。したがって、平原で行われる狩りで、もしも集団の全構成員――老いも若きも、妊婦も病人も――が参加することがあれば、当然ながら、その効率は著しく低下しただろう。

狩人以外の人々であっても、村に戻れば狩りと同じくらい重要な仕事をこなす有用な働き手となれたかもしれない。たとえば、肉を保存処理して将来使うために貯蔵したり、かごを編んだり織物をしたり、粘土を成形して焼いたりなどの作業があっただろう。こうした仕事はどれも、全員で行動をともにする**移動型**の狩猟採集民には適さなかったと思われる。つまり、平原への進出といった単純な出来事によって、一部の現生人類はグラヴェット文化に見られるような**半定住型**の生活様式を発展させていったのである。

半定住型の生活の結果として生じたものとして、女性の出産間隔が短くなったことが挙げられるだろう。ネアンデルタール人や多くの現生人類が送っていたそれまでの完全な移動型生活では、次の子を授かるまでに、先に生まれた子どもがある程度自立している必要があった。実際、その必要に背中を押される形で、ネアンデルタール人の子どもは現生人類の子どもに比べると成長が速く、たとえば、八歳で死亡したネアンデルタール人の子どもは、歯の発育が現代の子どもたちより数年進んでいたと見られている[3]。

その一方で、半定住型の生活により少なくとも一年のうちのある時期は集落で過ごすことになった女性たちは、先に生まれた子どもたちの面倒をまだ見なくてはいけない時期でも、再び妊娠することができたことだろう。なぜなら、長距離移動の負担は減っていたし、祖父母や他の仲間たちに子育てを手伝ってもらうこともできたからだ。このように、環境に合った戦略を選んだことで思いがけず出産回数が増え、人口も一気に増えた。また同時に、新しい戦略に見合った生物学的特徴が有利となったことから、最終的に子どもたちも早熟の圧力から解放されることになった。

平原で生活をはじめた人類に見られる一通りの特徴——軽量な道具、投げ槍などの投射技術、マンモスの骨でつくった住居、貯蔵のための穴、ポータブル・アート、粘土を焼くための火の取り扱い、拠点となる野営地、労働の分担など——は、半定住という生活様式でなければ揃うことはなかっただろう。このような生活だったからこそ、集団内で労働を分担することができたし、陶芸を行い、持ち物を装飾し、絵を描き、食料を貯蔵し、網や衣服やかごをつくり、専門の職人にいたっては武器や道具をつくる時間的余裕が与えられたのだ。

また、こうした生活は人々の気持ちを農耕に向かわせたかもしれない。植物の栽培は、同じ土地に一定期間滞在して初めて可能になるからだ。とはいえ、農耕が出現したのは、それから二万年後のはるか南の地のことである。これには、グラヴェット文化人が利用できた植物の種類や、植物を育てるのには不向きな厳しい気候、そして完全に溶けることのない凍土が関係していたと思われる。

最初の家畜

グラヴェット文化では農耕は行われなかったかもしれないが、牧畜についてはどうだろうか？　彼らが動物を飼育し、遺伝的に改変を加えていた証拠は見つかっていない。もしかしたらそれは、家畜にできる動物がステップにはウマ以外にいなかったからかもしれない。では、ウマやトナカイの群れの移動を管理したことはあったのだろうか？　これができれば一年を通じて新鮮な肉が集落の近くに確保できるはずだが、考古学的証拠からそうした行動パターンを検知するのは難しく、それが実際にあったかどうかは想像に頼るしかない。ウマのように野生型から大きく変化しなかったと思われる動物についてはなおさらだ。しかし、早い時期から家畜化されたかもしれない候補者を、私は前章でほのめかしている――そう、イヌである。

第6章では、オオカミがユーラシアの開けた環境で、獲物を狙って長距離の追跡をする究極の肉食動物になったことに触れた。一方、現生人類もまた、オオカミに比肩する長距離移動型のハンターとなっていた。樹木のない環境で草食動物を捕らえなくてはならないという同様のプレッシャーが、起源のまったく異なる動物たちをツンドラステップの「超捕食者」の座へと導いたのである。

長距離を移動し、[4]集団で狩りをする現生人類とオオカミは、遅かれ早かれ出会う運命にあった。その結果として生じたことのひとつが競争であり、もうひとつが相互協力、つまり一種の共生だったのである。こうして現生人類とオオカミの世界は、この平原で一体となった。[5]

イヌと私たち

オオカミがいつ家畜化されたのかはわかっていない。現時点で、最古のイヌのまぎれもない証拠だと考えられているのは、ロシアのブリャンスク地方にあるエリセエヴィチ一号遺跡から見つかったものだ[6]。遺跡からは、ケナガマンモス、ホッキョクギツネ、トナカイの化石とともに、一万七〇〇〇〜一万三〇〇〇年前のものと考えられるシベリアン・ハスキーに似た二頭のイヌの頭骨が出土している。この頭骨に遺伝的改変の明確な痕跡があるのなら、少なくともこの地域では、一万年前以降に人々が定住して農耕を行うずっと前からオオカミはイヌに変化しはじめたことになり、それゆえイヌは現生人類が家畜化した最初の動物だったと言えるだろう。

一万七〇〇〇年前という年代は約三万年前にはじまったグラヴェット文化よりもかなり新しいが、遺跡から見つかったイヌの生態学的な背景を考えると、明らかにグラヴェット文化との類似点が見られる。だとすれば、現生人類とオオカミの親密な関係は、ツンドラステップのグラヴェット文化人やその同時代人からはじまったのかもしれない。最初に飼いならされたオオカミは、親戚である野生のオオカミと同じ外見をしていたはずだから、残念ながら、化石からその痕跡を見つけ出すことはできない。では遺伝子からわかることはあるだろうか――実はあるのだ。

二七の異なる地域に生息する一六二頭のオオカミと、六七犬種の飼い犬一四〇頭から採取したミトコンドリアDNAを解析したところ、イヌの起源が一三万五〇〇〇年前までさかのぼるかもしれないことがわかったのである[7]。この驚くべき結論が正しければ、ネアンデルタール人が生きていた時代にイヌが誕生したことになるが、それが行きすぎだとしても、最終氷期のさなかに最初の家畜化が行われていたという考えは十分説得力をもつだろう。

農耕の発見に先立つこと数千年、イヌの家畜化は現生人類にとって画期的な事件だった。イヌは人類が初めて手にした「生きた道具」であり、狩猟における武器だった[8]。また、他の集団や捕食動物から村を守るためにも利用されたはずだ。イヌはその社交性によって現生人類と親密な絆を結び、現在の私たちにとってもなくてはならないパートナーとなったのである。

開放経済のはじまり

集落を守るためにイヌを利用したと書いたが、もちろん、他の人類集団との出会いがすべて危険に満ちたものだったわけではない。たとえば、石や貝殻などの素材が遠くの原産地から交換によって長い距離を運ばれてきたことを示す十分な証拠があり、グラヴェット文化人やその同時代人の生活にとっては、交易が重要な役割をもっていた可能性が考えられる[9]。こうした交易のネットワークは、不安定な食料供給に伴うリスクから人々をさらに遠ざけただろうし、障害物のほとんどない平原という環境ではとくにうまく機能しただろう。

ここで私たちが目の当たりにしているのは、各集団のニーズが地域を超えて広がった「開放経済」のはじまりである。これによって、集団の中で余剰品が生まれた場合でも、それを交易のネットワークに乗せればよくなり、自分たちですべてを備蓄する必要はなくなったことだろう。また、オーストラリアの平原に暮らすアボリジニの交易に見られるように[10]、当時の交易ネットワークも氏族単位で運営されていたらしく、そこでの同盟関係は長期間にわたり広い範囲で有効だったはずだ。芸術品や装身具は身分証明として使われ、ポータブル・アートは取引において通貨の役割を果たしたと思われる。だとすれば、チェコ共和国のドルニ・ヴェストニッツェ（第8章参照）のような場所で、小立像づくりがもはや産業といっていい水準に達していたとしても、驚くには値しないかもしれない。

東へ向かった人類

前にも見たとおり、現生人類は少なくとも五万年前までにはインドにたどり着いたと考えられるが、その後西へ向かった集団はヨーロッパへと到達し、東へ広がった集団はヒマラヤやそれに連なる山脈の障壁を背に北へ進み、シベリアを縦断して、早ければ三万六〇〇〇年前には北極圏へとたどり着いたようだ。[11] この進出は、ヨーロッパの場合と同様、のちに起こる大規模な拡散の先駆けと見ることができるかもしれない。その後、今から約三万年前に中央アジアを出発した現生人類は、本章の冒頭で計算した速度に基づくと、三万〜二万九〇〇〇年前ごろにバイカル湖周辺へ、二万八〇〇〇年前までにはベーリンジア（現在は水没してベーリング海峡になっている）へ到着したと考えられる。私たちがよく知っているのはこちらの拡散であり、遺伝情報からは彼らがグラヴェット文化人の祖先と共通の系統だったことがうかがえる。[12]

最初に行われたほうの東方への進出は、グラヴェット文化以前のヨーロッパ到達と似たような性質をもっており、人々はルーマニアやチェコの化石に見られるように（第6章参照）、身体に原始的な特徴を残していた。見つかっている試料は数少ないが、二〇〇三年に中国の田園洞で出土した個体は見事なもので、およそ三万五〇〇〇～三万四〇〇〇年前のものと推定されている。[13] これをはじめとした三万年より前の初期ヨーロッパ人やアジア人の化石はどれも原始的特徴を保持していると考えられ、それは現生人類が拡散しながら古典的な人類（たとえばネアンデルタール人）と交配したからだと解釈されてきた。

私の考えは少し違う。たしかに遭遇した集団との交配はあったかもしれないが、だからといってそれが都合よく原始的特徴の説明になるとは限らない。むしろ、これらの化石がすべて中緯度帯の丘陵地や山岳地帯で出土していることから、彼らはインドの故郷からやって来た先駆者で、樹木のない環境を完全に克服することができず、周縁地域にとどまったのではないだろうか。東南アジアやオーストラリアへ向かった頑強な現生人類の一派として北へ進んだ彼らは、自分たちの特徴をすべて失ったわけではなかったのだ。[14] やがてこうした集団のひとつから、ヨーロッパと中国のあいだのどこかで、ほっそりとした平原の住人が生まれることになる。

先住者と新来者

ここで、ツンドラステップにいったん別れを告げて、ヒマラヤ山脈の南側の様子をもう一度見てみることにしよう。第4章で述べたように、東方へと拡散した現生人類のなかにはニアやオーストラリアまで到達した集団があった。熱帯雨林が内陸部の大部分を閉ざしてしまうと、東南アジアでは川沿いや海岸線にとどまろうとする圧力が高まり、それがはからずも島巡りを推進させ、ついには人々をオーストラリアへ到達させたと考えられる。また同様の理由から、川沿いを北へ進んで中国の奥地へと移動していった者たちや、海岸沿いを進んで韓国や日本へと向かっていった者たちもいたようだ[15]。後者の集団は、太平洋の西岸に沿って北上を続け、やがて日本を通り過ぎて、はるかベーリンジアまでたどり着いた。先に見た中央アジアからやってきた集団も、この海岸経由の集団も、それより二万五〇〇〇年かその数千年前にインドのどこかにいた共通の祖先の血を引いていた。彼らは今再び同じ土地を踏みしめていたが、両者が顔を合わせることがあったのかどうかは誰にもわからない。

果たされたかもしれないこの再会は、すでに見たフランスから中国に広がる中緯度帯の森林の人類と、ステップからやってきた現生人類との出会いを思い出させる。これまでの考え方が正しければ、先住民である古典的な人類集団と遭遇したのは、ツンドラステップからやってきた集団ではなく、その前に先駆的に広がっていった現生人類だったことになる。ユーラシアでネアンデルタール人と出会ったのも、おそらくそうした集団だったはずだ（しかし彼らもまた、ネアンデルタール人と同様に、自分たちの遺伝子をほとんど残さぬまま絶滅してしまった）。また東南アジアや東アジアでは、ホモ・エレクトスの生き残り集団と接触したかもしれない。

どちらの場合でも、ツンドラステップの現生人類が到着したころには古典的な集団は消滅していたはずなので、両者が出会っていた可能性は極めて低いだろう。その代わり、ツンドラステップの人類は自分と同じ系統にある先駆者たちに出くわした。そして最終的には相手を圧倒したようだ――より短期間の出産間隔を可能にした彼らの生活様式は、すべてをたんなる数の駆け引きに変えてしまったのだろう。だとすれば、皮肉にも私たちが見てきたのは、より優れて知的だからではなく、人口の増加に適した環境のおかげで他者を圧倒することができた現生人類の物語なのかもしれない。これと同じことは、農耕民と狩猟採集民の関係にも見ることができる。

アメリカ大陸への進出

今では海底に沈んでいるベーリンジアの大部分は、マンモスやトナカイやオオカミが豊富に生息するツンドラステップだったようだ。開けた環境の豊かな動物相を利用できるようになると、現生人類たちはそれに引きつけられるようにして拡散していき、少なくとも二万八〇〇〇年前までにはベーリンジアに到達した。

だがそこで彼らは、アジアと北アメリカの両側から氷雪地域に取り囲まれ、長いあいだ身動きがとれなくなってしまう。その状況が変わるのは一万六〇〇〇～一万五〇〇〇年前のことで、気温が上昇しアメリカ大陸北西部の太平洋岸に沿って回廊が出現すると、五〇〇〇人に満たない集団によって北アメリカへの入植がはじめられた[16]。この集団はおそらく海岸ルートをたどったが、その一〇〇〇年後には、北アメリカを覆っていた二つの主要な氷床のあいだに氷のない内陸の通路が出現した。それによって、従来のように太平洋とロッキー山脈に挟まれた海岸沿いの低地を利用して南アメリカを目指す集団がいる一方で、ロッキー山脈から流れ出す河川に沿って徐々に内陸部へ移動する集団も生まれたようだ。

南方へと向かった集団は、一万四六〇〇年前までにはチリのモンテヴェルデに腰を落ち着けたと考えられている[17]。この年代がおおよそでも正しいとすれば、彼らはアメリカ北西部からチリ南端まで一〇〇〇年程度で到達したことになる。これまで本書で使ってきた大雑把な計算によれば、移動速度はなんと一世代あたり二六〇キロとなり、ステップを拡散したときのほぼ三倍、アフリカからオーストラリアへ

図 26 現在のアメリカ大陸とベーリング海峡

広がったときの四倍もの速さとなる。また、寒帯、熱帯、赤道域、そしてまた寒帯へと地理的範囲を通過していったのも、人類史上初めてのことだ。これらすべての環境に適応しながら拡散したと考えると、これほど早く南アメリカに到達したことが説明できなくなるので、ここではむしろ、あるひとつの環境、つまり海岸と内陸の境界を移動しただけと考えるほうが自然かもしれない[18]。そうすることによって、彼らは両方の食資源を利用できたし、シベリアの祖先が開けたステップで送っていたような半定住型の生活を海岸でも送ることができたのだろう。

一方で、海岸部で暮らす集団とたもとを分かち、シベリアに似た平原やその動物相を求めて北アメリカ内陸部に分け入った者たちもいた。人々はそこで新たな資源を発見したはずだが、そうしたことがかの有名な**クローヴィス文化**を開花させる原因になったのかもしれない。北アメリカを中心に現れたクローヴィス文化はマンモスやマストドンの利用と結びつけられてきたが、その痕跡が最初に見つかるのは一万三二〇〇～一万二八〇〇年前[19]、海岸で暮らす集団がチリに根を下ろした一〇〇〇～二〇〇〇年後のことである。とはいえ北アメリカの平原は、クローヴィス文化にかなり先立って利用されており、すでに一万四八〇〇年前ごろには氷床の南端でマンモスの解体が行われていた形跡がある[20]。

ここまでをまとめると、北アメリカで見つかっている証拠から推定できるのは、人類が氷床のないベーリンジアに長期間とどまっていたこと、そして、氷のない海岸線をたどって一度きりの急速な進出を果たしたことのようだ。この北アメリカ進出は一万六〇〇〇～一万五〇〇〇年前に起きたが、いったん足を踏み入れると、彼らは海岸線を縄張りにどんどん人口を増やしながら、船を使い豊かな沿岸地域へと広がっていった。その一方で、ゆっくりと東に進みロッキー山脈を越え、豊かな大平原を見つけた集団もあった。こうした集団は、それより一万五〇〇〇年前の中央アジアの平原や三万五〇〇〇年前のオーストラリアの平原に初めて訪れた人々のように、前人未踏の地で「生態的解放」を経験することで、北アメリカ中に拡散することになった。またここでは、高度に専門化した新しい武器も発達した。

内陸部の集団のさらなる南下を阻んだのは、おそらく中米の森林地帯だった。現生人類として歩みはじめたころには決して遠く離れることのなかった森林が、皮肉なことに今では障害となっていたのである。かつてはフランスからベーリンジア、そして北アメリカまで及んだ広大な平原は、東は大西洋、南は中米の森林で極限を迎えた。最大時には一万八〇〇〇キロメートル近く広がり、人類の揺りかごのひとつであった樹木のない世界は、ここで地理的な限界に達したのだ。

温暖化と森林の復活

二万年前を過ぎたころから、世界はゆっくりと氷期を脱しはじめた。人類が北アメリカに進出した一万五〇〇〇年前を過ぎると本格的な温暖期が初めて訪れたが、一万二八〇〇〜一万一六〇〇年前には、**ヤンガードリアス期**として知られる急激な寒冷期に入り、北の地は氷期へと逆戻りした。[21] だがその後、一万一〇〇〇年前以降は回復期が続き、一万年前までには現在のような温暖な世界へと姿を変えていた。三万年近くもユーラシアと北アメリカを支配し続けてきた樹木のない環境は、氷床とともに絶えず拡大してきたものの、その発展もいまや止まった。森林の反撃がはじまったのだ。その結果、ステップは中央ユーラシアに後退し、大草原は北アメリカ中央部にとどまった。また、ツンドラはステップと切り離されて北極圏南部の狭い地帯を占拠し、氷床は北極圏に落ち着くことになった。こうした世界については次章で詳しく見ていくことになる。

寒冷期を生き抜く

これまで概観してきたのは、南極大陸を除けば地球上最後の主要な大陸といっていい土地――アメリカ大陸――へと人類が進出する様子だったが、実はこれは特殊な例である。というのも、気温が上昇するときの拡散は南から北へと向かう傾向があるのに対し、この場合は正反対に進んだからだ。つまり、北アメリカの樹木のない環境へ南に向かって広がりはじめた人間は、皮肉なことに、まもなく縮小してゆく世界に入り込んだことになる。海岸線に暮らした人々は、気温が上がり海水面が上昇しはじめたとき、広大な浜辺が海に飲み込まれるのを目の当たりにしたことだろう。

さまざまな証拠から、人類が最終氷期の前、あるいは最盛期に北アメリカに進出したとは考えにくいため、その時期にはアメリカ大陸に人類はいなかったと考えるのが自然だ。では、アフリカ、アジア、オーストラリアの熱帯地方は別として、人類は最終氷期最盛期やそれに続くヤンガードリアス期の冷たいうねりをどこで切り抜けたのだろうか?

北アメリカからずっと西、イタリアからヨーロッパ東部の平原を越えて黒海北岸へといたる地域では、グラヴェット文化人の末裔たちが生き延びていた[22]。彼らは、小型で持ち運び可能な石製の武器を特徴とする高度な技術をもっていたが、最も気候が厳しい時代を乗り越えることができたのは、その洗練された技術と社会制度のおかげであることは間違いない。それに加えて、食料を供給してくれる草原がある限り、彼らは寒くて長い冬の夜を乗り切ることができたようだ。

フランス南西部からイベリア半島にかけては、遺跡のある場所にちなんで**ソリュートレ文化**と名づけられた別の文化が存在していた。この文化の担い手は、グラヴェット文化人と同じ起源をもっていたと考えられている。ソリュートレ文化の独自性は、極めて見事に加工されたフリント製の矢じりに見られるが、もしかすると彼らは弓矢を使った初めての人類だったのかもしれない。また、この文化にはウマやステップバイソンなど寒冷地の動物を描いたすばらしい作品も見られる。彼らは南方へと広がっていき、そこで大いに繁栄した。イベリア半島南部ではほとんど影響力をもたなかったグラヴェット文化人とは異なり、ソリュートレ文化人は人口爆発を引き起こしたのだ。[23]

ゴーラム洞窟の現生人類

南方へと向かったソリュートレ文化人の集団が、アフリカ大陸をのぞむヨーロッパ最南端に足を踏み入れたのは、世界が寒さに震え上がっていた二万一〇〇〇年前ごろのことだった。彼らはそこで見つけた洞窟を住居として利用することを決め、吹きつける風や砂から逃れるように、その奥深くで火を使いはじめた。洞窟では腹を空かせたハイエナやオオカミに襲われる危険性もなかったし、外の世界へ一歩踏み出せば、松の種子を集め、海岸で貝を集め、シカやアイベックスを狩ることができた。また、鳥、ウサギ、アザラシを捕まえたり、浜に打ち上げられたイルカの死骸をあさったりすることもあったようだ。

彼らが見つけた洞窟とは、ジブラルタルのゴーラム洞窟だった。そこには数万年のあいだネアンデルタール人が暮らしていたが、最後の住人がいなくなってからは、すでに五〇〇〇年ほどの歳月が流れていた。ソリュートレ文化人は、ネアンデルタール人と同じような場所で火をおこした。そこは天井が高く煙が充満しないので、洞窟を汚さずにすんだからだ。また、彼らは先住者と寸分たがわぬ動物を狩猟した。せっかく手に入るものを存分に利用しない手があっただろうか。体格と道具の違いがなければ、洞窟に暮らしていたのがネアンデルタール人なのか現生人類なのか、区別することはできなかっただろう。

いや、違いはもうひとつあった。それは文化的な違いで、他の現生人類の集団とも一線を画すものだ。たとえば、ソリュートレ文化人は、しとめたアカシカの前歯を何頭分も保管していた。そして集団内の腕利きの職人が、洞窟内でその歯を丹念に磨き、孔をあけた。また彼らは、グラヴェット文化の伝統も失ってはいなかった。マンモスの骨でつくった住居ではなく洞窟だという違いはあったが、それでも野営地としての性格を失ったわけではなく、ある者にとっては待機所となり、別の者にとっては情報交換の場となった。集団のある者は特別な技術職を任された。その人は絵がうまく、洞窟の壁をキャンバス代わりに、ネックレスづくりに貢献してくれたアカシカの姿を描いた。それだけでは飽きたらず、自分の作品に消えない印を残したかったのか、壁に手をあて、その上から塗料を吹きつけたりもした。こうして残された手形は、二万年の時を経て考古学者たちを驚かせることになる。

永遠の日和見主義者たち

ソリュートレ文化人は最寒冷期にイベリア半島で成功を収めたが、ネアンデルタール人がその何千年も前に何度も寒冷期を乗り越えていたことを考えれば、特別なことは何もなかったと言っていいだろう。

彼ら以外にも、東アジアに目を向ければ、北極圏とヒマラヤを覆う氷床のはざまに残ったツンドラステップで忍耐強く生活を続ける集団があったし、ベーリンジアでも、人々はトナカイやマンモスのおかげで何とか暮らしを立てていくことができた。こうした人々の転機は、氷床が融解しはじめたときに訪れたようだ。気候が温暖になるにつれ、彼らはアジアの太平洋岸を南下し、海洋資源の利用が中心だった日本や、黄河・長江沿いの草原や森林で生き延びた。西ヨーロッパの人類が地中海やサハラ砂漠によってアフリカと切り離されたのとは異なり、アジアの人々が南の熱帯地方とのつながりをなくすことはなかったようだ。

アフリカ、インド、オーストラリアの熱帯地方では、とくに氷期に対応する必要がなかったため、それまで受け継いできた人口密度の低い狩猟採集生活が続けられた。ところが辺境に暮らすグラヴェット文化人の子孫たちは、厳しい環境下のなかで自分たちのそれまでのやり方や伝統をことごとく失い、何万年ものあいだ通用していた生活様式から脱することに力を注いだ[24]。その結果、彼らはそれまでにない危険な道具を手に入れることになる——温暖な気候下ではまずありえないことだったが、彼らは「余剰物」を生み出す方法を発見したのだ。それによって人口は歯止めなく増え続け、寒冷化の影響で鈍くなることはあったものの、それもほんの短い期間にすぎなかった。こうした習慣を受け継いだソリュートレ文化人やその同時代人は、地球が温暖化しはじめると、その受け継いだ遺産を徹底的に利用することになった。

ジャレド・ダイアモンドは、過去一万三〇〇〇年のあいだに地域間で生み出された技術的・文化的差異が、いかにして現代社会に不平等をもたらしたかを雄弁に語っている[25]。しかし、とくに知的に優れているわけではない一部の集団が、偶然や運によって他の集団より有利な立場に導かれたという歴史の物語は、一万三〇〇〇年前に初めて誕生したのではない。そうした偶然は、人類史のどこを切り取っても見つけることができる。たとえば、ツンドラステップに暮らす集団の人口が爆発的に増加したのも、そのひとつの例だろう。彼らは成功集団の周縁部に生きるイノベーターだったが、必要にせまられさまざまな工夫を重ねるうちに、たまたま運が味方し、繁栄を勝ち取ることができた。こうした一種の日和見主義的な流れは現在まで脈々と続いており、アメリカ大陸への進出もそのひとつに数えられるかもしれない。

新世界であるアメリカ大陸は気候が温暖化しても様子を変えず、そのためそこに暮らす人々は昔のやり方に戻るという罠に陥った。オーストラリアやアフリカの集団のように、狩猟採集民の生活に落ち着いたのだ。一方、ユーラシアでは、温暖化がツンドラステップやそこに暮らす動物たちを消し去っていた。おかげでグラヴェット文化人の子孫は臨機応変な対応を余儀なくされ、再び創造性を求められるようになった。彼らはしばらくのあいだ、雑多な小型動物や植物などで糊口を凌いでいたが、あるときを境に余剰物による経済が劇的な展開を見せはじめる。草食動物を飼って手なずける者、植物を食用に育てる者、その両方をやりこなす者、それに他人の発見を取り入れる者も現れただろう。また、遠い過去に別の人類が熱帯林を焼き払ったのと同じように、森林がせまりくると、新種の草食動物が好む草地を人為的につくり出そうと樹木を切り倒すこともあっただろう。しかしさしあたって、それはまだ未来の話だった。氷期が世界を支配していたころ、次に起こる出来事など誰にも予想がつかなかったのだ。

第10章　ゲームの駒——農耕と自己家畜化

最終氷期最盛期の中東——文化の共存する地

前章では、現生人類の一部の集団が氷期を逃れて南ヨーロッパへと避難した経緯を見た。彼らは、寒冷・乾燥化によって森が開けた時代に、ユーラシアのツンドラステップで勢力を伸ばしたグラヴェット文化人の子孫だった。遺伝学からは、彼らが中央アジアから拡散したこと、またそれとは別に、三万年ほど前に中央アジアからカフカス、ザグロス、ヒンドゥークシュという巨大な山脈を越えて、中東を含む西アジアやインドに南下した集団がいたことがわかっている。[1] 中東に進出した集団は、それに先駆けてヨーロッパに足を踏み入れていた集団の子孫と遭遇することがあったかもしれないが、ネアンデルタール人に関してはとうにその場を去っていたため出会うことはなかっただろう。

三万年前から最終氷期最盛期にあたる約二万二〇〇〇年前まで、中東はさまざまな地域の集団が行き交う賑やかな場所だったようだ。しかし、考古学が示すイメージは決して鮮明なものではない。[2] たとえば、ヨーロッパでオーリニャック文化を築いた人々もこの時期に中東へやってきたようだが、彼らが何者でどんな姿をしていたのかは定かでない。また、この地を経由して最終的にオーストラリアに向かった人々の一部が根づいた可能性もあるが、これもよくわかっていない。

このように中東では同時期に複数の文化が共存していたが、このことは、最終氷期以前の中東に暮らした集団にも実にさまざまな起源があったという考えを補強するもののように思われる。とはいえ、ここでより重要なのは、ツンドラステップから山々を越えて中東に定着した集団があり、そのときにいくつかのアイデアや技術を持ち込んだ可能性があるということだ。

そうした可能性をもつ技術のひとつに細石器が挙げられる。氷期が押し寄せたころ、西アジアではグラヴェット文化期の石刃よりずっと小さく用途の広いフリント製の石器が普及しはじめた。これらの細石器は軽量で持ち運びができたため、砂漠や森林ステップや森林を移動する狩猟採集民には格好の道具となったことだろう。(3) 小型・軽量化技術のはじまりは三万九〇〇〇年前までさかのぼる可能性があり、(4) 実際、たいていの後期旧石器文化に見受けられるのだが、その小ささゆえにしばしば見落とされてきたようだ。(5) だがこうした技術は、長距離を持ち運ぶことができる武器や道具を好む傾向（もしくは新しい流行）を生むきっかけとなった。細石器はまた、ツンドラステップで見られるようになったリスク管理戦略の一端を担うものでもあった。

オハロ遺跡と野生の穀類

細石器などの中東で見られる技術やアイデアが、すべて中央アジアの集団から拝借したものなのか、それとも独自で生み出されたものなのかはわからないが、その行動パターンがツンドラステップの人々を思い起こさせるのは確かだ。

類似点は、イスラエルのガリラヤ湖畔で見つかった二万三〇〇〇年前のオハロ二号遺跡にもはっきりと表れている。[6] 遺跡からわかったのは、この集落に暮らした人々は、大小の枝でつくった住居にすみ、草の寝床で眠っていたということだった。[7] ツンドラステップではマンモスの骨が使われ、ここでは木の枝が使われていたが、それは現地で手に入る材料を利用していただけのことで、その行動は非常に似通っていたのである。

当時の中東には、地中海性の森林、森林ステップ、ステップ、砂漠といった環境がモザイク状に存在し、動物相もそれに合わせて変化した。ケナガマンモスやトナカイこそいなかったが、たとえば広々とした森林ステップには、ガゼルに代表される特有の草食動物群がいた（第3章参照）。また、山地と低地をつなぐ勾配のある土地では、現在のヨルダンにあるアズラック湿原のように、オアシス近くの砂漠に生息域が点在することもあった。[8] この多様な環境で人々が狩ることのできた動物は、ダマジカ、野生ロバ、ノヤギ、オーロックス、イノシシなどだったと考えられている。

植物相に目を向けると、モザイク状の環境のなかでもステップに暮らす人々が慣れ親しんだものに、第3章で見たようなC_4植物の系統が見つかる。それらの野生の穀類を収穫するとき、オハロでは植物繊維で編んだかごの中に棒を使って叩き落としていたようだ。このようにオハロの人々は、グラヴェット文化人と同じく、植物繊維を用いてかご以外にもさまざまな道具をつくることができたが、彼らの場合は野生の穀類を利用する機会にも恵まれていた――そしてある日、この二つは無敵の組み合わせとなるのである。

さしあたってオハロの人々は、はるか西のゴーラム洞窟にいたネアンデルタール人やソリュートレ文化人たちと、ほぼ同じような行動をとっていた。つまりガリラヤ湖畔でも、草食動物や小動物、鳥、爬虫類などを狩り、野生植物を収穫し、水辺をあさって魚を捕まえていたのである。さらに私たちは、グラヴェット文化期にはすでに観察できた新しい行動の兆しも見ることができる――住居の形態や半定住型の生活がそれであり、また、内陸部にいるはずのない貝殻が見つかっていることから、交易のネットワークが存在していたことがうかがえるのだ。

最終氷期最盛期の二万二〇〇〇年前、地中海の東西両岸には、地中海地方のネアンデルタール人を思い出させるような狩猟採集民たちがいた。しかし彼らには、それぞれネアンデルタール人とは違った独自の特徴があった。西の集団は洞窟にすみつき絵を描き、東の集団は小屋を建てた。西はシカの歯や貝殻からネックレスをつくり、東は交易のネットワークを発達させた。だが、それ以上に重要なのは、東の集団が西にはないあるものを利用していたことだった――彼らには野生の穀類があったのである。

再び北へ

二万二〇〇〇～一万四七〇〇年前の気候は不安定なものだったが、氷期の厳しさがやわらぐにつれて徐々に暖かさが戻ってきた。一万四七〇〇年前を過ぎると、およそ二〇〇〇年にわたって本格的な温暖化の時代が訪れたが、その後一万二八〇〇～一万一六〇〇年前（ヤンガードリアス期）になると、北半球の熱帯から離れた地域に突如厳しい寒さが舞い戻ることになる(9)。次に温暖化がピークを迎えるのは九〇〇〇年前のことで、それ以来地球が氷期に逆戻りすることはなかった。

人類は、一万二八〇〇年前までに南極大陸以外のすべての大陸に根を下ろすようになるが、どの大陸でもまだ狩猟採集民が支配的だった。とはいえ、地域によって、また同じ地域でも気候の移り変わりによって人々の生活様式は異なり、利用する動植物も違っていた。気候変動が顕著な土地、とくに熱帯から離れた地域では、そうした相異が最も大きかったようだ。

暖かくなると、ヨーロッパにいた集団は氷期の避難所から北へと広がり、南西部にいたソリュートレ文化人の子孫たちは北西部に定着した[10]。気温が上昇するにつれて氷床も後退したおかげで、以前は氷に閉ざされていた北部にはツンドラが広がっていった。これによって、北に向かった狩人たちは、しばらくのあいだ大型草食動物に困ることはなくなった。それを証明するかのように、人々が共同で狩りを行ったと考えられるヨーロッパ平原の遺跡のいくつかでは、主にトナカイとウマが大きな群れをなしていた痕跡が見つかっている[11]。

こうしてヨーロッパ北西部に定着した狩人たちは、グラヴェット文化から受け継いださまざまな伝統も身につけていた。具体的には、芸術が花開いた洞窟の中で暮らし続ける者がいた一方で、木や獣皮でつくった住居のある野営地に暮らす者もおり、小立像などのポータブル・アートも引き続き製作されていた。また大型動物に加えて、ホッキョクウサギなど小さな獲物が肉と毛皮を目当てに狩られ、交易網も発達した。最終氷期最盛期以前と以後の狩猟民に見られるこうした行動の類似性は、南方の避難地にいた人々が、グラヴェット文化期に確立された伝統を失わずにいたことを示している。

西ヨーロッパほどの確証はないものの、ユーラシア各地でも同様の変化が起こっていたようだ。たとえば中国南部にいた集団は、森林でゾウ、バク、シカ、イノシシなどを捕まえていたが、北の開けた環境では、獣皮や毛皮でつくった衣服に身を包んだ狩人たちが、ウマやシカを年間を通して捕獲していた。

さらに北を見ると、シベリアの高緯度北極帯（第6章参照）やベーリンジア（第9章参照）に再び定住する集団が現れる。彼らはトナカイや、まだ生き残っていたマンモスなどの、開けたツンドラに生きる動物たちを主に利用していたと考えられる。

アメリカ大陸のクローヴィス文化

同様の生活様式は、地域的な特色はあるにせよ、アメリカ大陸につくられた新しい居住地にも見ることができる。北アメリカでは、温暖化が進んだ一万三二〇〇年前ごろにクローヴィス文化が確立し、急速に広がっていった（第9章参照）。クローヴィス文化は、よくマンモスの狩りと関連づけられて語られるが、どれくらい依存していたのかは実のところよくわかっていないし、小動物の狩りや植物の採集も日常的に行われていた。ただし、芸術は彼らの生活様式にはなかったようだ[12]。

一方で、クローヴィス文化圏から南に向かった人々は、まもなくアマゾンの熱帯雨林に落ち着き、そこで洞窟壁画を残した。彼らはアマゾン川では魚を捕り、内陸地域では木の実や地下茎を採集するなど、熱帯雨林の多様な資源をうまく活用した。こうした集団には後々まで生活様式を変えなかったものもあり、たとえば、南アメリカの南端部にあるティエラ・デル・フエゴでは、狩猟民として生き続けてきた島民の姿が若きチャールズ・ダーウィンによって記録されている。

南アメリカの別の地域に目を向ければ、ペルーではもっぱら、高原地帯のプナと呼ばれる草原でビクーニャという動物が狩られていた。太平洋岸では、沿岸地域と丘陵地域を季節に応じて活用する戦略がとられていたようだ。漁は常に行われ、人々は海岸に沿って集落をいくつか築き、魚群の動きに合わせて移り住むようになったと考えられる[13]。

海岸を活用するという選択肢は、アメリカ大陸だけではなく、世界中のさまざまな地域で支持を集めたようだ。いったん必要な技能を身につけてしまえば、海という豊かな新世界を丸ごと手に入れることができたからだろう。海洋資源の活用はネアンデルタール人や早期現生人類たちも行っていたが（第7章参照）、約一万年前に氷期が終わると技術はますます高度になり、定住あるいは半定住の生活様式になじんだ集団は、沿岸生活を送ることによって増え続ける人口を支えるようになっていった。ペルーの例もそのひとつだし、東南アジアや日本、地中海地方でも同様の試みが行われていた。このように、定住という生活様式が根づきはじめたのは、魚をはじめとした海洋資源が豊かで見つけやすい場所だったと考えられる。その意味で、海洋資源が豊富な外海は、草食動物が豊富なツンドラステップに似ていた。そうした場所で私たちは半定住型の生活をはじめたのである。

ヤンガードリアス期の中東——定住型生活の崩壊

ここで再び中東周辺を見てみることにしよう。最終氷期最盛期以降の温暖化の傾向は、熱帯地方に次ぐ豊かな環境を中東にもたらすことになった。地中海性の森林、森林ステップ、湖、海岸が狭い範囲でモザイクをなし、季節によってはガゼルなどの動物や穀類などの植物が密集した。狩猟採集民は、こうした環境を有効に利用するべく定住するようになり、野生植物を採集するためのフリント製の鎌刃や、種子をすりつぶすための大きな石臼といった高度な技術も発達した。だがその一方で、開けたステップでは動物の群れを追う移動型の狩猟採集生活を続ける集団もあった。移動から定住にいたる道筋には目に見えるような革命的事件があったわけではなく、その状況は地域や時代によってさまざまに異なっていたようだ。なお、中東で定住を選んだ人々は**ナトゥーフ文化**人として知られるようになり、最も早期の農耕民と考えられている。

イラク北部のザグロス山脈のふもとに長期的な集落をかまえていた狩猟採集民たちは、約一万四七〇〇年前にはじまった温暖期が終わりを迎えるころには、豊かな食料に引き留められ次第に定住化するようになっていった。山麓と北メソポタミアの肥沃な平原が接するこの地域こそが、一万三〇〇〇年前に世界初の農耕集落が誕生した場所だった。それより西のシリア北西部のステップでは、先のナトゥーフ文化人がライ麦の栽培をはじめたと言われるが、ヤンガードリアス期に入り寒冷・乾燥化が進むと、その特殊な試みは放棄され、ライ麦は野生に戻った。

一万二八〇〇年前から一万一六〇〇年前まで続いたヤンガードリアス期のなかでも、冷たく乾いた八〇〇年間は、定住生活をはじめた中東周辺の多くの集団に大きな困難をもたらした。この時期に定住生活というシステムは崩壊し、人々は移動型の狩猟採集民に逆戻りした。こうなった理由のひとつに、定住の成功によって引き起こされた人口の急増がある。このころの定住生活はまだ、周囲の天然の産物に依存していた。そこにヤンガードリアス期による干ばつが重なったため、状況が悪化し、とどめの一撃が加えられることになったのだ。定住型の狩猟採集生活が持続できたのは、どうやらほんの短い期間だったようだ。

ヤンガードリアス期の到来は他の地域の集団にも衝撃を与えた。たとえば北ヨーロッパではツンドラが復活し、多くの居住地が放棄された。人々はトナカイの群れを追う完全な移動生活に戻ったが、以前と違ったのは彼らが弓矢を使用するようになっていたことだ。また、よい結果につながる変化もあった――北アメリカ大陸では、乾燥化によって森林が大草原に変わり、草食動物の大群を追う狩人たちに新たな機会を与えることになった。

温暖化と農耕のはじまり

一万一六〇〇年前にヤンガードリアス期が終わると、最後の温暖化の波が訪れ、その二〇〇〇年後には地球の気候はほぼ現在の状態となった。ヨーロッパでは、ツンドラが次第に森林に取って代わられ、一度は寒さで見捨てられた北の土地に再び人々が舞い戻った。しかしそこでは、植物が栽培されることも動物が家畜化されることもなかった――それに適した種が存在しなかったからだ。その場所で唯一できるのは、周囲で見つかるものを狩り、採集することだった。

北ヨーロッパはあふれんばかりの動植物の宝庫で、アカシカ、ノロジカ、イノシシ、オーロックスなどの大型哺乳類、水鳥や野鳥、野ウサギ、サケ、果実をつける植物が手に入ったし、沿岸にはさらに貝類を含む海洋資源があった。このような多様な生態系をもちながら、哺乳動物が大きな群れで移動することはなかったので、人々は森林に広く分散した動物を再び奇襲によって狩るようになった。つまりネアンデルタール人のやり方に逆戻りしたわけだが、それまでに蓄積された知識のおかげで、細石器、矢、網という新しい技術を身につけることができた。

一方中東でも、最後の温暖化の波によって、地中海性の森林が再び現れるようになっていた。そのおかげで中東に暮らす人々は、ガゼル、ダマジカ、イノシシ、岩場のアイベックスを中心としたさまざまな野生動物や、栽培することが可能な穀類などの植物を大量に手に入れることができた。また、この温暖化により生活は再び定住型となり、ナトゥーフ文化から受け継いでいた野生植物の収穫法も復活したと考えられている。

それから一〇〇〇年もたたないうちに、今度は作物を栽培する集団が現れ、たとえば、ヨルダン川流域の肥沃な沖積平野にできたイェリコのような初期農耕民の集落が、西南アジアに続々と出現することになった。ナトゥーフ文化人のあいだでもそうだったように、こうした初期の農耕民たちは集落周辺で狩りもしたし、開けたステップでは移動型の狩猟採集民が以前と変わらぬ生活を続けていた。

中東での農耕の先鞭をつけたヨルダン川流域だったが、八五〇〇年前以降に干ばつに襲われると農耕生活は破綻し、人々はまたもや狩猟採集生活に戻ってしまう。その後、農耕のバトンは現在のイラクに位置するチグリス川、ユーフラテス川流域に託され、七〇〇〇年前までには「肥沃な三日月地帯」一帯に農耕民の集落が次々と誕生することになる。ここでは順調に発展が続き、まもなく、私たちが「文明」と呼んでいる新しい形態の活動が生まれることになる。

インドの農耕文化

農耕がひとたび生活に取り入れられると、温暖な気候の後押しもあり、農耕社会はどんどん拡大していった。中東からさらに東に視点を移せば、九五〇〇年前までにインド北西部インダス川流域の平原で農耕がはじまったことがうかがえる。彼らの農耕技術は西から伝わったようで、ヤギ、大麦、小麦の利用、作物を育てるための森林の開拓、泥レンガづくりの住居のほか、磨石《すりいし》、穀物を刈りとるためのフリント製の鎌刃、木製の鉢、石製容器、かごなどがあったが、西方と同じように陶器はなかった。また、これも西方と同様、野生植物の収穫と並行して野生動物の狩りも続けられていた。おそらく、こうした狩猟民は農耕民とつながりをもち、交易をしていたものと思われる。

一方、インドの内陸部では、西方の農耕技術がすべて導入されたわけではなかったようだ。たとえば、モンスーンによって夏季があまりにも高温多湿となるため、大麦、小麦、ヤギは適さず、その土地に合うものだけが取り入れられたが、その代わりに新しい要素が付け加えられることもあった。こうしてインドでは混合的な農耕が発展するようになり、西方の農耕技術がキビのような地元産の植物に利用されると同時に、東方からは中国の稲作が取り入れられた。

農耕社会の拡散

南ヨーロッパでも状況は同じで、農耕技術は選択的に採用されることになった。この地に農耕民が足を踏み入れ、ほぼ無人だったギリシャを見つけたのは、インダス川流域で農耕がはじまったのとほぼ同じ時期のことだ。ギリシャに定住した集団は、おそらく種子、ヒツジ、ヤギを引き連れて海路をわたってきたのだろう。ここでも農耕民と狩猟採集民は隣り合わせで生活した――農民は土壌が肥沃な氾濫原を離れることなく、狩猟民は森林と海岸にとどまっていた。こうした状態は一〇〇〇年以上続いたと考えられるが、最終的には農耕社会の急速な人口増加に飲み込まれる形で、狩猟民は消滅、もしくは自らも農耕民となったと考えられる。

農耕民と狩猟民が互いにつながりをもち続けたのは、ヨーロッパ各地でも同じことだった。地中海地方の人々はその両方の側面をもっていたようで、農耕をする際は土地に合う技術を慎重に選び出し利用した。また多くの者が沿岸部の洞窟に暮らし、豊かな海洋資源を活用していたが、それはおそらく内陸部の密林の大部分が生活に適さなかったからだと考えられている。

七五〇〇年前までには地中海西岸まで人々が定着したが、そのころには農耕民も内陸部に広がり、中央ヨーロッパや西ヨーロッパの多くの地域にたどり着いていた。他方、ヨーロッパにおける狩猟採集生活は、極北地域では約二〇〇〇年前まで続いたものの、それ以外はすべて六〇〇〇年前までに姿を消すことになる。

世界のその他の地域では、ヤンガードリアス期終了後の温暖化とともに各地で農耕が独自に行われるようになったが、時期としては肥沃な三日月地帯に若干の遅れをとっていたようだ。中国の長江流域では九五〇〇年前に米が、メキシコでは一万年前にカボチャ、そしておそらくトウモロコシが収穫された。南を見れば、七〇〇〇年前にアンデス高地でビクーニャとグアナコが家畜化され、チチカカ湖畔ではジャガイモが栽培された。北アメリカ、オーストラリア、サハラ以南のアフリカのような場所では、近代的な工業化社会が進出するまで、狩猟採集の生活が続いていた。農耕にまったく適さない環境では、温暖化も彼らの生活を変えることはほとんどなかったのである。

何が定住化を促したのか？

ここまで見てきたのは、農耕というお決まりの枠組から見た「典型的な」文明社会の発展の様子だった。だがこれでは、農耕を過度に重視するあまり、定住化や人口の急増を引き起こした根本の原因がぼかされることにならないだろうか？　私はむしろ、その原因は三万年前のツンドラステップの狩猟民に見つけられると考えている。彼らは二つの画期的なイノベーションを生んだ——余剰物をつくり出し、それを管理する技術である。

ツンドラステップばかりでなく、熱帯地方の狩猟採集民であっても、おそらく草食動物の群れが移動してくる時期は余分な動物をしとめておくチャンスだと考えたに違いない。しかし彼らはそのチャンスをほとんど利用できなかった。というのも、たとえ多くの動物をしとめられたとしても、ハエやハイエナ、そして菌類などの死肉に群がる生物によって、たちまち被害を受けてしまうからだ。つまり、余剰物を管理するにはまず蓄える必要があり、それはツンドラステップに覆われたユーラシア平原でのみ可能なことだったのだ。こうしてグラヴェット文化人は永久凍土に余り物を保存することを覚えたが、その環境が氷期とともに消え去っても保存のノウハウだけは残り、後世に再利用することができるようになった。

農耕が過大評価されていることを示す例はほかにもある——農耕なしで定住あるいは半定住生活に落ち着いたナトゥーフ文化人やペルー沿岸の人々がそうだ。定住を後押ししたのは、前者では資源の多様性、後者では資源の量だった。これらの例を見れば、文明の要件を満たしている社会が、条件さえ整っていれば農耕の存在がなくても発生したかもしれないと考えるのが理に適っているのがわかるだろう。

もうひとつの例として、北アメリカの太平洋北西岸でサケ漁を中心に暮らしていた集団が挙げられる。およそ八〇〇〇年前ごろ、温暖化により海水面が上昇すると人々はいったん沿岸部から待避したが、やがて水位が安定すると再び戻ってくるようになった。川で産卵をするサケは一年のうちのある時期に群れをなして沿岸部に集まるので、周辺にはこれを活用した新しい経済が発展した。群れがやってくるのは短い期間であるため、すぐに消費できる量よりも多くのサケを捕まえることになる。これによって昔ながらの余剰物問題に突き当たることになるが、人々は余った魚を切り身にして台の上に乗せ、太陽と風の力で乾燥させるという新しい保存方法を考え出すことで、それを解決した。

こうして保存できるようになったサケは彼らの主食となり、そのほかの栄養はサケ以外の魚、アザラシ、陸生動物、果物や森の木の実で補われた。定住を促進させると考えられる二つの要素——多様性と量——があいまって、太平洋北西岸の狩猟採集民は願ってもない好機を得ることができたのだ。

このような社会ではまた、集団内での労働の分担が見られるようになった。余剰物と保存技術のおかげで、ある分野だけに注力する余裕をもった者、つまり専門家が生まれたからだ。これ以降、社会はさらに複雑さを増していく——階層ができ、他者から資源を守る必要が生まれ、新たな物資を確保するために取引や強奪が行われ、黒曜石など地元にない物品と自家製品との物々交換がなされるようになったのである。

たしかに、農耕によって生まれた状況もまた、こうした社会の出現にとって好ましいものかもしれないが、複雑な定住型社会の発展に農耕が必ずしも必要なかったことは、この北アメリカの例を見ても理解できることだろう。

狩猟民の都市——ギョベクリ・テペ

農耕技術をもたない複雑な社会は西アジアにもあった。トルコ南東部に位置するギョベクリ・テペは、世界最古の巨大建造物が存在したとされる非常に特殊な遺跡である。遺跡のすぐ南には、最も早く小麦栽培をはじめた地域のひとつであるシリアがあるが[14]、ギョベクリ・テペは農耕の出現以前の約一万一〇〇〇年前までさかのぼると考えられている。遺跡からはライオンやキツネなどの動物を彫刻した石柱が見つかり、なかには高さが五メートルになるものもあった。こうした意匠が何を意味するかはわかっていない。確かなのは、この建造物をつくった人々が、高さ七八〇メートルの丘の上に一連の象徴的モニュメントを建てたということだ[15]。しかも彼らは狩猟採集民だった。それを知った研究者のなかには、象徴化の能力（そして宗教）が農耕や牧畜をもたらしたのであって、その逆ではないと主張する者もいた。

ギョベクリ・テペは豊かな生態系をもっていたので、このあたりに点在していた村の狩猟採集民は、ガゼルやオーロックスやシカの大群、果実や木の実、年に一度訪れる渡り鳥の群れを利用することができた。そしてこれは、巨大建造物が生まれる前提条件である定住型社会の礎となったはずだ。この豊かな生態系を消費し尽くすことがなければ、あるいはまた、増え続ける人口を支える新たな方法を見つけたならば、太平洋北西岸のサケ漁の村がそうであったように、社会が複雑化する十分な理由となったことだろう。実際、その後まもなくこの地域で農耕が出現しているが、それは彼らが「新たな方法」を見つけたことを示している[16]。

誰が家畜になったのか？

野生植物の採集から栽培までには何千年という年月が必要で、決して一夜にしてすべてが変わったわけではなかった[17]。それはオハロ二号遺跡からもわかる。ガリラヤ湖畔にあるこの遺跡に暮らした人々が野生植物を収穫し、穀類を挽いて粉にしていたのは、今から二万三〇〇〇年前のことだと考えられているのだ[18]。オハロ二号遺跡は、氷期を生きた狩猟採集民とヤンガードリアス期以後の農耕民を直接つなげるもので、少なくともこの地では、採集から栽培への転換がゆっくりと行われたことを示している。

植物の栽培化と動物の家畜化の過程を見ていくうえで興味深い視点として、飼い馴らす人間と飼い馴らされる動植物を相補的な関係で捉えるものがある[19]。こうした視点から見ると、栽培・家畜化とは、過去と決別するような完全に新しいことではなく、人間の介入が採集・捕食から遺伝子工学へと徐々に強力になっていく過程の一部だということがわかる。栽培・家畜化は、お互いが利益を得る共生関係と多くの点で共通しているが、異なるのは人間の側が意図的にそれを行ったという点だ。栽培する植物や家畜にする動物を特質に応じて選ぶという人間の営為こそが、普通ならばもっと長い時間をかけて成熟する他の協調関係よりも、比較的速い変化をもたらしているのである。

ダーウィンの自然選択に基づく進化では、同種内で生存闘争が行われる。そして環境に最もよく適応し、生殖可能となるまで成熟して多数の子孫を残した個体が、自分の遺伝子を長く後世に伝えることができるという。これは無意識に行われる過程であり、また数に左右されるゲームでもある。もしあなたが生殖可能な年齢に達したならば、環境に適応して成功する子孫を数多く残すほど、より多くの環境資源がその子孫たちによって利用されることになるだろう。

栽培・家畜化された動植物から見れば、人間は重要な環境である。それら動植物は、その新しい環境から保護という恩恵を受け、野生種である祖先を打ち負かすことができた。こうした流れの中では、人間もまた、栽培・家畜化の過程に否応なく組み込まれることになる。よく知られているように、狩猟採集民と比較して、農耕民は一般的に低身長で、栄養状態が悪く、病気になりやすかった[20]。しかし、そんなことはお構いなしに農耕民の数は増え続け、いつのまにか狩猟採集民を圧倒してしまった。

農耕とネアンデルタール人

ネアンデルタール人はどうして農耕民にならなかったのだろうか？　この疑問は、有益な結果を伴わない興味本位なものに思えるかもしれないが、そうではない。それどころか、農耕がその時、その場所に生まれた理由を理解するのに役立つ、非常に有意義な問いかけである。

現生人類が優れていたと考える人であれば、この疑問に対しては、ネアンデルタール人がそれほど賢くなかったからと簡単に切り捨ててしまうかもしれない。だが、もし彼らの知能に問題がなかったとしたらどうだろう。気候は代わりの答えになるだろうか？――すべてを説明するわけではないが、どうやら部分的な解答なら得られそうである。

ネアンデルタール人が地球上にいた期間の大半、ユーラシアの気候は現在よりもかなり厳しく、不安定だったことがわかっている。そのため、ずっと後のヤンガードリアス期と同様、農耕に適した環境が訪れることは一度もなかったようだ。しかし、ネアンデルタール人は気候がもっと穏やかだった一三万～一〇万年前に中東に暮らしていた。なぜそのときに、作物を育てたり動物を飼ったりしなかったのだろうか？　当時の中東には早期現生人類も存在しており、彼らもまた農耕民ではなかったことを忘れてはいけない。そのころの人類はもっと数が少なく、利用できる資源にも余裕があったため、定住型の生活様式は見向きもされなかったのだと私は思う。結局、狩猟採集民の生き方を変えるよう背中を押すものは何もなかったし、いったん逃してしまうと、それからの一〇万年間に同じくらい温暖な時期は訪れなかったのである。

その後に現生人類に起きたことは、すでに見てきたとおりである。やがて人々は集落で生活することを覚え、そのおかげで移動生活を送っていたときよりも、環境資源を急激に消費するようになった。それにより生活が困難になると、移動生活に戻るか、それが嫌ならば定住を続けるために新しい手段を見つけるほかなかった。野生植物の種まきや野生動物の誘導などは、こうした状況で生まれた数多くの新しい手段のひとつだった。

新しく身につけた技術によって農耕社会は発展を続け、いつしか狩猟採集民を駆逐する力が備わるようになった。そして先ほど見たように、人々は動植物を栽培・家畜化していきながらも、いつしかそのサイクルに取り込まれ、自らも「家畜化」するようになっていった。ゲームのプレーヤーだと思っていたら、知らないあいだに自分も駒のひとつになっていたのだ。それでも一万年ほどはそれでうまくいっていた。だが、時が経つにつれて彼らの世界はだんだん小さくなっていくことになる。

エピローグ　最後に誰が残るのか？

頭の中の地図

今から数年前のこと、妻のジェラルディンと私は、イベリア半島各地の地図にも載ってないような道を歩き回り、鳥と植物の調査をすることに多くの時間を費やしていた。時にはほんの数分間の滞在ということもあったが、人里離れた場所にも足を運びメモをとった。そして、そうして訪れた地には二、三年後にもう一度出向き、観察を繰り返すことにしていた。

　味気ない番号でコンピュータに記録されている現場へ出発する前に、それがどんな場所だったのかを思い出すのは一苦労だった。データとしては残っているのだが、あまりにも多くの場所を見てきたためそれぞれの印象が混ざり合い、樹木や川や崖の姿がぼんやりとした塊のように思えてくるのだ。

　しかし、現場に行くとすべてが杞憂だということがわかった。我ながら感心したことに、数年前にほんの数分訪れただけの場所であっても、そこに近づくとたちまちイメージが鮮明によみがえってきたのだ。試しに次の角を曲がったら何があるのかを当ててみたが、その結果、私たちは自分の記憶力に驚かされることになった。樹木の位置や、渡るのが難しい場所、地質学的な特徴まで思い出すのも珍しいことではなかった。明らかにすべての情報が私たちの脳内に蓄えられており、現場に隠された手がかりさえ見つかれば、記憶が刺激され、よみがえってくるのだった。無意識のうちに頭の中に地図が作成されていたことを、私たちは、荒削りではあったものの自分自身を使って証明していたのである。

脳はどうやって発達したか——地図作成仮説と社会脳仮説

人類の脳はどうやって発達してきたのか——この疑問に対しては、これまでさまざまな主張がなされてきた。そのうちのひとつに、脳と知能は、変化に富んだ環境に暮らし、広大な領域を動き回る必要があるときに発達するというものがある。[1] そうした環境では、広い範囲に分散している餌場を見つけ何度も通うために、時間と空間の概念を備えた四次元の地図を頭の中にもたねばならず、それに応じて脳が発達するというのだ[2]（本書ではこれを**地図作成仮説**と呼ぶことにする）。

このほかに脳と知能が発達した理由として考えられているものに、社会的圧力がある。[3] 大規模な集団では、構成員がそれぞれの意思をもっており、互いに関係を築くなかで緊張やストレスが生み出される。そうした環境で起こりうる多様な状況に対処するために、大きな脳が必要だったというのだ。この考えを**社会脳仮説**（またはマキャベリ的知性仮説）と呼ぶが、それに従えば、さまざまな要素からなる社会集団で生きる必要性こそが、大きくて複雑な脳への進化を最も的確に説明していることになる。[4]

近年では、地図作成仮説よりも社会脳仮説のほうが優勢のようだが、二つのあいだにそれほど違いがあるのだろうか？　私にはそう思えない。どちらの場合も、予測不可能な環境（前者では地勢、後者では集団内の他者）に対処するための究極の方法だという点では変わらないからだ。

本書で繰り返し述べてきたように、地上に生きる者のなかで最も創造性を求められたのは、周縁部に暮らすイノベーターと呼ばれる存在だった。イノベーターにとって、生きるために必要な資源は中心部のようにまんべんなく広がっているものではなかった。したがって、どこが他に比べてよい環境なのかを判断したり、どこにそれが現れるのかを予測するのは非常に困難だったはずだ。つまり、イノベーターが置かれた環境は、中心部のコンサバティブと比べると空間的にも時間的にも不安定なものであり、それゆえ両者は異なる環境の捉え方をするようになった。

見つけられる資源が空間的・時間的にまばらになってくるほど、それを探し出すことのできる柔軟なシステムを身につけ、迅速に対応しようとする進化圧も大きくなった。そのような環境の下で、資源を間違いなく手に入れられるきっかけが得られるなら、イノベーターはどんな変化でもすぐに引き受けたことだろう。

予測がまったくつかない周縁部のような環境では、知能が高い動物のほうが有利にふるまうことができる。知能が高くなるほど、重要な資源を入手するために臨機応変に行動する可能性が高まるからだ。チンパンジー、イルカをはじめ、散在する食料源を求めて広い範囲を移動する動物たちが非常に知能が高いというのも、何ら驚くことではないのである。また知能の高さは、集団行動をすることによってさらに力を発揮したと思われる。食料を探すばかりでなく、自分自身が誰かの餌食になるのを避けるためには、自分の二つの目よりも多くの目をもっていたほうが常に有利になるからである[5]。

集団生活からは、利益ばかりでなく新しい圧力も生じていた。それは集団内の緊張関係で、しばしば構成員たちを衝突へと駆り立てるものだった。こうしたことが起きるのは、あらゆる構成員にとって、他者とは支援者（協力者、性的パートナー、子孫）か、脅威（競争相手、裏切り者）のどちらかであったからだろう。集団生活からの圧力は、地図を作成する能力をつくり出した圧力と似ていなくもないが、集団内の他者という新しい環境が加わった分、さらに張りつめたものになっていた。とはいえ、ゆっくりとした生活史〔生物が生まれ、成長し、繁殖し、死ぬまでの過程のこと〕と高度な地図作成能力をすでにもっていた動物たちにとっては、集団生活に移行して、より急速な変化に応じられるように発想を転換していくことは、それほど難しいことではなかっただろう。

未来は予測できない

これまで何度も見てきたように、地球に生きる生物は、不確実な未来を抱えながらも、過去の経験をもとに現在に精一杯取り組んできた。生き残るためにできることは、それしかなかったのだ。もちろん、環境が激変したことで、それまでとてもうまくやっていた生物が突如として時代遅れになることも往々にしてあった。だがその反対に、ある特定の目的のために進化したデザインが、まったく異なる場面で役に立つこともあった。

たとえば類人猿がそうだ。類人猿の柔軟な関節は木登りをするのに役立つものだったが、その関節のおかげで、猿に似た子孫たちは道具をつくり、畑を耕し、月にまで飛び立つことができた。二本の脚で樹冠を歩く能力は、手を自由に使って今にも折れそうな枝から果実をとることを可能にするものだったが、この能力があったからこそ人間は二本の足で走り、オリンピックまで開催するようになった。また、肉食を含む多様な食生活もその例に数えられる。これによって類人猿は周縁部でも生き残りやすくなり、その結果、祖先たちを何百万年も閉じ込め続けた熱帯という拘置所から初期人類が解き放たれることになった。

ずっと近年になれば、ツンドラステップに暮らした現生人類の例がある。彼らが発展させた文化的・技術的な財産は、氷期という劣悪な環境で生き延びるために必要とされたものだった。そうした武器を用い避難地で生き残った彼らは、やがて気候が回復すると態勢を立て直し、ユーラシア各地やアメリカ大陸に広がっていった。それまでに培った手法は、新しい環境で無意識のうちに功を奏した――農耕の誕生につながったのである。

一方で、時代が変わっても限られた場面でしか使われないデザインもあった。たとえば、初期のチンパンジーは、森林が分断されるようになると地面に降り立ち、ナックルウォークを用いて木々のあいだを移動できるようにしたが、結局は袋小路に行き当たり、サバンナや平原といった地上の世界を人間に明け渡すことになった。

長いあいだ重宝がられたデザインが、最終的には廃れてしまうこともあった。更新世中期のユーラシアに暮らしたホモ・ハイデルベルゲンシスは、大型草食動物を狩るほどの見事な体格をしていたが、大型の動物がいなくなりはじめると、戦略を変える必要にせまられた。その変更を受け継いだのがネアンデルタール人で、彼らはしばらくのあいだ生き延びることができたが、大型動物が消え去るとついには絶滅してしまった。ここには忘れてはならない教訓がある――大多数の、と言うよりも、おそらくすべてのデザインは、どれほど完璧に現状と適合していようとも、やがて十分に時間が過ぎれば、いつかは絶滅の恐怖に直面するものなのだ。

私たちの脳はなぜ小さいのか？

将来の成功がいつも意図しない形で現れることの例としては、中新世の熱帯雨林をうろついていた私たちの祖先である類人猿がもっていた地図作成能力が最もわかりやすいかもしれない。類人猿たちはその能力のおかげで、未知の森に迷い込んでいても、実のなる木を、実のなる季節に見つけることができた。こうした知能は他の多くの場面で役に立った。実のなる木を探すのがさらに難しい森林周縁部での暮らしを余儀なくされた類人猿であれば、なおさら重宝したことだろう。このような状況が続くあいだは、地図作成能力の中枢である脳がさらに働くようになる変化であればどんなものでも保持され、それに必要な遺伝情報は次世代の類人猿に受け継がれることになった。

しかし、脳の変化にも限界はあっただろう。その限界は次第にかさんでいく脳の生産コストによって定められたはずだ。だがその障害を乗り越えたとき、たとえば、エネルギー摂取量が増えたり、何らかの長期的な返済方法を使って生産コストに対処できたときには、持続可能な計画となった。[6] 動物の肉、脂肪、骨髄の摂取も、私たちの祖先の脳の発達を促進するのに必要な資金になったと考えられる。[7] ネアンデルタール人と私たちの共通の祖先が暮らしていた六〇万年前ごろまでには、地図作成能力を基礎にもち、社会的（マキャベリ的）知性に磨きをかけた人類を見ることができる。そうした人類が現れたのは、次々に生じる圧力とそれを解決する過程が、脳を少しずつ刺激し続けてきたからにほかならない。[8]

ネアンデルタール人と早期現生人類は、やがて別々の道を歩みはじめることになるが、異質ではあっても同程度の知能を獲得していった。しかも、この二つの人類の脳は私たちよりも大きかった。脳の成長するペースが速かったうえに、その期間も長かったからだ。とはいえ、ネアンデルタール人と早期現生人類の生活史自体は遅く、おそらく現生人類よりもゆっくりしていたと考えられる。[9] つまり、そこには高い知能を発展させるために必要な前提条件がすべて揃っていたのである。

しかし、ここで疑問にぶつかる――農耕をはじめとした数々のイノベーションをなしとげ、それによって他の人類と一線を画したのが私たちの祖先である現生人類なのであれば、なぜ彼らの脳は小さくなったのだろうか?[10] ひとつの理由として、当時は早死にする危険が高かったため、一刻も早く成熟して子孫を残す必要が生じ、それが生活史を速め、脳の発達を阻害したという説が考えられるかもしれない。同様の話が、ホモ・フロレシエンシスをはじめとする小型人類の低身長を説明するのに用いられてきたが、[11] 現生人類がそうした圧力にさらされていたという証拠はない。だとしたら、ほかに原因があるのだろうか? 興味をそそる可能性としては、脳が小型化して無駄が省かれたことにより、それだけコストが少なく効率的な動きができるようになったことが関係しているという説もある。それによって余ったエネルギーは、子どもを生むことに投資できたというのである。

身体か、それとも環境か?

脳の違いはたしかにあったものの、これだけで人類の運命が決まったわけではない。私たちが生き残り、他の多くの人類が消え去ってしまったのは、結局は数の問題だった。たとえば、農耕民が体格で勝る狩猟採集民を最終的に圧倒することになったのも、数にものを言わせてのことだった。

ジャレド・ダイアモンドは、いったん農耕という道を歩みはじめた人類に後戻りという選択肢はなかったと述べている[12]。たしかに、過去一万年の温暖な気候条件だけ見ればそのとおりだ。しかし、それは珍しく安定した時期のことであり、氷期に再び飲み込まれたのなら話は変わってくるだろう。農耕という片道切符が気候に大きく依存していたことは、肥沃な三日月地帯での栽培技術の発展という流れに、ヤンガードリアス期の冷たい一撃が歯止めをかけたことからもわかる。また、狩猟に適しているが農耕には不向きな環境では、狩猟民から農耕民への移り変わりが比較的長い時間を必要とすることもあり、その流れが決して逆らえないものではなかったことを示している。

農耕の誕生は世界の人口を著しく増加させた――これは、人類の生物学的・文化的な変化が環境による制約を打ち破ったときに見られる反応の一例である。制約が解かれたことはそれまでも何度もあったが、これほど重要な結果につながったことはついぞなかった。

繰り返しになるが、人類の歴史に見つかる人口の急激な増加や地理的な拡大の多くは、種の生物学的変化（のちに文化的変化）、あるいは環境における障害の消失と関係してきた。環境の変化による地理的拡大の例として私たちが最初に目にしたのは始新世の温暖期で、初期の霊長類が北極圏にまで広がった森林へと拡散した。この場合、森林拡大のきっかけをつくり、小さな霊長類を赤道付近のホームタウンから解き放ったのは気候変動だった。

またあるときには、生物学的変化と環境の変化が合わさることで初めて地理的拡大が生じた。ユーラシアの亜熱帯林に拡散した中新世の類人猿がその例だ。始新世と同様、温暖期によってユーラシア一帯には季節性の森林が広がっていたが、アフリカに閉じ込められていた類人猿は、二つの理由からそこへ到達することができなかった。ひとつはアフリカとユーラシアが海に隔てられ横断できなかったこと、もうひとつは季節性の森林で生活するのに適した身体——硬い木の実を噛み砕く歯——をもたなかったことだ。だが両方の問題が解決されるやいなや、類人猿は急速にユーラシア各地へ広がり、多様な種へと枝分かれしていった。

進化の長い道のりのあいだには、生物学的変化を経験することによって広範囲への地理的拡大が可能になった事例がいくつもあった。[13] 初期人類もそのひとつで、身体の構造が変わっていくにつれて生息範囲を広げると、生活の中心地であったエチオピアから熱帯アフリカ、そして南アフリカへと拡散していった。ユーラシア各地への拡散についても、そうした変化が原因だったのはほぼ間違いがないだろう。また、約一八〇万年前にホモ・エレクトスがアフリカのサバンナやユーラシア南部へ急速に広がったのも、私たちホモ属の出発点となった生物学的変化に起因している。

そのほかの目覚ましい拡散は、生物学的変化が理由と言うよりはむしろ技術や文化と関係していると考えられるが、技術の変化と環境の変化の境界を定めるのは意外に難しい。たとえば、北東アフリカの限られたサバンナに暮らしていた早期現生人類の場合がそうだ。北東アフリカの集団は、やがて北アフリカ一帯やその先のアラビア半島に急速に広がっていくが、それは乾燥期の到来によって、かつては森林だった広大な土地がサバンナや半乾燥のステップに変わったことと関係があるようだ。早期現生人類たちはアテール文化に属する原始的な飛び道具を携えていたが、それは気候による環境の変化との相乗効果を生み出し、拡散を速めることになった。

北東アフリカを出発した早期現生人類たちは、いったん新しい土地に足を踏み入れると、そこで急速に発展をとげた。こうした一種の「生態的解放」は、他の未踏地への進出においても特徴的に見られたものだろう。気候変動とともに広がったサバンナを追って、現生人類はアラビア半島からインドへ、そして東南アジアへと進んでいった。オーストラリアへとたどり着くと、その無人の大陸での拡散は電光石火の速さで行われた。

ユーラシアのツンドラステップへの現生人類による大規模な拡散もまた、こうした生息環境に局所的に適応してきた人々によるものだった。ツンドラステップにやってきた人々は、ひとたび生息域が広がると、北東アフリカのアテール文化人と同様に、自分好みの食料やすみかに適した場所を追った。ベーリング海という障壁が取り除かれた途端に起こった北アメリカへの進出は、先史時代では最も短期間に行われたものだった。信じられないような速さで南アメリカの南端にたどり着いたのは、新しい造船技術のおかげだったかもしれない。また別の集団は、最初のオーストラリア人がそうだったように、草食動物に恵まれた広大な平原やサバンナの未開地へと向かった。

果てしない発展という幻想

このように現生人類は世界各地に広がっていたが、人口密度がそれぞれの地域で支えられる程度に落ち着くと、急速な拡散も終わりを迎える。この拡散によって、各地で動物の乱獲が行われたという主張もあるが(14)、島のような閉じた空間以外では裏づけはほとんど見つかっていない。たとえ過剰な乱獲が事実だったとしても、それによって人口が爆発的に増えたということはないようだ。

九〇〇〇年前を過ぎて気候が安定すると、人類は、環境の変化よりも新しい技術の発明によって、自らの勢力範囲を広げるようになった。こうして新しい技術のおかげで繁栄が約束されることがわかると、世界をどこまでも発展させられるという幻想が生まれた。発展という人類の夢が、次第に悪夢と化していくのはこの時からだ。人類の果てのない欲望は地球に危機をもたらすものと私には思えるが、今日、この問題は先送りにされたままである。

私たちはどうしてこのような危険な状態に陥ってしまったのだろうか？　その答えは、人類が現在までたどってきた道を見てみればわかるかもしれない――私たちは進化に選ばれたスーパーヒーローというよりは、隙あらばどんな場所にでも侵入する病原菌のようにふるまってきたのだから。

人類の物語で重要だったのは、未来を手なずけることだった。だが、ここで思い出してほしい。私たちはたしかに成功した集団として今日まで残ってきたが、これまでの暮らしを見れば、豊かな環境を独占していた集団に常に周縁部に追いやられていたのではなかったか。私たちは、生き続けるために余り物を必死にあさるような貧しい祖先から生まれてきた。人類が進化の頂点にあると思っている人たちには不名誉に感じられるかもしれないが、それが歴史の厳然たる事実なのだ。予測できない筋書きをたどり、最終的に現在の私たちにつながった一歩一歩は、周縁部に暮らす多くのイノベーターたちによって刻まれた。その大半は途中で姿を消すことになるが、ひとつの集団は生き残って物語を伝えることができた――それが私たちなのである。

消え去ったイノベーターたち

私たち現生人類を形づくるのに貢献しながらも、姿を消していったイノベーターは数多くいる。生活の中心だった熱帯雨林や豊富な果実とのつながりを断たれたために、季節性の森林で葉や木の実を食べるようになった中新世の類人猿。そのような森林のはずれで実験的な生活をはじめたトゥーマイ、その親類。何層にも重なる林冠の周縁部へと思い切って足を踏み入れたラミダスやレイク・マンやその仲間たち。森林と草原が接する地帯にすみ、これまでにない形で肉食を行ったホモ・エレクトスと、ホモ・ハイデルベルゲンシスを含むその子孫。荒涼とした砂漠に対処することを覚えたヌビア人やアテール文化人。一筋縄ではいかない熱帯雨林の周縁部で何とか生き延びることのできたニアの人々。トバの噴火を生き延びた人々。そして、ユーラシアのツンドラステップに適応し、それを最大限に活用した中央アジアの人々……。

たしかに彼らはみな、自然選択によって排除されてきたかもしれない。だが勘違いをしてはいけない。彼らが消え去り、私たちがここにいるのは、彼らの運と回復力が少し足りなかっただけのことなのだ。イノベーターたちはとてつもなく厳しい世界に生きていた。もし、気候が今後どのように世界を変えていくかを知らずに彼らを見つめたならば、そこにはわずかな望みすら残っていないと思い込んでしまうほどだ。彼らは、必要なだけの水や食料、すみか、そしてパートナーをなんとかして探し出さなければならなかった。そうした厳しい状況下では、独創的な個体とその子孫たちが生き延びることがあっただろう。なぜなら、食料や水が手に入りにくいときでも、気候変動によりあらゆる状況が悪化したときでも、他の仲間をうまく出し抜くことができたはずだからだ。

究極の危機管理戦略

イノベーターが危機に対処する方法はさまざまだったが、最も単純なものに、二つ以上の環境が接している地域、もしくはモザイク状の生息地に暮らすことがあったようだ。森林という安全地帯を飛び出したイノベーターは、狭い範囲に数種の環境が混在する場所にとどまることで、ひとつの居住環境しか知らなかった場合よりも幅広い種類の食物を利用することができるようになった。この戦略は長続きしたようだ。たとえば、トゥーマイは森林近くの湖畔に暮らしていたし、地中海地方のネアンデルタール人は、崖、サバンナ、湖、海岸のはざまで暮らしていた。また、ネアンデルタール人や早期現生人類は、スフール、カフゼー、タブーンのモザイク状の生息地やサバンナで生活し、ニアの現生人類は熱帯雨林、川、サバンナの周辺で暮らした。それだけではない。オーストラリア、カラハリ砂漠、アメリカ大陸のような場所では、現代まで続く狩猟採集民の多くが同じ戦略を採用していた。

イノベーターの危機管理戦略はほかにもある。たとえば、まずは食べられる植物、その後に食べられる動物の種類が増えてくるといった食生活の多様化においてよく見られる傾向は、何かひとつに依存することを避けてリスクを減らすもうひとつの方法だった。考古学者たちは、進化の歴史のどの時点で人類の摂取する食物の幅が広くなりはじめたのかを探し求めてきた[15]。こうした変化は「ブロードスペクトラム革命」とも呼ばれるが、私に言わせれば、こうした考えは、人類史において革命と呼ばれてきた他のすべてのものと一緒に、くずかごに投げ入れてしまうべきだ[16]。というのも、もっと幅広く食物をとろうと決意した瞬間など、これまで一度も存在していないからだ。

幅の広い食生活は、私たちの生活様式に常に組み込まれていた。それが実現したのは、私たちが原因というよりは、むしろ食物の変化によるものだったのだ。現在と同様、入手できる食物は地域によって異なった。地中海沿岸のイベリア半島や中東で氷期のさなかに暮らしていた現生人類、それより早くに地中海地域を占拠していたネアンデルタール人、北アメリカのクローヴィス文化人、アマゾンの初期狩猟採集民、ペルー沿岸部の狩猟民・漁民——食料に関してはどれも似たような混合戦略を採用していたが、比べてみると地域や習慣によってそれぞれの独自性を見つけることができるだろう。二つ以上の環境が接した場所に暮らし、幅広い食生活を送るというのは単純な危機管理方法ではあったものの、非常に成功したため、その戦略は現在でも用いられている。

こうして、ひとつの食物だけに頼らず複数の食料源を確保する生活は世界各地で見られるようになったが、なかには、大量の収穫が見込める一種類の食物に特化した生活を送る集団もあった。手っ取り早く利益が得られるこの戦略には、その食物が尽きたときには生活の保障がなくなるという高いリスクが伴っていたが、いったん成功を収めると世界は永久に変わることになった。そのはじまりは、これまで言われてきた一万年前の肥沃な三日月地帯ではなく、三万年前のロシア平原である。

およそ三万年前に起きた現生人類によるユーラシアのツンドラステップの征服は人類史の大きな転換点となり、その子孫たちはユーラシア全土とアメリカ大陸を埋め尽くし、熱帯アフリカ、南アジアの一部、そしてオーストラリアを除くあらゆる地域に足跡を残した。これらの人々の才能は、その祖先であるグラヴェット文化人に代表されるように、それまでの人類に備わっていた多くの文化的・技術的・社会的能力をひとまとめにした生活様式を発展させたことだった。たくさんの要素を取り入れたこの生活様式は北半球に暮らす人類の特徴となり、やがてそこから農耕社会が出現することになる。このとき彼らが体験した生活の変化とは、奇跡のように起こる突然の生物学的変化とは無関係のものだった。彼らの生活が変わったのは、それまで以上に効率のよい危機管理戦略が必要とされた結果にすぎなかったのである。

進化と自己認識

ある機能のために進化した特質が、環境が変わると予期しない形で役立つ場合があることを、私たちは本書で何度も見てきた。また同様に、人類の脳が地図作成能力によって刺激を受け、もっと多くの機能をもつ器官へと発達していく様子も見てきた。そうやって脳が得た新しい機能のなかに、「自己認識」がある。これは私たちだけに特有のものではなく、同じような圧力を受け、同じように脳を発達させてきた生物に見られる特徴だ。たとえば、タコやコウイカには原始的な意識のようなものがあると考えられているし[17]、ゾウ[18]、バンドウイルカ[19]、類人猿[20]は、人間にひけをとらない自己認識能力があると言われている。

自己認識は、動物が時間と空間という視点を得て、仲間やそのほかの存在を意識していくうちに、自然に生まれてきたもののように思われる。この能力が、何らかの利益をもたらすためのものなのか、あるいは脳が発達する際に生じた副作用にすぎないのかはわからない。だがともかく、いったん獲得されると、私たち自身の複雑な情報伝達システムに組み込まれることになった。こうして私たちは、自らの行動と倫理感がどのような結果をもたらすかを自覚できる動物になったのである。

たしかに人類は自己認識によって理性を手にし、行動の結果を自覚することや、悪影響をもたらす原因を取り除くことができるようになった。だが同時に、その同じ能力によって、複雑な社会で抜きんでるためのマキャベリ的行動や権謀術数が意識的に行われるようにもなった。その結果、集団内の他者についての情報（もしくは誤情報）である噂話《ゴシップ》が毎日の暮らしの中心を占めるようになり、社会での地位を高めたり維持するために用いられていた情報発信《シグナリング》が生き残るための戦略となった。隣人たちに目を向けてみると、アクセサリーや芸術品が共通の価値となり、それをもつ者が自己の優位を示しているのがわかる。テレビをつけてみれば、リアリティー番組やワイドショー、そして政治的なメッセージが大量に流されているし、私たちの多くが実際には何の関係もないサッカーチームを応援するといった何とも不合理な行動をとったりもする。現代の私たちの姿を見れば、人類がどれだけ予期しない方向に進んできたかは一目瞭然であろう。

一万年という瞬間

本書ではまた、私たちの存在が偶然に負うところが大きいことも繰り返し述べてきた。六五〇〇万年前の小惑星の衝突、七万三五〇〇〇年前のトバの大噴火の例を挙げるまでもなく、私たちが今ここにいるのは、たんに適切な時に適切な場所にいたからであって、つまりは運がよかったからにすぎない。私たちはここにいる、だから私たちは成功した遺伝子の所産である——これは循環論法であり、そこに陥るのは簡単なことだが、しかし思い違いをするべきではない。

私たち現生人類の遺伝子は、今日地球上に存在している他のあらゆる種と同様、現時点で成功しているにすぎない。これまでも見てきたとおり、私たちが生き残ったのは、成功の可能性をもった遺伝子が幸運ももちあわせており、たまたま適切な条件に出会ったり、地球の変化の速度と足並みを揃えることができたからにすぎないのだ。一方で、成功の可能性をもち、実際に大きな繁栄を手にしたにもかかわらず、運が尽きて姿を消す者たちも少なくなかった——大多数の早期現生人類がそうだし、ネアンデルタール人がそうだった。

ネアンデルタール人は滅んだ。たしかにそれは事実に違いないが、そこだけを見て、私たち現生人類についても悲観的な未来を予言しようとは思わない。そもそも、これほどまでに人口が増えてしまった今となっては、地球規模の大災害でも起こらない限り、気候がいくら変わったところで人類が完全に滅びることはなさそうだ。

それでも、大勢の人が飢餓や洪水で亡くなっていくのはこれからも変わらないだろう。だが安全地帯にいる者たちは、気にかける素ぶりを見せながらも、結局は手を差し伸べることはない。これは人間の悲劇である。なぜなら、私たちを他の存在と分かつものがあるとすれば、それは自分の行動を認識し、望みさえすれば状況を変えられる能力であるのに、多くの場合それを望むことがないからだ。進化の長い道のりを歩みながら、ときに環境の変化に立ち向かい、ときに予測不可能な未来に対処する方法を模索してきたにもかかわらず、未来を変える術を手に入れた今、私たちは問題を先送りにし、わざと見えないふりをしている。どうしてこうなってしまったのだろうか？　その理由は、私たちの誰もが心の中に抱えている葛藤にあるのかもしれない。私たちは、自分と他人を天秤にかけ、自分がひとりで手にできる利益と集団の中で手に入れられるより高い利益とのはざまで引き裂かれているのだ。

農耕が出現してからおよそ一万年が経ち、そのあいだのさまざまな変化によって今日の社会が生まれたのは確かだが、一万年という時間は人類の進化の歴史においては、ほんのわずかな期間にすぎない。他の期間と比べてみるなら、私たちの祖先がチンパンジーの系統と枝分かれしてから今日までの〇・二パーセント、最初のホモ属であるホモ・エレクトスが出現してから今日までの〇・六パーセント、ネアンデルタール人と現生人類の系統が枝分かれしてから今日までの一・六七パーセント、ネアンデルタール人が地球上に存在していた全期間の二・五パーセント、私たち自身がホモ・サピエンスと自信を持って呼べるような容姿になってから今日までの五パーセントほどにしかならない。またこれは、現生人類がユーラシア大陸に広がるのにかかった期間より五〇〇〇年も短い。進化の歴史から見れば一瞬とも思えるこの一万年のうちに、私たちは道を踏み外し、祖先から受け継いださまざまな生物学的な遺産の価値さえも見失ってしまったのだ。

偶然の子どもたち

農耕出現以降の歴史がごく短いものであることを改めて考えてみれば、私たち現生人類の生物学的な構造が、それ以前にほぼ完全に出来上がっていたことは疑う余地もないだろう。もちろんその後も進化は続いているのだが、それは「自己家畜化」とでも言うべき方向に進んできたように思える[21]。

こうした状況を背景に近年高まりつつあるのが、過去一万年間になし遂げられた技術的・文化的偉業が、それまで歩んできた道から人類を逸脱させたという主張だ。数百万年かけてつくりあげられた生態と、わずか数千年間に発達した現代の生活様式のあいだで、ミスマッチが生じてきたというのだ[22]。

歴史を見れば明らかなように、ちょっとした揺らぎからはじまる環境の急変に対処できなかった集団は絶滅を余儀なくされた。ネアンデルタール人がその最たる例だ。そして今、文化や技術を通じて世界に混乱をもたらした張本人である私たち自身が、変化の速さについていくのが困難だと感じている。

忘れてはならないのは、私たちが今ここにいるのは、生き残りをかけて臨機応変にさまざまな行動をとった周縁部のイノベーターたちのおかげだということだ。その後の私たちは、技術の著しい進展のおかげで、遺伝子の力を借りるよりもずっと迅速に、気候をはじめとする環境の変化に対応できるようになった。私たちは、環境に手を加え、食物を改良し、自らの影響力を徐々に増大させ、ますますたくさんの子孫をもうけた。しばらくのあいだは、それでもうまくいった。世界はまだ広大で、人類の数は取るに足りないものだったからだ。

私たちは成功に酔いしれた。資源が尽きることはないし、何もかもが永遠に続くだろう――そう考え、前進し続けた。しかし人類の進化の歴史においては、繁栄の一万年という期間はあまりに短い。現代に近づき人口が増えるにしたがい、この新しい生活様式が短い時間尺度でのみもちこたえるもので、いつかは崩れ去ることに私たちは気づきつつある。過去を振り返れば、永遠に続くかと思われた文明が音を立てて崩壊していく場面をいくらでも見つけられるが、そのうちのどんな事態でさえも、私たちの目前にせまっている危機には比べられはしないだろう。

では、すべてが崩壊するときに生き残るのは何者なのか？　歴史が示すように、それは安全地帯に住んでいる者たちではなさそうだ。電気、自動車、インターネットの奴隷となり、テクノロジーという支えがなければ数日間しかもちこたえられない、自己家畜化した私たちではないのである。希望があるのは「偶然」に選ばれた子どもたちだ。次の食事がいつどこで手に入るかもわからず、わずかな食べ物を奪い合う日々を過ごしているに違いない貧しい人々が、生き残りに最も力を発揮する集団になることだろう。経済が破綻し、社会が崩壊するような、すさまじい混乱が起こるとき、勝ち残るのはまたしてもイノベーターなのだ。その混乱を引き起こしたコンサバティブたちは、皮肉にも、自らの転落を自らの手で歴史に刻み込むことになるだろう。そして進化は、いまだ知られていない方向へ新たな一歩を踏み出すのである。

謝辞

本書の執筆にまつわる発見の旅は、多くの人に支えられてきた。すべてのはじまりは一九八九年、ジブラルタルの遺跡に関心を寄せていたクリス・ストリンガーとアンディ・カラントに出会ったことだった。当時の私はすでに生物学の研究者としてキャリアを開始しており、人生の大半を鳥とその生態の調査に費やしていた（今でもそれは続いている）。だから、私の見解は生態学、考古学、人類学の産物であり、本書ではそれをできるだけ忠実に紹介したつもりである。

この発見の旅のパートナーである妻のジェラルディンとは、たくさんの議論を重ねてきた。私があまり道に迷うことなく、地道にやってこられたとすれば、それは彼女のおかげである。息子のスチュアートは、私が駆け出しのころには父がそうであったように、現地調査の協力者として欠かせない存在になってくれた。

原稿の一部もしくは全体に対して意見を述べてくれた友人たちもいる。ダレン・ファ、ペペ・キャリオン、マルシア・ポンセ・デ・レオン、クリストフ・ツォリコファー、彼らのおかげで本書の完成度は一段と高いものとなった。考古学という分野に足を踏み入れることで得られた一番の喜びは、素晴らしい仕事仲間たちとの友情である。前述の面々に次の顔ぶれをつけ加えられることを私は誇りに思う——キンバリー・ブラウン、パコ・ヒレス・パチェコ、ホアキン・ロドリゲス・ヴィダル、ラリー・ソーチャック、マリオ・モスケラ、エスペランサ・マータ・アルモンテ、パキ・ピナテル・ヴェラ、ホセ・マリア・グティエレス・ロペス、アントニオ・サンティアゴ・ペレス。

末筆ながら、本書のもとになったアイデアを支持し、形にする手助けをしてくれた、オックスフォード大学出版局のラサ・メノン編集主任には、心より感謝の気持ちを申し上げる。

ここに挙げたすべての方々に、この本をささげたい。

解説

近藤　修

　本書は、我々「ヒト」の進化の道筋を、類人猿から現代人にいたるまで、およそ一〇〇〇万年にわたり解説したものである。著者のフィンレイソン博士は、ネアンデルタール人の専門家であり、とくに最後まで生き残ったイベリア半島南西端のジブラルタルで、先史学調査を主催してきたことから、「ネアンデルタールの絶滅」と「現代人の拡散・繁栄」について、多くの研究報告を積み重ね、主として「気候変動」とそれに伴う「生態学的環境の変化」の観点から、この人類史上の一大イベントを説明しようとしている。すでに読了した読者はどのような感想を持ったであろうか。あるいは、まずはこの解説から読み始めた、ややへそ曲がりの方は、どのようなことを期待して読み始めるのだろうか。

「ヒト」の進化というのは、我々自身のことでもある。「進化」というほど大上段に構えなくとも、ちょっとした自分自身のルーツを探るのは、若干の知的好奇心もくすぐり、暇つぶしにはもってこいである。自分を起点に過去にさかのぼっていくと、父さん＋母さん、祖父さん＋祖母さん、ひい祖父さん＋ひい祖母さんくらいまでは、比較的簡単にたどることができるだろう。それよりさらに過去のことになると、家系図などが頼りとなる。このあたりまでは「我が家の歴史」などとして語り継がれていたり、代々それぞれ個別のイベントとともに個性あふれる歴史が展開する。さらにさかのぼると、そこにつながる個々人の数は二のべき乗ずつ増加していき、個別の事情というよりは、より広い「集団」史としての意味を帯びてくる。「氏族」のルーツ、「日本人」の起源、「モンゴロイド」の誕生、そして生物種の単位「ホモ・サピエンス」の起源、進化、拡散へとつながっていくことになる。

こう考えていくと、本書で扱っているようないわゆる「進化」とよばれる現象と、我々が毎日あくせく生活している「現代」は、じつはつながっているのだと、はたと気づく。本当だろうか？　カフェで語らう人々、電車やバスに乗り込み、あるいは飛行機で世界中を飛び交う「ホモ・サピエンス」があふれるこの現代社会と、本書で扱うような人類進化の世界が、じつは連続している。タイムスケールが異なるだけである。生物の進化が事実である限りは、この突拍子もない考えが真実なのだ。

読者の大多数である「日本人」が生きているこの高度に文明化した現代社会も、過去にさかのぼってみると、「産業革命」があり、「国家」の誕生、成立といった歴史時代の過程があり、「農耕・牧畜」の導入といった生業の転換があり、その先には「狩猟採集時代」が横たわっている。「農耕・牧畜」の開始は約一万年前。これに比べ「狩猟採集時代」はとても長い。ヒトと類人猿の共通祖先がおよそ五〇〇万年前に棲息していたとして、彼らの生業は広い意味での「採集」に当たるであろうから、狩猟採集時代はおよそヒトの進化の全ての期間にわたる。そのタイムスケールの違いは明確である。さらに言えば、「国家」の誕生、成立は一〇〇〇～二〇〇〇年のオーダーであり、「産業革命」は一〇〇年のオーダーである。

人類進化のタイムスケールで振り返る場合には、「ヒト」も他の動物たちと同様な進化の仕組みの中に取り込まれていたはずである。我々「ホモ・サピエンス」はいったいなぜ、そしていつから文明社会を生み出すような存在に逸脱していったのだろうか。よく言われるように、いわゆる農耕・牧畜「革命」が、キーとなるイベントだったのだろうか。それともこれよりずっと先行して起こった「脳の大型化」が画期であったのだろうか。

この問いに対して「これだ」というような唯一無二の解答は存在しないと思うのだが、本書を読了した方は、それなりの答えを見出したかもしれない。それをあえて言えば、著者のフィンレイソン博士が何度も主張するように、「偶然」の重なりなのかもしれない。「たまたま」うまくいった者が生き残り、そうでなかった者は個体数を減らし絶滅へ向かうという進化の考え方は、ダーウィンの考えた「適者生存」と、木村資生の「分子進化の中立説」を統合する現代的な進化の考え方とうまくフィットする。はたして読者はこのような考え方に納得できるだろうか？　ご存知のように、偶然の起こる確率は0と1の間の値をとるので、「たまたま」な事象が重なれば重なるほど、その確率はゼロに限りなく近づく。そんな限りなくありそうもないことの結果として、我々の現代社会はあるのだ。

人類進化の過程は決して直線的ではなく、複数のヒト集団が生まれては消えていった。かつては、チンパンジーのような姿の動物が、猿人、原人、旧人、新人と直線的に進化してきたという単純な考えがステレオタイプとして広まっていたが、これは学問レベルではすでに完全に否定されている。ネアンデルタール人がその代表格なのであるが、古くはアウストラロピテクス段階からホモ・サピエンスの誕生以降にいたるまで、複数のヒト集団が地球上に共存したことは明らかとなっており、それぞれのグループはそれぞれの地域環境に適応して生きていたわけである。

フィンレイソン博士は、これら複数のヒト集団の中で我々ホモ・サピエンスのみが生き残った理由を「能力と運のおかげ」と説明している。「運」というのは、適切な時に適切な場所にいたのが「たまたま」我々の祖先であった、ということらしい。たしかに我々の祖先である現生人類は、与えられた環境にうまく対処してきた。一方でネアンデルタール人もそれなりにうまくやったにもかかわらず、滅んでしまった。これを「不適切な時に不適切な場所にいた」せいだと説明する。博士によるとこれもまた、偶然の産物なのだ。「私たちが適切な時に適切な場所にいることができたのは、ただ運がよかったからにすぎない。この考えに私はいつもはっとさせられ、自分の身の丈を思い知らされるのである（本文「はじめに」より）」。

もう一方の「能力」に関しては、気候変動などによる新たな環境、多くの場合はより厳しい環境へ対応する方策を見つけ出す、開発する（イノベーションする）能力をもった個人として「イノベーター」がいたと考えている。では、我々の先祖はイノベーションする能力が高く、ネアンデルタール人はその能力が低かったのか？　どうやらそうではないらしい。博士の考えではここでも偶然が状況を支配していたようだ。我々の祖先である現生人類も、同時代を生きたネアンデルタール人も地域環境の変化にあわせて、それぞれにイノベーションを起こしたようだ。イベリア半島の端に追いやられたネアンデルタール人が三万年以降まで生き延びられたのは、その地でとれる海産資源を食べたからである。一方で中央アジアに進出した現生人類は、ツンドラステップという寒冷・乾燥した大平原への適応を可能にした。それぞれの土地で、それぞれの環境にあった適応を果たしたという点で、両者の間には能力に差はなかったのだが、その後の気候変動（やなんらかの環境変化）がたまたま後者に有利に働いた、と考えるのである。

ここまで「運」や「偶然」に支配された結果が、我々人類の進化の本質なのであろうか？　まさに「神のみぞ知る」という境地に陥ってしまいそうになる。私のように都合のいいときにしか神頼みをしないふとどき者には、なにかつらい仕打ちが待っていそうで空恐ろしくなる。

さて、フィンレイソン博士はこうした人類進化の「偶然性」に気づき、自身の存在の限りなく小さな必然性を感じているのであろうか、本書の中で随所に謙虚な姿勢が見て取れる。また、一見受け入れられやすい、単純化された説明に違和感をもち、さまざまな人類進化のシナリオを確たる証拠もなく受け入れることに警鐘を鳴らしてもいる。研究結果の安直な解釈や単純化した説明に懐疑心をもって接するのは、研究者としては当然の態度であると思うのだが、自分の発見したものや、自身の研究結果や解釈にはどうしても甘くなるのもまた人間の性である。さらに研究者というものは、自身が属している分野に新たな情報や知識を提供することによろこびを感じるものである。したがって、常に何か新しいものを見出すことにその行動基準は設定されがちである。本書で描かれている人類学（中心となっているのは人類の進化を扱う古人類学とよばれる分野である）においても、その傾向はある程度避けられないわけで、新しい人類化石が発見されるたびに新たな分類学上の種名・属名が与えられ、それが、「ネイチャー」、「サイエンス」などの一流学術誌から新聞等へ報道される。実際にはこうした新発見は、その後のさまざまな検証期間を経てコンセンサスを得ていくものである。新発見のみならず、自身の研究成果がいかにすばらしいか、新知見を含んでいるかを強調するあまり、新たな仮説を創造してしまうことも、よくないこととわかりつつしばしば遭遇するところである（実際、研究意義を強調しないと論文としてアクセプトされないということも影響していると予想する）。こんな研究者のある種の葛藤も、感じていただけたら幸いである。

本書はまた、註として非常に詳細な専門分野の文献がリストされている。研究者としては非常にうれしいものである。文献の引用のされ方とその注釈にも、博士の姿勢と考え方が見て取れて好感がもてる。読者の方もそのあたりを読み取っていただけるとよいと思う。

最後に一点、原著の出版以降につけ加えられた新たな研究成果について述べておく。

本書では、ネアンデルタール人と現生人類の間の交配可能性については、ほとんどないということが述べられている。これは主としてミトコンドリアＤＮＡの配列の比較結果によるものであった。すなわち、現在生きている我々ヒトの遺伝子プールには、ネアンデルタール人との混血の跡（ネアンデルタール人を経由した遺伝子配列）は見られないので、混血があったとしてもごくわずかで、その遺伝的記録は途絶えてしまったと紹介されている。

この考えは、二〇一〇年五月にネアンデルタール人の全ゲノム配列が公表されて以降、大きく変更されつつある。

ドイツのマックス・プランク人類進化研究所を中心とした国際チームは、クロアチアのヴィンディヤ洞窟で発見された、三万八〇〇〇年以上前のネアンデルタール人三体分の人骨から得られたゲノム配列の約六〇%を解読し、フランス人、中国人、パプアニューギニア人、アフリカ人（南部人、西部人）の五人の現代人のゲノムと比較した。その結果、ネアンデルタール人はサハラ砂漠以南の現代アフリカ人よりも、非アフリカ人とより多くの遺伝的変異を共有していることが判明した。ネアンデルタール人と現生人類の共通祖先はおよそ六〇万年程度までさかのぼると考えられ、その時期は、少なくとも現生人類のなかでサハラ砂漠以南のアフリカ人とユーラシア大陸へ拡散していった非アフリカ人との分岐（現生人類の出アフリカ）よりも確実に古いと考えられる。したがって、ネアンデルタール人と現生人類の間で遺伝子交換がなかったとすると、現代アフリカ人と非アフリカ人の間で見られた差は説明できない。すなわち、この結果は出アフリカを成し遂げた現生人類が、中東などの地域でネアンデルタール人と交雑したと考える証拠となる。研究チームは非アフリカ現代人のゲノムの一〜四%がネアンデルタール人に由来すると推測している。

過去の人類集団間での交雑の可能性は、ネアンデルタール人以外にも指摘されている。デニソワ人と我々が呼んでいる化石人類である。

二〇〇八年にシベリア南部のデニソワ洞窟で発見された人骨のミトコンドリアDNA配列が二〇一〇年三月に発表され、この人骨がホモ・サピエンスともネアンデルタール人とも違う可能性が示唆された。人骨の出土した地層は五万年から三万年前とされているので、デニソワ人も現生人類と共存していた人類の仲間に加わることになった。さらに、同年一二月には、このデニソワ人の核ゲノム配列の解析結果が公表された。ミトコンドリアDNAの結果では、デニソワ人は約一〇四万年前にネアンデルタール人と現代人の共通祖先から分岐したと推定されていたが、核ＤＮＡの結果では、約八〇万四〇〇〇年前にデニソワ人とネアンデルタール人の共通祖先が現生人類と分岐し、その後にネアンデルタール人とデニソワ人が約六四万年前に分岐したと報告された。この研究でも、現生人類との交雑を確認するために、現代アフリカ人、中国人、オーストラリア北東の島々に住むメラネシア人、フランス人と比較された。その結果、メラネシア人のゲノムの四~六％がデニソワ人固有のものと一致することが判明し、彼らの祖先集団とデニソワ人の間に交雑があった可能性が示された。メラネシア人は現生人類の出アフリカ直後にオーストラリアにまで進出した人々の子孫で、海岸ルートを通って東南アジアに進出したと考えられている。彼らとの交雑の可能性は、デニソワ人がその時代、後期更新世のアジアに広く存在した可能性を示している。

ネアンデルタール人やデニソワ人が、我々ホモ・サピエンスと同種か異種かという問題は、ここではそれほど重要ではない。本書で「現生人類」と呼んでいる、ホモ・サピエンス誕生後に出アフリカを果たし、ユーラシア、南北アメリカ大陸へ拡散していった人類集団と、それ以前に分岐してユーラシア大陸の各地で生きながらえた別の人類集団が、従来考えられたよりもより頻繁に交雑した可能性があるということが重要である。

二つの人類集団が交雑した可能性があるということは、それらの集団が同じ環境を、あるいは同じ環境変化を共有したことを示す。現生人類とこの別の人類集団は、同じ環境の中で、どのような適応をしたのだろうか。あるいはイノベーションをしたのだろうか。同じ適応だったのか、それとも違うのか。違う場合、それは能力の差ではないのか、あるいはそれもそれまで培った（あるいは蓄積した）進化の歴史（すなわち偶然）の違いなのか。新たな疑問が生まれてくるわけであるが、解答はさらなる状況証拠の発見とその解釈を待っていただく必要がありそうである。

今後人類は進化するのですか？　するとしたらどのような方向に進化するのですか？——こんな質問をよく耳にする。個人的には進化には遺伝的な孤立が重要と考えているので、現代社会のようなヒトの移動の激しい状況では人類の滅亡はありえても進化は起こらない、と考えている。言い換えると、遺伝的な孤立が生じれば進化はありえる。最もありえそうな状況は宇宙への進出だろうか。フィンレイソン博士はどう考えているのだろう。本書でも簡単に触れられているが、ぜひ直接訊いてみたいものである。

（東京大学大学院理学系研究科生物科学専攻准教授）

Home to the Pleistocene, (Washington : Island Press, 1998) ; C. M. Pond, *The Fats of Life* (Cambridge : Cambridge University Press, 1998) ; F. W. Booth, M. V. Chakravarty and E. E. Spangenburg, 'Exercise and Gene Expression : Physiological Regulation of the Human Genome through Physical Activity', *J. Physiol* 543(2002) : 399–411 ; L. Cordain et al., 'Origins and Evolution of the Western Diet : Health Implications for the 21st Century', *Am. J. Clin. Nutr.* 81 (2005) : 341–54 ; P. Gluckman and M. Hanson, *MisMatch. Why Our World No Longer Fits Our Bodies* (Oxford : Oxford University Press, 2006).

13　おそらく人口も増加したはずだが、散在する化石から人口を推定するのは不可能に近い。

14　P. S. Martin and R. G. Klein, *Quaternary Extinctions: A Prehistoric Revolution* (Tucson: University of Arizona Press, 1984).

15　M. C. Stiner et al., 'Paleolithic Population Growth Pulses Evidenced by Small Animal Exploitation', *Science* 283 (1999): 190–4; M. C. Stiner, N. D. Munro, and T. A. Surovell, 'The Tortoise and the Hare: Small-Game Use, the Broad Spectrum Revolution, and Paleolithic Demography', *Curr. Anthropol.* 41 (2000): 39–74.

16　C. Finlayson, *Neanderthals and Modern Humans: An Ecological and Evolutionary Perspective* (Cambridge: Cambridge University Press, 2004).

17　Mather, 'Cephalopod Consciousness'.

18　J. M. Plotnik, F. B. de Waal, and D. Reiss, 'Self-Recognition in an Asian Elephant', *Proc. Natl. Acad. Sci. USA* 103 (2006): 17053–7.

19　D. Reiss and L. Marino, 'Mirror Self-Recognition in the Bottlenose Dolphin: A Case of Cognitive Convergence', *Proc. Natl. Acad. Sci. USA* 98 (2001): 5937–42.

20　G. G. Gallup, Jr., 'Chimpanzees: Self-Recognition', *Science* 167 (1970): 86–7; S. D. Suarez and G. G. Gallup, Jr., 'Self-Recognition in Chimpanzees and Orangutans, But Not Gorillas', *J. Hum. Evol.* 10 (1981): 175–88; D. J. Povinelli et al., 'Self-Recognition in Chimpanzees (Pan troglodytes): Distribution, Ontogeny, and Patterns of Emergence', *J. Comp. Psychol.* 107 (1993): 34772; V. Walraven, L. van Elsacker, and R. Verheyen, 'Reactions of a Group of Pygmy Chimpanzees (Pan paniscus) to Their Mirror-images: Evidence of Self-Recognition', *Primates* 36 (1995): 145–50; D. J. Povinelli et al., 'Chimpanzees Recognize Themselves in Mirrors', *Anim. Behav.* 53 (1997): 1083–8.

21　H. M. Leach, 'Human Domestication Reconsidered', *Curr. Anthropol.* 44 (2003): 349–68.

22　J. Tooby and L. Cosmides, 'The Past Explains the Present. Emotional Adaptations and the Structure of Ancestral Environments', *Ethol. Sociobiol.* 11 (1990): 375–424; S. B. Eaton, S. B. Eaton III, and M. J. Konner, 'Paleolithic Nutrition Revisited: A Twelve-Year Retrospective on Its Nature and Implications', *Eur. J. Clinic. Nutr.* 51 (1997): 207–16; P. Shepard, Coming

っくりした生活史を送り、他方がそれより速い生活史を送っていたとすれば、知能に差が出てくる可能性がある。そう考えると生活史とはフィルターのようなもので、ゆっくりした生活史をたどる種だけが、知能を発達させる本当のチャンスを与えられていると言える。地図作成仮説や社会脳仮説が意味をもつのは、そのフィルターを通過した後のことである。C. P. van Schaik and R. O. Deaner, 'Life History and Cognitive Evolution in Primates', in de Waal and Tyack (eds), *Animal Social Complexity*, 5-25.

5　散在する食料を確保するうえでの集団行動の利点には、食料が見つけやすくなること、獲物の捕獲率が上がること、より大型の獲物を捕獲できるようになること、食料をめぐる競争で他者より有利になることなどが挙げられる。捕食者を避けるうえでの利点には、見つかりにくくなること、捕食動物を見つけ、ひるませ、混乱させるのが容易になること、相対的に捕食動物の力が弱まり、餌食になりづらくなることなどが含まれる。B. C. R. Bertram, 'Living in Groups : Predators and Prey', in J. R. Krebs and N. B. Davies (eds), *Behavioural Ecology : An Evolutionary Approach* (Oxford : Blackwell, 1978), 64-96.

6　L. C. Aiello and P. W. Wheeler, 'The Expensive-Tissue Hypothesis', *Curr. Anthropol* 36(1995) : 199-221.

7　C. B. Stanford and H. T. Bunn (eds), *Meat-Eating and Human Evolution* (New York : Oxford University Press, 2001).

8　生態系の変化によって森林から追いやられ、森林性サバンナやステップへと進出したホモ・エレクトスとホモ・ハイデルベルゲンシスは、肉、脂肪、骨髄などを摂取することで大きな脳を発達させた。

9　M. Ponce de Leon et al., 'Neanderthal Brain Size at Birth Provides Insights into the Evolution of Human Life History', *Proc. Natl. Acad. Sci. USA* 105(2008) : 13764-8.

10　のちの年代の人類はもっと小柄で、それに対応するようにネアンデルタール人や初期人類よりも小さな脳をもっていた。C. B. Ruff, E. Trinkaus, and T. W. Holliday, 'Body Mass and Encephalization in Pleistocene Homo', *Nature* 387(1997) : 173-6.

11　A. B. Migliano, L. Vinicius, and M. M. Lahr, 'Life History Trade-offs Explain the Evolution of Human Pygmies', *Proc. Natl. Acad. Sci. USA* 104 (2007) : 20216-19.

12　Diamond, *Guns, Germs and Steel.*

Animals', *Evol. Anthropol.* 15(2006) : 105-17.

20 J. Diamond, 'Evolution, Consequences and Future of Plant and Animal Domestication', *Nature* 418(2002) : 700-7.

■エピローグ　最後に誰が残るのか？

1 T. H. Clutton-Brock and P. Harvey, 'Primates, Brains, and Ecology', *J. Zool.* 190(1980) : 309-23 ; P. H. Harvey, T. H. Clutton-Brock, and G. M. Mace, 'Brain Size and Ecology in Small Mammals and Primates', *Proc. Natl. Acad. Sci. USA* 77(1980) : 4387-9.

2 一方、ひとつの環境に均等に分布している木の葉などの食物に依存する動物は、餌場がどこにあるかという情報を保存する必要性がない。

特定の場所に散在する食料のために、広い行動範囲をもち、発達した知能をもつ動物の例には、チンパンジー、イルカ、クジラ、ハイエナ、ゾウ、オウム、カラス、イカ、コウイカ、タコなどが挙げられるだろう。A. A. S. Weir, J. Chappell, and A. Kacelnik, 'Shaping of Hooks in New Caledonian Crows', *Science* 297(2002) : 981 ; F. B. M. de Waal and P. L. Tyack (eds), *Animal Social Complexity : Intelligence, Culture, and Individualized Societies* (Cambridge, MA : Harvard University Press, 2003) ; N. J. Emery et al, 'The Mentality of Crows : Convergent Evolution of Intelligence in Corvids and Apes', *Science* 306(2004) : 1903 ; N. J. Emery et al., 'Cognitive Adaptations of Social Bonding in Birds', *Phil. Trans. Roy. Soc. B* 362(2007) : 489-505 ; K. E. Holekamp, S. T. Sakai, and B. L. Lundrigan, 'Social Intelligence in the Spotted Hyena (Crocuta crocuta)', *Phil. Trans. Roy. Soc. B* 362(2007) : 523-38 ; J. A. Mather, 'Cephalopod Consciousness : Behavioural Evidence', *Consc. Cogn.* 17 (2008) : 37-48.

3 L. C. Aiello and R. I. M. Dunbar, 'Neocortex Size, Group Size, and the Evolution of Language', *Curr. Anihropol.* 34(1993) : 184-93 ; R. I. M. Dunbar, 'THE SOCIAL BRAIN : Mind, Language, and Society in Evolutionary Perspective', *Ann. Rev. Anthropol.* 32(2003) : 163-81.

4 それに加えて、動物の生活史もまた、脳の発達に重要な影響を及ぼしている。生活史とは、生物が生まれ、成長し、繁殖し、死ぬまでの過程のことだが、その過程がゆっくりと進むことが知能が高くなるための前提条件だと考えられているのだ。たとえば、そっくりな２つの種であっても、一方がゆ

しては、そうした主張がなされることはない。それもそのはずで、ある文化集団内に芸術が存在するかしないかで人類の潜在能力を推し量ることはできないからだ——しかしこうした見解も、ことネアンデルタール人に向けられると途端に先入観に汚染されてしまうことになる。

人類の芸術活動について理解を深めたければ、生物学的な比較にとらわれてはいけない。そもそも、すべての現生人類が絵を描いたわけでもなかったのだ。フランスのラスコーやスペインのアルタミラで素晴らしい壁画が描かれているあいだ、あるいはそのずっと後でさえ、他の地域の現生人類たちはそうする必要性を感じていなかったようだ。しかも、ラスコーやアルタミラの絵描きたちですら、温暖化によってその土地の環境が変わるにつれ姿を消してしまった。ツンドラの動物たちが姿を消すと、洞窟の壁にその肖像が描かれることもなくなり、芸術は失われていったのである。

13　この時代に現生人類が示した適応力や行動の幅の広さは、概して最寒冷期以前の人々や、さらにはネアンデルタール人にも見られるものだった。しかし、時が経つにつれ大きな違いが現れてくるようになる。それは、集団が大きくなり情報網が複雑になるにしたがって、蓄積された知識のデータベースを保有し、利用できるようになったという点だ。集められた情報は人口の増加とともに失われにくくなるが、この時代ではまだ完全と言うにはほど遠かった。西ヨーロッパで壁画の知識や技術が失われたのは、依然として不安定さが残っていたことを示している。

14　A. Curry, 'Seeking the Roots of Ritual', *Science* 319(2008) : 278–80.

15　動物の彫刻や岩絵などの芸術的要素は、グラヴェット文化人や後の氷期の狩猟採集民から受け継いだ昔ながらのもので、それが華々しく衣替えをしたにすぎない。

16　知られている限り最も古い小麦栽培の痕跡は、ギョベクリ・テペのすぐ北西に位置するネヴァル・チョリというトルコの遺跡から見つかっており、その年代は1万500年前までさかのぼるとされる。M. Balter, 'Seeking Agriculture's Ancient Roots', *Science* 316(2007) : 1830–5.

17　K. Tanno and G. Willcox, 'How Fast Was Wild Wheat Domesticated?', *Science* 311(2006) : 1886.

18　ドングリ、ピスタチオ、オリーブ、そして大量の野生コムギとオオムギが収穫されていたが、栽培は行われていなかった。Balter, 'Seeking Agriculture's Ancient Roots'.

19　M. A. Zeder, 'Central Questions in the Domestication of Plants and

Oxbow Books, 2003).
3 A. Belfer-Cohen and N. Goring-Morris, 'Why Microliths? Microlithization in the Levant', *Archaeol. Papers Amer. Anthropol. Assocn.* 12(2002) : 57-68.
4 S. L. Kuhn, 'Pioneers of Microlithization : The "Proto-Aurignacian" of Southern Europe', *Archaeol. Papers Amer. Anthropol. Assocn.* 12 (2002) : 83-93.

初期の細石器づくりは別の地域でも見られる。3万6000年前のスリランカもその一例だ。K. A. R. Kennedy, *God-Apes and Fossil Men : Paleoanthropology of South Asia* (Ann Arbor : University of Michigan Press, 2000).
5 S. L. Kuhn and R. G. Elston, 'Thinking Small Globally', *Archaeol. Papers Amer. Anthropol. Assocn.* 12(2002) : 1-7.
6 この遺跡はもともと湖底に沈んでいたが、水位の低下により1989年に発見されることになった。この地に暮らしていたのは後期グラヴェット文化人の同時代人で、東地中海地方であればグラヴェット文化人の子孫、ヨーロッパ南西部であればソリュートレ文化人にあたる。
7 D. Nadel and E. Werker, 'The Oldest Ever Brush Hut Plant Remains from Ohalo II, Jordan Valley, Israel (19,000 BP)', *Antiquity* 73(1999) : 755-64 ; D. Nadel et al., 'Stone Age Hut in Israel Yields World's Oldest Evidence of Bedding', *Proc. Natl. Acad. Sci. USA* 101(2004) : 6821-6.
8 S. Mithen, *After the Ice : A Global Human History 20, 000-5000 BC* (London : Weidenfeld and Nicolson, 2003).
9 W. J. Burroughs, *Climate Change in Prehistory : The End of the Reign of Chaos* (Cambridge : Cambridge University Press, 2005).
10 後氷期のヨーロッパで南西部から人々が拡散したことは、遺伝子マーカーの分析によって十分裏づけられている。A. Torroni, et al., 'MtDNA Analysis Reveals a Major Late Palaeolithic Population Expansion from Southwestern to Northeastern Europe', *Am. J. Hum. Genet.* 62 (1998) : 1137-52 ; A. Torroni et al., 'A Signal, from Human mtDNA, of Postglacial Recolonization in Europe', *Am. J. Hum. Genet.* 69(2001) : 844-52.
11 マイズンは"*After the Ice*"(註8)の中で、後氷期における人類の世界各地への定着を包括的に説明している。
12 何千年も前のネアンデルタール人も、その存在期間の大半にわたって似たような狩猟採集生活を営んでいたが、彼らの場合、芸術活動が見られないのは生物学的に劣っていることの証拠と解釈されてきた。だが現生人類に関

America', *Science* 320(2008) : 784-6.

18 A. L, Martinez, '9,700 Years of Maritime Subsistence on the Pacific : An Analysis by Means of Bioindicators in the North of Chile', *Amer. Antiquity* 44 (1979) : 309-24 ; D. H. Sandweiss et al., 'Quebrada Jaguay : Early South American Maritime Adaptations', *Science* 281(1998) : 1830-2 ; D. K. Keefer et al., 'Early Maritime Economy and El Nino Events at Quebrada Tacahuay, Peru', *Science* 281(1998) : 1833-5 ; D. Jackson et al., 'Initial Occupation of the Pacific Coast of Chile during Late Pleistocene Times', *Curr. Anthropol.* 48 (2007) : 725-31.

19 Goebel et al., 'The Late Pleistocene Dispersal'.

20 そのような行動の痕跡とされるものは1万5000年以上前にも存在しているが、信憑性は薄くなる。D. J. Joyce, 'Chronology and New Research on the Schaefer Mammoth (*?Mammuthus primigenius*) Site, Kenosha County, Wisconsin, USA, *Quat. Int.* 142-3 (2006) : 44-57 ; Goebel et al., 'The Late Pleistocene Dispersal'.

21 W. J. Burroughs, *Climate Change in Prehistory : The End of the Reign of Chaos* (Cambridge : Cambridge University Press, 2005).

22 C. Finlayson and J. S. Carrion, 'Rapid Ecological Turnover and Its Impact on Neanderthal and Other Human Populations', *Trends Ecol. Evol.* 22(2007) : 213-22.

23 Finlayson, *Neanderthals and Modern Humans.*

24 T. Pakenham, *The Scramble for Africa* (London : Abacus, 1992) ; H. Reynolds, *Why Weren't We Told? A Personal Search for the Truth about Our History* (Victoria : Penguin, 1999).

25 J. Diamond, *Guns, Germs and Steel.*

■第10章　ゲームの駒――農耕と自己家畜化

1 中緯度帯に位置するこれらの山脈南麓に定着した人々は、山脈北麓のツンドラステップにすむ人々と共通の遺産をもっていた。P. A. Underhill et al., 'The Phylogeography of Y Chromosome Binary Haplotypes and the Origins of Modern Human Populations', *Ann. Hum. Genet.* 65(2001) : 43-62.

2 A. N. Goring-Morris and A. Belfer-Cohen (eds), *More Than Meets the Eye : Studies on Upper Palaeolithic Diversity in the Near East* (Oxford :

5　J. Clutton-Brock, *A Natural History of Domesticated Mammals* (London : Natural History Museum, 1999).

6　M. V. Sablin and G. A. Khlopachev, 'The Earliest Ice Age Dogs : Evidence from Eliseevichi I', *Curr. Anthropol.* 43(2002) : 795-9.

7　C. Vila et al., 'Multiple and Ancient Origins of the Domestic Dog', *Science* 276(1997) : 1687-9.

8　人間同士による協力は別として。

9　C. Gamble, *The Palaeolithic Societies of Europe* (Cambridge : Cambridge University Press, 1999).

10　P. Clarke, *Where the Ancestors Walked* (Crow's Nest, NSW : Allen and Unwin, 2003).

11　V. V. Pitulko et al., 'The Yana RHS Site : Humans in the Arctic before the Last Glacial Maximum', *Science* 303(2004) : 52-6.

12　S. Wells, *The Journey of Man* : *A Genetic Odyssey* (London : Penguin, 2002) ; S. Oppenheimer, *Out of Eden* : *The Peopling of the World* (London : Robinson, 2004) ; Y. V. Kuzmin and S. G. Keates, 'Dates Are Not Just Data : Paleolithic Settlement Patterns in Siberia Derived from Radiocarbon Records', *Amer. Antiquity* 70(2005) : 773-89 ; T. D. Goebel, M. R. Waters, and H. O'Rourke, 'The Late Pleistocene Dispersal of Modern Humans in the Americas', *Science* 319(2008) : 1497-502.

13　H. Shang et al., 'An Early Modern Human from Tianyuan Cave, Zhoukoudian, China', *Proc. Natl. Acad. Sci. USA* 104(2007) : 6573-8.

14　原始的な特徴をもたない人々のこと。「現代的」という言葉はいささか誤解を招く恐れがあるが、本書でも控えめながら使用している。とはいえ実際には、どのような集団であれ、それが生存していた時代においては、当然ながらみな「現代的」なのである。

15　Goebel et al., 'The Late Pleistocene Dispersal' ; A. Kitchen, M. M. Miyamoto, and C. J. Mulligan, A Three-Stage Colonization Model for the Peopling of the Americas', *PLoS ONE* 3(2008) : e1596.

16　同上。

17　この集団は、海藻などの海洋資源を食料として利用していたようだ。また 1 万 4600 年という年代については、本章で取り上げる他の年代と同様に、放射線炭素年代測定をしたものを暦年代へ較正している。T. D. Dillehay et al., 'Monte Verde : Seaweed, Food, Medicine, and the Peopling of South

よって、この習慣が失われてしまったということだ。O. Soffer, 'Artistic Apogees and Biological Nadirs: Upper Paleolithic Cultural Complexity Reconsidered', in M. Otte (ed.), *Nature et Culture* (Liege: ERAUL, 1995), 615–27.

28 Finlayson and Carrion, 'Rapid Ecological Turnover'.

29 H. H. Draper, 'The Aboriginal Eskimo Diet in Modern Perspective', *Amer. Anthropol.* 79(1977): 309–16.

30 J. M. Adovasio et al., 'Perishable Industries from Dolni Vestonice I: New Insights into the Nature and Origin of the Gravettian', *Archaeol., Ethnol., Anthropol, Eurasia* 2(2001): 48–64.

31 エルサレムのヘブライ大学の古人類学者ヨエル・ラックは、ネアンデルタール人と現生人類の骨盤の違いをロコモーションと結びつけている。現生人類の骨盤は、長距離歩行時の衝撃をより和らげることができるという。

■第9章　永遠の日和見主義者——加速する世界進出

1 フランスまでの4500キロメートルの距離を1000年かけて進んだと考えると、人類の1世代を20年として、1世代につき90キロの割合で拡散したことになる。これは、1世代60キロというアフリカ～オーストラリア間の拡散よりもずっと速く、地域間でグラヴェット文化の出現時期に大きな誤差があることを考えれば、実際の拡散はもっと速かったのかもしれない。概算ではあるものの、これだけの差があれば、ユーラシア平原の人々がインド洋北岸を進んだ彼らの祖先よりもずっと迅速に拡散したと考えるのは、十分に理に適っていると言えるだろう。

2 C. Finlayson, *Neanderthals and Modern Humans: An Ecological and Evolutionary Perspective* (Cambridge: Cambridge University Press, 2004).

3 E. Trinkaus, The Neanderthals and Modern Human Origins', *Ann. Rev. Anthropol.* 15(1986): 193–218; T. M. Smith et al., 'Rapid Dental Development in a Middle Paleolithic Belgian Neanderthal', *Proc. Natl Acad. Sci. USA* 104(2007): 20220–5.

4 人類は他の動物と比べると持久走が並はずれて得意で、それに適した多くの解剖学的特性を持ち合わせている。持久力は、200万年前ごろまでさかのぼるヒト属の特徴と考えられる。D. M. Bramble and D. E. Lieberman, 'Endurance Running and the Evolution of Homo', *Nature* 432(2004): 345–52.

19　O. Soffer, 'Storage, Sedentism and the Eurasian Palaeolithic Record', *Antiquity* 63 (1989) : 719-32 ; O. Soffer et al., 'Cultural Stratigraphy at Mezhirich, an Upper Palaeolithic Site in Ukraine with Multiple Occupations', *Antiquity* 71 (1997) : 48-62.

20　P. Ward and A. Zahavi, 'The Importance of Certain Assemblages of Birds as "Information Centers" for Food Finding', *Ibis* 115 (1973) : 517-34.

21　C. Marean et al., 'Early Human Use of Marine Resources and Pigment in South Africa during the Middle Pleistocene', *Nature* 449 (2007) : 905-9.

22　フランスのショーヴェ洞窟の壁画が描かれた年代は、3万2000～3万年前、もしくは2万7000～2万6000年と考えられている。前者の年代だと考える者は、ちょうど時期が合うことを理由にオーリニャック文化（現生人類のものと思われるが確証はない）と関連づけるが、フランスで見つかったグラヴェット文化の遺跡には3万～2万9000年前のものもある。

また、年代を推定する試料となる骨にしかるべき前処理をすると、これまでの測定よりも2000～7000年ほど古い年代を示す可能性があることが最近の研究でわかっている。これが正しければ、フランスにある多数のグラヴェット文化の遺跡は、ショーヴェ洞窟の芸術と同時期かさらに古いということになる。J. Clottes, Chauvet Cave. *The Art of Earliest Times* (Salt Lake City : University of Utah Press, 2003) ; P. Mellars, 'A New Radiocarbon Revolution and the Dispersal of Modern Humans in Eurasia', *Nature* 439 (2006) : 931-5.

23　Y. V. Kuzmin, 'The Earliest Centres of Pottery Origin in the Russian Far East and Siberia : Review of Chronology for the Oldest Neolithic Cultures', *Documenta Praehistorica* 29 (2002) : 37-46.

24　チェコのドルニ・ヴェストニッツェ遺跡で出土した陶芸品のリストは、2万8000～2万4000年前に、500～800℃の火で焼かれた5000以上の作品からなる。主な素材である黄土は風に運ばれた細粒堆積物で、更新世にはユーラシア北部の広大な面積を覆っていた。P. B. Vandiver et al., 'The Origins of Ceramic Technology at Dolni Vestonice, Czechoslovakia', *Science* 246 (1989) : 1002-8.

25　F. d'Errico, 'The Invisible Frontier. A Multiple Species Model for the Origin of Behavioral Modernity', *Evol Anthropol.* 12 (2003) : 186-202.

26　J. V. Turcios, *Maestms subterraneos* : *Las tecnicas del arte Paleolitico* (Madrid : Celeste, 1995).

27　私たちが忘れがちなのは、その後ヨーロッパ中石器時代の狩猟採集民に

Last 13,000 Years (London : Jonathan Cape, 1997).〔『銃・病原菌・鉄』ジャレド・ダイアモンド著/倉骨彰訳/草思社/2000〕

11　ドナウ川やドン川のような東ヨーロッパの主要河川が流れる平原一帯では、グラヴェット文化という新文化を担う現生人類が、狩猟民の村という表現がぴったりの大きな野営地に身を落ち着けていた。東部のドン川流域にあるコスチョンキ遺跡では、ロシア人科学者I・S・ポリアコフが、1879年からそのような村の発掘をはじめていた。この文化を代表する遺跡とされてきたドルニ・ヴェストニッツェ、パヴロフ、アヴデーエヴォ、そしてコスチョンキからは、住居の残骸、窯、貯蔵穴、道具類、装身具、小立像などが出土している。

小立像としては次の有名な例がある。1908年、低地オーストリアに位置するクレムス〜グライン間の線路建設に伴ってヴィレンドルフで掘削作業が行われていたとき、ひとりの作業員が女性の小像を発見した。世界に名を馳せたその彫像は、かの「ヴィレンドルフのヴィーナス」で、約2万6000年前に現生人類がヨーロッパ平原で生み出した芸術作品の代表例である。

12　S. McBrearty and A. S. Brooks, 'The Revolution That Wasn't : A New Interpretation of the Origin of Modern Human Behaviour', *J. Hum. Evol.* 39 (2000) : 453-563.

13　Finlayson, *Neanderthals and Modern Humans.*

14　骨と枝角からつくった道具は、オーリニャック文化（作者不明）やシャテルペロン文化（ネアンデルタール人）の社会でも見つかっている。グラヴェット文化ほどではないが、どちらの文化も平原との接点はあった。このような道具類は、もっと古いアフリカの考古学的記録にもたびたび登場する。McBrearty and Brooks, 'The Revolution That Wasn't'.

15　C. Gamble, *The Palaeolithic Settlement of Europe* (Cambridge : Cambridge University Press, 1986).

16　C. Gamble, *The Palaeolithic Societies of Europe* (Cambridge : Cambridge University Press, 1999).

17　E. Carbonell and I. Roura, *Abric Romani Nivell I. Models d'ocupació de curta durada de fa 46.000 anys a la Cinglera del Capelló* (Capellades, Anoia, Barcelona : Universitat Rovira I Virgili, Tarragona, 2002).

18　J. Svoboda, S. Pean, and P. Wojtal, 'Mammoth Bone Deposits and Subsistence Practices during Mid-Upper Palaeolithic in Central Europe : Three Cases from Moravia and Poland', *Quat. Int.* 126-8 (2005) : 209-21.

6 M. Anikovich, 'Early Upper Paleolithic Industries of Eastern Europe', *J. World Prehist.* 6 (1992) : 205-45 ; T. Goebel et al., 'Dating the Middle-to-Upper Paleolithic Transition at Kara-Bom', *Curr. Anthropol.* 34 (1993) : 452-8 ; T. Goebel and M. Aksenov, 'Accelerator Radiocarbon Dating of the Initial Upper Palaeolithic in Southeast Siberia', *Antiquity* 69 (1995) : 349-57 ; M. Otte and A. Derevianko, 'Transformations Techniques au Paléolithique de l 'Altaï' (Sibérie)', *Anthropol. et Prehist.* 107 (1996) : 131-43 ; Y. V. Kuzmin, 'The Colonization of Eastern Siberia : an Evaluation of the Paleolithic Age Radiocarbon Dates', *J. Archaeol. Sci.* 23 (1996) : 577-85 ; P. J. Brantingham et al., 'The Initial Upper Paleolithic in Northeast Asia', *Curr. Anthropol.* 42 (2001) : 735-47 ; P. Pavlov, J. I. Svendsen, and S. Indrelid, 'Human Presence in the European Arctic Nearly 40,000 years ago', *Nature* 413 (2001) : 64-7 ; P. Pavlov, W. Roebroeks, and J. I. Svendsen, 'The Pleistocene Colonization of Northeastern Europe : A Report on Recent Research', *J. Hum. Evol.* 47 (2004) : 3-17 ; M. V Anikovich et al., 'Early Upper Paleolithic in Eastern Europe and Implications for the Dispersal of Modern Humans', *Science* 315 (2007) : 223-6.

7 Anikovich, 'Early Upper Paleolithic Industries' ; Otte and Derevianko, 'Trans-formations Techniques' ; V. Y. Cohen and V. N. Stepanchuk, 'Late Middle and Early Upper Paleolithic Evidence from the East European Plain and Caucasus : A New Look at Variability, Interactions, and Transitions', *J. World Prehist.* 13 (1999) : 265-319 ; Brantingham et al., 'The Initial Upper Paleolithic in North-east Asia' ; V. P. Chabai, 'The Chronological and Industrial Variability of the Middle to Upper Paleolithic Transition in Eastern Europe', in J. Zilhao and F. d'Errico (eds), *The Chronology of the Aurignacian and of the Transitional Technocomplexes. Dating, Stratigraphies, Cultural Implications*, Trabalhos de Arqueologia 33 (Portugal : IPA, 2003), 71-86 ; Anikovich et al., 'Early Upper Paleolithic in Eastern Europe'.

8 Wells et al., 'The Eurasian Heartland' ; S. Wells, *The Journey of Man : A Genetic Odyssey* (London : Penguin, 2002).

9 O. Semino et al., 'The Genetic Legacy of Paleolithic Homo sapiens sapiens in Extant Europeans : A Y Chromosome Perspective', *Science* 290 (2001) : 1155-9 ; Wells et al., 'The Eurasian Heartland' ; Wells, *The journey of Man*.

10 J. Diamond, *Guns, Germs and Steel. A Short History of Everybody for the*

つきによる影響から、ことごとく遠ざかっていたのだろう（スペイン南東部の山並みはイベリア半島で最も高く、シエラネバダ山脈は3000メートルを超える）。したがって、海岸沿いの低い平野に位置し、主要な沿岸山脈から遠く離れたジブラルタルの岩は、恰好の避難場所となったのである。

22 F. J. Jimenez-Espejo et al., 'Climate Forcing and Neanderthal Extinction in Southern Iberia : Insights from a Multiproxy Marine Record', *Quat. Sci. Rev.* 26(2007) : 836-52.

23 ある論文では、ゴーラム洞窟にネアンデルタール人がいた最後の年代の気候指標を調べ、当時の気候が甚だしく厳しかったわけではないと結論づけている。この論文の認識の誤りは、その年代が、ネアンデルタール人が姿を消したときのものではなく、存続していた最後の年代だということだ。したがって、それが温暖な時期と重なったのは当然と思われる。P. C. Tzedakis et al., 'Placing Late Neanderthals in a Climatic Context', *Nature* 449(2007) : 206-8.

■第8章　小さな一歩——ユーラシアの現生人類

1 E. Trinkaus, 'Early Modern Humans', *Ann. Rev. Anthropol.* 34 (2005) : 207-30.

2 J. T. Kerr and L. Packer, 'Habitat Heterogeneity as a Determinant of Mammal Species Richness in High-Energy Regions', *Nature* 385 (1997) : 252-4 ; C. Finlayson, *Neanderthals and Modern Humans : An Ecological and Evolutionary Perspective* (Cambridge : Cambridge University Press, 2004).

3 C. Finlayson and J. S. Carrion, 'Rapid Ecological Turnover and Its Impact on Neanderthal and Other Human Populations', *Trends Ecol. Evol.* 22 (2007) : 21322.

4 S. Wells et al., 'The Eurasian Heartland : A Continental Perspective on Y-Chromosome Diversity', *Proc. Natl. Acad. Sci. USA* 98(2001) : 10244-9.

5 M. B. Richards et al., 'Phylogeography of Mitochondrial DNA in Western Europe', *Ann. Hum. Genet.* 62 (1998) : 241-60 ; P. A. Underhill et al., 'The Phylogeography of Y Chromosome Binary Haplotypes and the Origins of Modern Human Populations', *Ann. Hum. Genet.* 65(2001) : 43-62 ; P. Forster, 'Ice Ages and the Mitochondrial DNA Chronology of Human Dispersals : A Review', *Phil. Trans. Roy. Soc. Lond. B.* 359(2004) : 255-64.

Pleistocene Anthropic Palaecosystem: Marillac, Charente, France', *J. Archaeol. Sci.* 22(1995): 67-79; H. Bocherens et al., 'Palaeoenvironmental and Palaeodietary Implications of Isotopic Biogeochemistry of Last Interglacial Neanderthal and Mammal Bones from Scladina Cave (Belgium)', *J. Archaeol. Sci.* 26(1999): 599-607; M. Richards et al., 'Neanderthal Diet at Vindija and Neanderthal Predation: The Evidence from Stable Isotopes', *Proc. Natl Acad. Sci. USA* 97(2000): 7663-6; M. Richards et al., 'Stable Isotope Evidence for Increasing Dietary Breadth in the European Mid-Upper Paleolithic', *Proc. Natl. Acad. Sci. USA* 98(2001): 6528-32; D. Drucker and H. Bocherens, 'Carbon and Nitrogen Stable Isotopes as Tracers of Change in Diet Breadth during Middle and Upper Palaeolithic in Europe', *Int. J. Osteoarch.* 14(2004): 162-77; H. Bocherens et al., 'Isotopic Evidence for Diet and Subsistence Pattern of the Saint-Cesaire I Neanderthal: Review and Use of a Multi-source Mixing Model', *J. Hum. Evol.* 49(2005): 71-87.

20　R. Jennings, 'Neanderthal and Modern Human Occupation Patterns in Southern Iberia during the Late Pleistocene Period', DPhil Thesis, University of Oxford, 2006.

21　黒海周辺のクリミア半島やカフカス地方でも、孤立した一部のネアンデルタール人が3万年前を過ぎても生き延びていたが、生活に適した環境はイベリア半島に比べると目に見えて少なくなっていったようだ。

イベリア半島では、現在のマドリードの南西に暮らしに適した土地が広がっていた。その土地の大部分は北側よりも低地になっていて、こうした高度の変化が、ツンドラステップに暮らす多くの哺乳類にとっての南限になったようだ。N. Garcia and J. L. Arsuaga, 'Late Pleistocene Cold-Resistant Faunal Complex: Iberian Occurrences', in M. Blanca Ruiz Zapata et al. (eds), *Quaternary Climatic Changes and Environmental Crises in the Mediterranean Region* (Madrid: Universidad de Alcala de Henares, 2003), 149-59.

気候が悪化するにつれて、内陸部や高山地帯は人を寄せつけなくなり、ネアンデルタール人は安全な谷間だけを頼りに生き延びた。M, Vaquero et al., 'The Neandertal-Modern Human Meeting in Iberia: A Critical Review of the Cultural, Geographical and Chronological Data', in N. J. Conard (ed.), *When Neanderthals and Modern Humans Met* (Tubingen: Kerns Verlag, 2006), 419-39.

また、高い山並みから離れた海岸沿いの地域は、予測不可能な気候のぐら

41(2000) : 39-74.

13　この説を主張する論文で使用されたデータは実際にはなんの裏づけにもなっておらず、したがって、年を追うごとに貝が小さくなったということが最終的に示されているとは言い難い。問題はいろいろある。たとえば、論文では異なる地域や年代の遺跡が比較されており、これでは、ある変化が起こったのが時間の経過のせいなのか、それとも地域差のせいなのか、皆目見当がつかない。

また、サイズが多様でさまざまな種類があることで知られるカサガイをすべて「カサガイ」としてひとまとめにしていることも問題だ。これについては、同じ鳥類であるワシとスズメを年代別に考えてみると理解しやすい。ある年代に多数のワシと少数のスズメが見つかれば鳥の平均サイズは大きくなるが、次の年代にスズメが多数を占めていれば平均サイズは小さくなる。このとき私たちは、鳥が小さくなったと言うだろうか？　それとも違うものを測定したからだと思うだろうか？

14　リクガメの生態に関して多少の知識をもっている人なら、このカメは動きはゆっくりしているが、見つけるのは難しいことを知っているだろう。リクガメは植物が密生している場所に隠れ、冬場は冬眠するため、手軽な食料とは言い難い。

15　C. Finlayson, *Birds of the Strait of Gibraltar* (London : Academic Press, 1992).

16　ケンブリッジ大学博士課程の学生キンバリー・ブラウンは、ネアンデルタール人が実にさまざまな鳥を食べるために洞窟へ持ち帰っていたことを明らかにした。ヤマウズラ、ウズラ、カモもそこに含まれる。

17　ネアンデルタール人のつくった炉の跡から松の実が見つかっている。

18　C. B. Stringer et al., 'Neanderthal Exploitation of Marine Mammals in Gibraltar', *Proc. Natl. Acad. Sci. USA* 105(2008) : 14319-24.

19　近年、先史時代の人々の食生活を再現するために、歯や骨を分析して得られる炭素・窒素同位体比が用いられている。炭素と窒素には2つの安定同位体（それぞれ $^{12}C/^{13}C$、$^{14}N/^{15}N$）があり、その比率のわずかな差異によって、各個体が何を食べていたのかを特定することができる。H. Bocherens et al., 'Isotopic Biogeochemistry（^{13}C, ^{15}N）of Fossil Vertebrate Collagen : Application to the Study of a Past Food Web Including Neandertal Man', *J. Hum. Evol.* 20(1991) : 481-92 ; M. Fizet et al., 'Effect of Diet, Physiology and Climate on Carbon and Nitrogen Stable Isotopes of Collagen in a Late in the Pleistocene—The Case of Gorham's Cave, Gibraltar', *Quat. Int.* 181 (2008) : 55-63.

4 G. Finlayson, 'Climate, Vegetation and Biodiversity—A Multiscale Study of the South of the Iberian Peninsula', PhD thesis, University of Anglia Ruskin, Cambridge, 2006.

5 友人で仕事仲間でもあるカナダのゲルフ大学のダグ・ラルソンは、ジブラルタルの洞窟群を見るや、「なんだこりゃ、ネアンデルタール人街じゃないか！」と声を上げた。

6 放射性炭素年代測定では、最後のネアンデルタール人が去ってから最初の現生人類が現れるまでの期間を5500年としている。これを暦年代に較正すると、ネアンデルタール人がいなくなったのは2万9000〜2万8000年前、現生人類が現れたのは2万2000〜2万1000年前で、洞窟に誰もすんでいなかった期間が6000〜8000年ほどになる。ゴーラム洞窟には有史時代の層も見られ、はじまりが紀元前8世紀（フェニキア人の支配)、終わりは14世紀（イスラム教徒の支配）である。

7 現在の年平均気温は17〜19℃で、年間降水量は600〜1000ミリメートル。最終氷期を通じての年平均気温は13〜19℃、年間降水量は350〜1000ミリメートルと考えられる。Finlayson, 'Climate, Vegetation and Biodiversity'.

8 同上。

9 測定記録には、見つけた植物の種類と生息地構造が書き込まれる。生息地構造は、高木・低木・草の面積、高さ、密度など、その空間にある対象物の三次元配列を測定して記録する。これをまとめると、生息環境を数値で記述することが可能になる。

10 ドニャーナ国立公園には、流動砂丘に囲まれた「コラール」と呼ばれるイタリアカサマツ林が数カ所ある。カサマツ林は最終的にすべて砂に覆われ枯れ果てるが、そのあいだに新しい種子が流動砂丘の活動していない場所で新しい林を形成する。風向きが変わってもう一度砂丘が移動してくると、今度はこの林も砂に飲み込まれる。

11 R. G. Klein, *The Human Career : Human Biological and Cultural Origins* (Chicago : Chicago University Press, 1999).

12 M. C. Stiner et al., 'Paleolithic Population Growth Pulses Evidenced by Small Animal Exploitation', *Science* 283 (1999) : 190-4 ; M. C. Stiner, N. D. Munro, and T. A. Surovell, 'The Tortoise and the Hare : Small-Game Use, the Broad Spectrum Revolution, and Paleolithic Demography', *Curr. Anthropol.*

59 Finlayson et al., 'Late Survival of Neanderthals'.
60 Soficaru, Dobos, and Trinkaus, 'Early Modern Humans'.
61 E. Trinkaus, 'European Early Modern Humans and the Fate of the Neandertals', *Proc. Natl. Acad. Sci. USA* 104(2007) : 7367-72.
62 R. R. Ackermann, J. Rogers, and J. M. Cheverud, 'Identifying the Morphological Signatures of Hybridization in Primate and Human Evolution', *J. Hum. Evol.* 51(2006) : 632-45.
63 M. Krings et al., 'Neandertal DNA Sequences and the Origin of Modern Humans', *Cell* 90 (1997) : 19-30 ; M. Krings et al., 'DNA Sequence of the mitochondrial Hypervariable Region II from the Neandertal Type Specimen', *Proc. Natl. Acad. Sci. USA* 96 (1999) : 5581-5 ; I. V. Ovchinnikov et al., 'Molecular Analysis of Neanderthal DNA from the Northern Caucasus', *Nature* 404 (2000) : 490-3 ; D. Caramelli et al., 'Evidence for a Genetic Discontinuity between Neandertals and 24,000-Year-Old Anatomically Modern Europeans', *Proc. Natl. Acad. Sci. USA* 100 (2003) : 6593-7 ; C. Lalueza-Fox et al., 'Neandertal Evolutionary Genetics ; Mitochondrial DNA Data from the Iberian Peninsula', *Mol. Biol. Evol.* 22(2005) : 1077-81 ; R. E. Green et al., 'Analysis of One Million Base Pairs of Neanderthal DNA', *Nature* 444 (2006) : 330-6 ; J. P. Noonan et al., 'Sequencing and Analysis of Neanderthal Genomic DNA', *Science* 314(2006) : 1113-18.
64 D. Serre et al., 'No Evidence of Neandertal mtDNA Contribution to Early Modern Humans', *PLoS Biol.* 2(2004) : e57 ; M. Currat and L. Excoffier, 'Modern Humans Did Not Admix with Neanderthals during Their Range Expansion into Europe', *PLoS Biol* 2(2004) : e421.
65 M. Ponce de Leon and C. Zollikofer, 'Neanderthal Cranial Ontogeny and Its Implications for Late Hominid Diversity', *Nature* 412(2001) : 534-8.

■第7章　ヨーロッパの中のアフリカ——最後のネアンデルタール人

1 C. Finlayson, Al-Andalus : *How Nature Has Shaped History* (Malaga : Santana Books, 2007).
2 C. Finlayson et al., 'Late Survival of Neanderthals at the Southernmost Extreme of Europe', *Nature* 443(2006) : 850-3
3 G. Finlayson et al. 'Caves as Archives of Ecological and Climatic Changes

the Giessenklosterle and Critique of the Kulturpumpe Model', *Paleo* 15 (2003) : 69-86 ; B. Gravina, P. Mellars, and C. Bronk Ramsey, 'Radiocarbon Dating of Interstratified Neanderthal and Early Modern Human Occupations at the Chatelperronian Type-Site', *Nature* 438(2005) : 51-6 ; P. Mellars, 'The Impossible Coincidence : A Single-Species Model for the Origins of Modern Human Behavior in Europe', *Evol. Anthropol.* 14(2005) : 12-27 ; P. Mellars, 'Archeology and the Dispersal of Modern Humans in Europe : Deconstructing the "Aurignacian"', *Evol. Anthropol.* 15 (2006) : 167-82 ; J. Zilhao, 'Aurignacian, Behavior, Modern : Issues of Definition in the Emergence of the European Upper Paleolithic', in Bar-Yosef and Zilhao (eds), *Towards a Definition of the Aurignacian*, 53-69 ; J. Zilhao et al., 'Analysis of Aurignacian Interstratification at the Chatelperronian-Type Site and Implications for the Behavioral Modernity of Neandertals', *Proc. Natl. Acad. Sci. USA* 103(2006) : 12643-8 ; P. Mellars, B. Gravina, and C. Bronk Ramsey, 'Confirmation of Neanderthal/Modern Human Interstratification at the Chatelperronian Type-Site', *Proc. Natl. Acad. Sci. USA* 104(2007) : 3657-62.

56 C. Finlayson, *Neanderthals and Modern Humans : An Ecological and Evolutionary Perspective* (Cambridge : Cambridge University Press, 2004).

57 この論文と、それに続くいくつかの論文の著者たちは、異種交配というよりは遺伝子の混合について論じている。それはおそらく、ネアンデルタール人と現生人類が同一種だという彼らの見方によるものだろう。同一種ではなく2つの異なる種から生じるのが交配種だが、本書では細かいことにこだわらず、同種か異種かという判断はさておいて、交配種をたんにネアンデルタール人と現生人類の性行為によって生まれた子の意とする。ここに挙げるのは、ラガー・ヴェルホの交配種に関する主要な文献である。C. Duarte et al., 'The Early Upper Paleolithic Human Skeleton from the Abrigo do Lagar Velho (Portugal) and Modern Human Emergence in Iberia', *Proc. Natl. Acad. Sci. USA* 96(1999) : 7604-09 ; J. Zilhao and E. Trinkaus (eds), *Portrait of the Artist as a Child : The Gravettian Human Skeleton from the Abrigo do Lagar Velho and Its Archeological Context*, Trabalhos de Arqueologia 22 (Portugal : IPA, 2002).

58 I. Tattersall and J. Schwartz, 'Hominids and Hybrids : The Place of Neanderthals in Human Evolution', *Proc. Natl. Acad. Sci. USA* 96(1999) : 7117-19.

46 O. Bar-Yosef, 'The Middle and Early Upper Paleolithic in Southwest Asia and Neighboring Regions', in Bar-Yosef and Pilbeam (eds), *Geography of Neanderthals*, 107-56.

47 Finlayson and Carrion, 'Rapid Ecological Turnover'.

48 S. Oppenheimer, *Out of Eden*.

49 Finlayson and Carrion, 'Rapid Ecological Turnover'.

50 アラビア半島からモロッコへ広がったアテール文化がその例である（第5章参照）。

51 J-J. Hublin et al., 'A Late Neanderthal Associated with Upper Palaeolithic Artefacts', *Nature* 381 (1996) : 224-6.

52 F. d'Errico et al., 'Neanderthal Acculturation in Western Europe? A Critical Review of the Evidence and Its Interpretation', *Curr. Anthropol.* 39 (1998) : Sl-S44.

53 F. d'Errico, 'The Invisible Frontier. A Multiple Species Model for the Origin of Behavioral Modernity', *Evol. Anthropol.* 12 (2003) : 186-202 ; J. Zilhao, 'The Emergence of Ornaments and Art : An Archaeological Perspective on the Origins of "Behavioral Modernity"', *J. Archaeol. Res.* 15 (2007) : 1-54.

54 ジブラルタルにあるフォーブズ採石場でネアンデルタール人の骨が見つかったのは、ドイツのネアンデル渓谷で化石が出土する8年前のことだったが、正式な学名は与えられていなかった。

55 P. Mellars, 'The Neanderthal Problem Continued', *Curr. Anthropol.* 40 (1999) : 341-64 ; J. Zilhao and F. d'Errico, 'The Chronology and Taphonomy of the Earliest Aurignacian and Its Implications for the Understanding of Neandertal Extinction', *J. World Prehist.* 13 (1999) : 1-68 ; Zilhao and d'Errico, 'La nouvelle "bataille aurignacienne"' ; F. d'Errico et al., 'Many Awls in Our Argument : Bone Tool Manufacture and Use in the Chatelperronian and Aurignacian Levels of the Grotte du Renne at Arcy-sur-Cure', in J. Zilhao and F. d'Errico (eds), *The Chronology of the Aurignacian and of the Transitional Technocomplexes*, Trabalhos de Arqueologia 33 (Portugal : IPA, 2003), 247-70 ; J. Zilhao and F. d'Errico, 'The Chronology of the Aurignacian and Transitional Technocomplexes : Where Do We Stand?', 同 313-49 ; J. Zilhao and F. d'Errico, 'An Aurignacian "Garden of Eden" in Southern Germany? An Alternative Interpretation of

を好む種をはじめ、豊かな動物群が存在していた。

こうした生態学的多様性は、平原と山地の接線に沿ってシベリア南東部まで続いた。東や北へ歩を進めると、樹木のない環境やそこに属する動物たちの拠点だったツンドラステップの中心地が待っている。中央アジアやシベリアの平原に、そうした動物たちはほぼ永久的に定着していたのだろう。一方、3000メートル級の山々の南麓周辺には、森林の動物と開けた景観にすむ動物とがごく近接して生息しており、その共存期間も西の地よりずっと長かったようだ。南麓周辺の主な生息環境は、さまざまな種類の森林、樹木の茂るステップ、森林ツンドラ、ツンドラステップのあいだを行ったり来たりした。J. Chlachula, 'Pleistocene Climate Change, Natural Environments and Palaeolithic Occupation of the Angara-Baikal Area, East Central Siberia', *Quat. Int.* 80-1 (2001) : 69-92 ; J. Chlachula, 'Pleistocene Climate Change, Natural Environments and Palaeolithic Occupation of the Upper Yenisei Area, South-Central Siberia', *Quat. Int.* 80-1 (2001) : 101-30 ; J. Chlachula, 'Pleistocene Climate Change, Natural Environments and Palaeolithic Occupation of the Altai Area, West-Central Siberia', *Quat. Int.* 80-1 (2001) : 131-67.

主要な草食動物はケナガマンモス、ケサイ、ウマ、野生ロバ、ラクダ、野生ヒツジ、パサン、オオツノジカ、トナカイ、ヘラジカ、サイガ、ステップバイソンなどで、肉食動物にはライオン、オオヤマネコ、オオカミ、ヒグマがいた。平原と山地の接触帯が誇っていたこの多様性は、遠く離れたシベリア北部の北極帯で樹木のない大地に生息していた哺乳動物の種類の乏しさとは、まったくかけ離れていた（ブイコフスキー半島の動物相は、ケナガマンモス、ケサイ（希少）、ウマ、トナカイ、ステップバイソン、ジャコウウシで構成されていた）。L. Schirrmeister et al., 'Paleoenvironmental and Paleoclimatic Records from Permafrost Deposits in the Arctic Region of Northern Siberia', *Quat. Int.* 89 (2002) : 97-118.

44 Pavlov et al., 'Human Presence in the European Arctic' ; V. V. Pitulko et al., 'The Yana RHS Site : Humans in the Arctic before the Last Glacial Maximum', *Science* 303 (2004) : 52-6.

45 R. Rabinovich, 'The Levantine Upper Palaeolithic Faunal Record', in A. N. Goring-Morris and A. Belfer-Cohen (eds), *More than Meets the Eye : Studies on Upper Palaeolithic Diversity in the Near East* (Oxford : Oxbow Books, 2003), 33-48.

Orlova, 'Radiocarbon Chronology of the Siberian Paleolithic', *J. World Prehist.* 12 (1998) : 1-53 ; J. K. Kozlowski, 'The Problem of Cultural Continuity between the Middle and the Upper Paleolithic in Central and Eastern Europe', in O. Bar-Yosef and D, Pilbeam (eds), *The Geography of Neandertals and Modern Humans in Europe and the Greater Mediterranean*, Peabody Museum Bulletin 8 (Cambridge, MA : Harvard University Press, 2000), 77-105 ; P. Pavlov, J. I. Svendsen, and S. Indrelid, 'Human Presence in the European Arctic Nearly 40,000 years ago', *Nature* 413(2001) : 64-7 ; P. Pavlov, W. Roebroeks, and J. I. Svendsen, 'The Pleistocene Colonization of Northeastern Europe : A Report on Recent Research', *J. Hum Evol.* 47 (2004) : 3-17 ; J. F. Hoffecker, 'Innovation and Technological Knowledge in the Upper Paleolithic of Northern Eurasia', *Evol. Anthropol.* 14 (2005) : 186-98 ; M. V. Anikovich et al., 'Early Upper Paleolithic in Eastern Europe and Implications for the Dispersal of Modern Humans', *Science* 315(2007) : 223-6.

40 Finlayson and Carrion, 'Rapid Ecological Turnover'.

41 B. Blades, 'Aurignacian Settlement Patterns in the Vezere Valley', *Curr. Anthropol* 40(1999) : 712-18.

42 J. R. M. Allen et al., 'Rapid Environmental Changes in Southern Europe during the Last Glacial Period', *Nature* 400(1999) : 740-3.

43 こうした地域は、ヴェゼール渓谷と同様、狭い範囲に異なる環境が混在するモザイク状の生息地であることが多かった。暖かい時期には、平原に広がっていた樹木が傾斜地をのぼり森林限界〔高木が生育できなくなる限界高度のこと〕まで達したが、寒くなってくるとその森林限界も低くなり、周囲から断絶した谷間に樹木が残された（こうした状況が続いたときには、森林が完全に消え去ることもあったはずだ）。

平原と山地が接する地域から遠く離れた場所では、状況はずっと安定していた。たとえば、中央ヨーロッパの気候は寒いながらも安定しており、ケナガマンモスやトナカイに代表されるツンドラステップの動物が隆盛を極めていた。R. Musil, 'The Middle and Upper Palaeolithic Game Suite in Central and Southeastern Europe', in van Andel and Davies (eds), *Neanderthals and Modern Humans*, 167-90.

またヨーロッパ南東部のバルカン半島では、ツンドラステップの動物はまず見られず、その代わりにオーロックス、アカシカ、イノシシといった森林

Trinkaus, 'Early Modern Humans from the Pestera Muierii, Baia de Fier, Romania', *Proc. Natl. Acad. Sci. USA* 103(2006) : 17196-201.

30 E. Trinkaus, 'Early Modern Humans', *Ann. Rev. Anthropol.* 34(2005) : 207-30.

31 P. Underhill et al., 'The Phylogeography of Y Chromosome Binary Haplotypes and the Origins of Modern Human Populations', *Ann. Hum. Genet.* 65(2001) : 43-62 ; P. Forster, 'Ice Ages and the Mitochondrial DNA Chronology of Human Dispersals : A Review', *Phil. Trans. Roy. Soc. Lond. B.* 359(2004) : 255-64.

32 P. Mellars, 'Neanderthals and the Modern Human Colonization of Europe', *Nature* 432(2004) : 461-5.

33 このシャテルペロン文化のように、中期旧石器時代と後期旧石器時代の境界にまたがり、両方の要素を兼ね備えていると思われる技術をもつ文化は数多いが、考古学文献ではこれらを「移行期」の文化・技術・産業と言う。J. Zilhao and F. d'Errico, 'La nouvelle "bataille aurignacienne" : Une révision critique de la chronologie du Châtelperronien et de l'Aurignacien ancien', *L'Anthropologie* 104(2000) : 17-50 ; J. Zilhao et al., 'Analysis of Aurignacian Interstratification at the Chatelperronian-Type Site and Implications for the Behavioral Modernity of Neandertals', *Proc. Natl. Acad. Sci. USA* 103(2006) : 12643-8.

34 サン・セゼールやトナカイ洞窟といったフランスの遺跡では、シャテルペロン文化の遺物がネアンデルタール人の骨とともに出土しているが、遺物と骨のつながりを疑問視する研究者もいる。O. Bar-Yosef, 'Defining the Aurignacian', in O. Bar-Yosef and J. Zilhao (eds), *Towards a Definition of the Aurignacian*, Trabalhos de Arqueologia, 46 (Portugal : IPA. 2006), 11-18.

35 Finlayson and Carrion, 'Rapid Ecological Turnover'.

36 Mellars, 'Neanderthals and the Modern Human Colonization'.

37 N. J. Conard, P. M. Grootes, and F. H. Smith, 'Unexpectedly Recent Dates for Human Remains from Vogelherd', *Nature* 430(2004) : 198-201.

38 Finlayson and Carrion, 'Rapid Ecological Turnover'.

39 T. Goebel, A. Derevianko, and V. T. Petrin, 'Dating the Middle-to-Upper Paleolithic Transition at Kara-Bom', *Curr. Anthropol* 34(1993) : 452-8 ; M. Otte and A. Derevianko, 'Transformations Techniques au Paleolithique de l'Altai'. *Anthropol. Prehist.* 107 (1996) : 131-43 ; Y. V. Kuzmin and L. A.

Extreme of Europe', *Nature* 443(2006) : 850-3.

氷期に苦しめられた奇襲専門の捕食者はネアンデルタール人だけではない。ヒョウは南の隔絶された地域で有史まで生き延び、現在もその姿を見ることができるが、5万〜3万年前に生息範囲が大幅に狭まった。E. R. S. Sommer and N. Benecke, 'Late Pleistocene and Holocene Development of the Felid Fauna (Felidae) of Europe : A Review', *J. Zool.* 269(2006) : 7-19.

ライオンは、最終氷期の終わりまで西ヨーロッパで生き残っていたようだ。樹木のない開けた環境で狩りをする能力が強みになったのかもしれない。A. J. Stuart, 'Mammalian Extinctions in the Late Pleistocene of Northern Eurasia and North America', *Biol. Rev. Camb. Philos. Soc.* 66(1991) : 453-562.

氷期によって生息範囲を厳しく制限されたサーベルタイガーは、2万8000年前の西ヨーロッパに最後の記録が残っている。J. W. F. Reumer, 'Late Pleistocene Survival of the Saber-Toothed Cat Homotherium in Northwestern Europe', *J. Vert. Paleontol.* 23(2003) : 260-2.

他のどの種よりも閉鎖林に依存していたヨーロッパジャガーは、更新世中期の終わりまでかろうじて生き延びたようだ。C. Guerin and M. Patou-Mathis, *Les grands mammiferes plio-pleistocenes d'Europe* (Paris : Masson, 1997).

25 M. A. Cronin, S. C. Amstrup, and G. W. Garner, 'Interspecific and Intraspecific Mitochondrial DNA Variation in North American Bears (Ursus)', *Can. J. Zool.* 69(1991) : 2985-92 ; S. L. Talbot and G. F. Shields, 'Phylogeography of Brown Bears (Ursus arctos) of Alaska and Paraphyly within the Ursidae', *Mol. Phylog. Evol.* 5(1996) : 477-94.

26 Finlayson and Carrion, 'Rapid Ecological Turnover'.

27 イベリア半島の南部および東部、北部の諸地域、大西洋沿岸、バルカン半島、クリミア半島、カフカス地方などの主要拠点だけが残ったようだ。Van Andel, Davies, and Weninger, 'The Human Presence in Europe'.

28 Finlayson et al., 'Late Survival of Neanderthals'.

29 M. P. Richards et al., 'Stable Isotope Evidence for Increasing Dietary Breadth in the European mid-Upper Paleolithic', *Proc. Natl. Acad. Sci. USA* 98(2001) : 6528-32 ; E. Trinkaus et al., 'An Early Modern Human from the Pestera cu Oase, Romania', *Proc. Natl. Acad. Sci. USA* 100(2003) : 11231-6 ; E. M Wild et al., 'Direct Dating of Early Upper Palaeolithic Human Remains from Mladec', *Nature* 435 (2005) : 332-5 ; A. Soficaru, A. Dobos, and E.

Human Behaviour', *J. Hum. Evol.* 39(2000) : 453-563.

16 P. Mellars, K. Boyle, O. Bar-Yosef, and C. Stringer (eds), *Rethinking the Human Revolution* (Cambridge : McDonald Institute Monographs, 2007).

17 T. H. van Andel, W. Davies, and B. Weninger, 'The Human Presence in Europe during the Last Glacial Period I : Human Migrations and the Changing Climate', in T. H. van Andel and W Davies (eds), *Neanderthals and Modern Humans in the European Landscape during the Last Glaciation* (Cambridge : McDonald Institute Monographs, 2004), 31-56.

18 急激な気候変化として知られているものに、ダンスガード・オシュガー・イベントやハインリッヒ・イベントがある。前者は、数十年間で5〜10℃気温が上昇する急速な温暖化と、それに続く緩やかな寒冷化のこと。後者は、北大西洋への氷山流出に関連する短く急激な寒冷化のこと。ハインリッヒ・イベントが生じると、もともと低かった気温が3〜6℃下がった。5万〜3万年前には、10回のダンスガード・オシュガー・サイクルと3回のハインリッヒ・イベントが生じたと考えられている。W. J. Burroughs, *Climate Change in Prehistory*: *The End of the Reign of Chaos* (Cambridge : Cambridge University Press, 2005).

19 N. W. Rutter et al., 'Correlation and Interpretation of Paleosols and Loess across European Russia and Asia over the Last Interglacial-Glacial Cycle', *Quat. Res.* 60(2003) : 101-9.

20 J. Brigham-Grette et al., 'Chlorine-36 and 14C Chronology Support a Limited Last Glacial Maximum across Central Chukotka, Northeastern Siberia, and No Beringian Ice Sheet', *Quat. Res.* 59(2003) : 386-98.

21 M. G. Grosswald, 'Late Weichselian Ice Sheets in Arctic and Pacific Siberia', *Quat. Int.* 45-6(1998) : 3-18 ; M. G. Grosswald and T. J. Hughes, 'The Russian Component of an Arctic Ice Sheet during the Last Glacial Maximum', *Quat. Sci. Rev.* 21(2002) : 121-46.

22 A. N. Rudoy, 'Glacier-Dammed Lakes and Geological Work of Glacial Superfloods in the Late Pleistocene, Southern Siberia, Altai Mountains', *Quat. Int.* 87(2002) : 119-40.

23 Finlayson and Carrion, 'Rapid Ecological Turnover'.

24 奇襲を得意とする狩人だった最後のネアンデルタール人は、2万8000〜2万4000年前にジブラルタルにいたことが判明している。C. Finlayson et al., 'Late Survival of Neanderthals at the Southernmost

'Multiple Dispersals and Modern Human Origins', *Evol. Anthropol.* 3(1994) : 48-60.

8 C. Stringer and R. McKie, *African Exodus: The Origins of Modern Humanity* (London : Jonathan Cape, 1996).〔『出アフリカ記 人類の起源』クリス・ストリンガー、ロビン・マッキー著/河合信和訳/岩波書店/2001〕

9 多地域進化説のはじまりは、ホモ・エレクトスと現生人類の中間に、ネアンデルタール人の段階の人類がいたと考えられていた1920年代にまでさかのぼる。A. Hrdlicka, 'The Neanderthal Phase of Man ; The Huxley Memorial Lecture for 1927', *The Journal of the Royal Anthropological Institute of Great Britain and Ireland*, 57(1927) : 249-74.

この説は、Weidenreich, 'Neanderthal Man' および *Apes, Giants and Men* (Chicago : University of Chicago Press, 1946)、のちに C. S. Coon, *The Origin of Races* (New York : Knopf, 1962) および *The Living Races of Man* (New York : Knopf, 1965)によって発展した。

10 C. Loring Brace, 'The Fate of the "Classic" Neanderthals : A Consideration of Hominid Catastrophism', *Curr. Anthropol.* 5(1964) : 3-43.

11 D. S. Brose and M. H. Wolpoff, 'Early Upper Paleolithic Man and Late Middle Paleolithic Tools', *Amer. Anthropol.* 73(1971) : 1156-94 ; A. G. Thorne and M. H. Wolpoff, 'Regional Continuity in Australasian Pleistocene Hominid Evolution', *Am. J. Phys. Anthropol.* 55(1981) : 337-49.

12 C. B. Stringer, 'Population Relationships of Later Pleistocene Hominids : A Multivariate Study of Available Crania', *J. Archaeol. Sci.* 1(1974) : 317-42 ; C. B. Stringer and P. Andrews, 'Genetic and Fossil Evidence for the Origin of Modern Humans', *Science* 239(1974) : 1263-8.

13 C. Finlayson and J. S. Carrion, 'Rapid Ecological Turnover and Its Impact on Neanderthal and Other Human Populations', *Trends Ecol. Evol.* 22(2007) : 213-22.

14 出土した化石試料は、3万5500〜3万3500年前のものと推定されている。較正年代では4万2000〜3万9000年前とされているが、このくらい古い年代になると較正の正確さには疑問の余地が残る(第4章註5参照)。H. Shang et al., 'An Early Modern Human from Tianyuan Cave, Zhoukoudian, China', *Proc. Natl. Acad. Sci. USA* 104(2007) : 6573-8.

15 例として次の論文を参照。S. McBrearty and A. S. Brooks, 'The Revolution That Wasn't : A New Interpretation of the Origin of Modern

より数千年新しく、バルカン半島、クリミア半島、カフカス地方の集団より少なくとも 1000 年新しい。C. Finlayson et al., 'Late Survival of Neanderthals at the Southernmost Extreme of Europe', *Nature* 443(2006) : 850-3.

■第6章　運命のさじ加減——ヨーロッパの石器文化

1　この人類は、熱帯アフリカの温暖な気候の下で効率よく体の熱を逃がすように進化したため、すらりとした細身の体型をしていた。C. Stringer and C. Gamble, *In Search of the Neanderthals : Solving the Puzzle of Human Origins* (London : Thames and Hudson, 1993) ; R. G. Klein, *The Human Career : Human Biological and Cultural Origins* (Chicago : Chicago University Press, 1999).

2　F. Weidenreich, 'The "Neanderthal Man" and the Ancestors of "Homo sapiens"', *Amer. Anthropol.* 42(1943) : 375-83.

3　P. Pettitt, 'Odd Man Out : Neanderthals and Modern Humans', *Brit. Archaeol.* 51(2000) : 1-5.

4　F. C. Howell, 'The Evolutionary Significance of Variation and Varieties of "Neanderthal" Man', *Quat. Rev. Biol.* 32 (1957) : 330-47 ; W. W. Howells, 'Explaining Modern Man : Evolutionists versus Migrationists', *J. Human Evol.* 5(1976) : 477-95.

留意すべきは、ハウエルズの論文につけられた突拍子もない副題 (Evolutionists versus Migrationists) である。ここでは evolution（進化）と migration（移住）があたかもまったく正反対のプロセスであるかのように区別されている。「移住」という考え方が、地理的拡大の経過を理解するときに混乱を招くことはここからも明らかであり、それは現在まで続いている。

5　R. L. Cann, M. Stoneking, and A. C. Wilson, 'Mitochondrial DNA and Human Evolution', *Nature* 325(1987) : 31-6.

6　P. Mellers and C. Stringer (eds), *The Human Revolution : Behavioural and Biological Perspectives in the Origins of Modern Humans* (Edinburgh : Edinburgh University Press, 1989).

7　最近では、主に「第２次出アフリカ」として知られている。「第２次」という言葉は、ホモ・エレクトスによる最初の拡散と区別するために使われている。ラーとフォリーは、生物学の研究結果を多く取り入れて、アフリカからは複数回にわたって拡散が行われたという説を提唱した。Lahr and Foley

いた。また、アンティクウスゾウ（*Elephas* [*Paleoloxodon*] *antiquus*）は広葉樹林に生息していた。これらの種が絶滅したのは最終間氷期の後のことで、5万〜2万5000年前には姿を消していたと考えられる。

29 Stuart, 'Mammalian Extinctions'; Pushkina, 'The Pleistocene Easternmost Distribution'.

30 Finlayson and Carrion, 'Rapid Ecological Turnover'; Krause et al., 'Neanderthals in Central Asia'.

31 M. Pitts and M Roberts, *Fairweather Eden* (London : Century, 1997) ; C. Gamble, *The Palaeolithic Societies of Europe* (Cambridge : Cambridge University Press, 1999) ; S. A. Parfitt et al., 'The Earliest Record of Human Activity in Northern Europe', *Nature* 438(2005) : 1008–12.

32 H. Thieme, 'Lower Palaeolithic Hunting Spears from Germany', *Nature* 385(1997) : 807–10.

33 「古典的」ネアンデルタール人とは、一通りの解剖学的特徴を備えているため、ネアンデルタール人のものと容易に識別できる化石のこと。

34 Finlayson, *Neanderthals and Modern Humans.*

35 A. J. Stuart, 'The Failure of Evolution : Late Quaternary Mammalian Extinctions in the Holarctic', *Quat. Int.* 19(1993) : 101–7.

36 S. E. Churchill, 'Of Assegais and Bayonets : Reconstructing Prehistoric Spear Use', *Evol. Anthropol.* 11(2002) : 185–6.

37 Klein, *The Human Career.*

38 T. D. Berger and E. Trinkaus, 'Patterns of Trauma among the Neandertals', *J. Archaeol. Sci.* 22(1995) : 841–52.

39 Finlayson, *Neanderthals and Modern Humans.*

40 J. R. M. Allen et al., 'Rapid Environmental Changes in Southern Europe during the Last Glacial Period', *Nature* 400(1999) : 740–3.

41 ヨーロッパ各地で見つかっているネアンデルタール人の化石のDNAを比較分析した結果、氷期のあいだに、さまざまな集団が退避地で孤立していた様子が浮かび上がってきた。C. Lalueza-Fox et al., 'Mitochondrial DNA of an Iberian Neandertal Suggests a Population Affinity with Other European Neandertals', *Curr. Biol.* 16(2006) : R629–30.

42 Finlayson and Carrion, 'Rapid Ecological Turnover'.

43 ネアンデルタール人の最後の集団がゴーラム洞窟にいた2万8000〜2万4000年前という年代は、イベリア半島北部とフランス南西部の集団の年代

し発表されている気候曲線をよく見ると、「暖かく湿った」時期と「寒く乾いた」時期は、どの氷期－間氷期サイクルをとっても、全体のほんのわずかの割合しかない（すべての温暖期が多湿ではなく、すべての寒冷期が乾燥しているわけではないのに、ほとんどがこのように大まかに分類されていた）。実際は、両極のあいだに位置する気候が大部分の期間を占めているのだ。

気候変動は現代に近づくにつれてより顕著になり、生態学的な混乱も以前より大きくなった。こうした変化のたえない状況下では、閉鎖林なりツンドラステップなりが、ユーラシア全土を長期間覆い尽くした様子を思い描くのは難しい。間氷期が絶頂を迎えたときでさえ、局所的な地質や大型草食動物の動き、そして自然火災によって、ヨーロッパ北西部のほぼ全土に閉鎖林、低湿地、サバンナ林、灌木地、草原からなるモザイクが残されていたのである。J-C Svenning, 'A Review of Natural Vegetation Openness in North-western Europe', *Biol Cons.* 104(2002) : 133-48.

21 C. Guérin and M. Patou-Mathis, *Les grands mammiferes pliopleistocenes d'Europe* (Paris : Masson, 1997).

22 動物たちの成功は、効率よく食べて消化できる植物が手に入るかどうかにかかっていた。葉っぱを摘んで食べる「ブラウザー」もいれば、足元の草を食む「グレイザー」もいたが、多くはその両方ができたようだ。R E. Bodmer, 'Ungulate Frugivores and the Browser-Grazer Continuum', *Oikos* 57(1990) : 319-25.

23 A. J. Stuart, 'Mammalian Extinctions in the Late Pleistocene of Northern Eurasia and North America', *Biol. Rev. Camb. Philos. Soc.* 66(1991) : 453-562.

24 更新世のヨーロッパには2種類のカバが生息していた。ひとつはヨーロッパ産の *Hippopotamus major*（*Hippopotamus antiquus* としても知られる）で、アフリカ産の *Hippopotamus amphibious* は現在もアフリカにおり、ヨーロッパでは最終間氷期まで生き残った。Pushkina, 'The Pleistocene Easternmost Distribution'.

25 Budalus Murrensis.

26 Guérin and Patou-Mathis, *Les grands mammiferes plio-pleistocenes.*

27 バーバリーマカクは、ジブラルタル・ロックに生息していることや、尾のないその姿から、岩猿（ロック・エイプ）の名でもよく知られている。18世紀にイギリス人によってジブラルタルに持ち込まれ野生化した。

28 ステファノリヌス・ヘミトエクスは樹木のあるステップに生息し、それより大きいメルクサイ（*Stephanorhinus kirchbergensis*）は森林に暮らして

13　第2章参照。アフリカのホモ・ハイデルベルゲンシスの化石をどう位置づけるかは、アフリカとユーラシアの系統が分かれた時期をどこに置くかに左右される。遺伝学的な証拠が示すように、枝分かれが更新世中期の初めごろだとしたら、アフリカの系統にはユーラシアのものとは異なる名称、おそらくローデシア人（ホモ・ローデシエンシス）が与えられることになるだろう。その場合、ホモ・ハイデルベルゲンシスという名前はヨーロッパの集団だけに用いられ、彼らはネアンデルタール人の祖先であって、現生人類の祖先ではないことになる。解剖学と遺伝学を組み合わせた近年の研究からは、ホモ・ハイデルベルゲンシスとネアンデルタール人には密接なつながりがあり、現生人類が別の進化系統にあることが強くうかがえる。R. Gonzalez-Jose et al., 'Cladistic Analysis of Continuous Modularized Traits Provides Phylogenetic Signals in Homo Evolution', *Nature* 453(2008) : 775-8.

14　P. deMenocal, 'Plio-Pleistocene African Climate', *Science* 270(1995) : 53-9.

15　南方マンモスは *Mammuthus meridionalis*、ステップマンモスは *Mammuthus trogontheri*、ケナガマンモスは *Mammuthus primigenius*。A. M. Lister and A. V. Sher, 'The Origin and Evolution of the Woolly Mammoth', *Science* 294(2001) : 1094-7

16　S. L. Vartanyan, V E. Garrut, and A. V Sher, 'Holocene Dwarf Mammoths from Wrangel Island in the Siberian Arctic', *Nature* 382(1993) : 337-40.

17　Lister and Sher, 'Origin and Evolution of the Woolly Mammoth'.

18　R. G. Klein, *The Human Career : Human Biological and Cultural Origins* (Chicago : Chicago University Press, 1999).

19　T. van Kolfschoten, 'The Eemian Mammal Fauna of Central Europe', *Neth. J. Geosci.* 79(2000) : 269-81 ; D. Pushkina, 'The Pleistocene Easternmost Distribution in Eurasia of the Species Associated with the Eemian Palaeoloxodon antiquus Assemblage', *Mammal. Rev.* 37(2007) : 224-45.

20　寒冷期と温暖期の動物相の違いは、ユーラシアを襲った氷期の波に対処する動物たちの姿を一般化するのに利用されてきたが、そのおかげで多くの有益な情報が埋もれてしまうことになった。寒冷化・温暖化が交互に訪れたことに関する文章を数多く読んできたが、まず印象に残ったのは、温暖・湿潤期の閉鎖林から、寒冷・乾燥期の開けたツンドラステップに変化するユーラシアの景観であり、次に続いたのが温暖期と寒冷期の動物相だった。しか

Times for Neandertals and Modern Humans', *Proc. Nad. Acad. Sci. USA* 105 (2008) : 4645-9.

さらにさかのぼって分岐点を 80 万年前とする報告もある。I. V. Ovchinnikov et al., 'Molecular Analysis of Neanderthal DNA from the Northern Caucasus', *Nature* 404(2000) : 490-3 ; P. Beerli and S. V. Edwards, 'When Did Neanderthals and Modern Humans Diverge?', *Evol. Anthropol. Suppl.* 1(2002) : 60-3.

9 たとえば次の文献を参照のこと。C. Stringer and C. Gamble, *In Search of the Neanderthals : Solving the Puzzle of Human Origins* (London : Thames and Hudson, 1993).〔『ネアンデルタール人とは誰か』クリストファー・ストリンガー、クライヴ・ギャンブル著／河合信和訳／朝日新聞社／ 1997〕

10 C. Finlayson and j. S. Carrion, 'Rapid Ecological Turnover and Its Impact on Neanderthal and Other Human Populations', *Trends Ecol. Evol.* 22 (2007) : 213-22 ; J. Krause et al., 'Neanderthals in Central Asia and Siberia', *Nature* 449(2007) : 902-4.

11 進化の連続的な過程においては、更新世中期のユーラシアにいた人類を、正確な時間の区切りをもってハイデルベルク人かネアンデルタール人か見極めるのは容易ではない。ネアンデルタール人と認められる標本は、20 万～12 万 5000 年前に出現している。

12 ちなみに、第 1 章で簡単に紹介した〈骨の穴〉の人類は、氷期が世界に影響を与えはじめたころ、大型の草食動物や肉食動物が入り混じる多様な動物相とともに進化をとげた。それは、地球の気候が 10 万年周期で寒い「氷期」と暖かい「間氷期」を繰り返すようになった年代だ。概して更新世中期の世界はそれ以前よりも寒く、とりわけ 40 万年前以降に訪れた間氷期は、平均すると約 1 万年間しか続かなかった。W. J. Burroughs, Climate Change in Prehistory : *The End of the Reign of Chaos* (Cambridge : Cambridge University Press, 2005).

それぞれの氷期は、間氷期前の激しい温暖化を伴って急激に終わりを告げ、間氷期の終わりには次の氷期に向かう緩やかな寒冷化が起きた。西からの海洋気候に大きく影響されて湿潤だった間氷期もあれば、大陸からの強い支配を受けてぐんと乾燥した間氷期もあった。この気候パターンに駄目を押したのが、寒冷・温暖の短い波である。W. Roebroeks, N. J. Conard, and T. van Kolfschoten, 'Dense Forests, Cold Steppes, and the Palaeolithic Settlement of Northern Europe', *Curr. Anthropol.* 33(1992) : 551-86.

渡り島々の迷路を進んで行われた現生人類の拡散の一例にすぎない。それは、ずっと後に行われたポリネシアへの拡散でも同じことである。
51 G. Hudjashov et al., 'Revealing the Prehistoric Settlement of Australia by Y Chromosome and mtDNA analysis', *Proc. Natl. Acad. Sci. USA* 104 (2007) : 8726–30.
52 P. Clarke, *Where the Ancestors Walked* (Crow's Nest, NSW : Allen and Unwin, 2003) ; J. Flood, *Archaeology of the Dreamtime: The Story of Prehistoric Australia and Its People* (Marleston, South Australia: JB Publishing, 2004).
53 J. Bowler et al., 'New Ages for Human Occupation and Climatic Change at Lake Mungo, Australia', *Nature* 421 (2003) : 837–40.

■第 5 章　適切な時に適切な場所にいること

1 成人男性は体重がたったの 43.2 キロ、女性は 28.7 キロと推定されている。L. R. Berger et al., 'Small-Bodied Humans from Palau, Micronesia', *PLoS One* 3 (2008/) : el780, doi : 10.137l/journal.pone.0001780.
2 C. Finlayson, *Neanderthals and Modern Humans: An Ecological and Evolutionary Perspective* (Cambridge : Cambridge University Press, 2004).
3 ネアンデルタール人の DNA 配列は、1997 年に初めて公表された。M. Krings et al., 'Neandertal DNA Sequences and the Origin of Modern Humans', *Cell* 90 (1997) : 19–30.
4 R. E. Green et al., 'Analysis of One Million Base Pairs of Neanderthal DNA', *Nature* 444 (2006) : 330–6 ; J. P. Noonan et al., 'Sequencing and Analysis of Neanderthal Genomic DNA', *Science* 314 (2006) : 1113–18.
5 C. Lalueza-Fox et al., 'A Melanocortin 1 Receptor Allele Suggests Varying Pigmentation among Neanderthals', *Science* 318 (2007) : 1453–5.
6 J. Krause et al., 'The Derived FOXP2 Variant of Modern Humans Was Shared with Neandertals', *Curr. Biol.* 17 (2007) : 1908–12.
7 C. Finlayson, 'Biogeography and Evolution of the Genus Homo', *Trends Ecol. Evol.* 20 (2005) : 457–63.
8 J. D. Wall and S. K. Kim, 'Inconsistencies in Neanderthal Genomic DNA Sequences', *PLoS Genetics* 3 (2007) : el75 ; T. D. Weaver et al., 'Close Correspondence between Quantitative- and Molecular-Genetic Divergence

Their Implications for Quaternary Geochronology Based on Luminescence (TL/OSL) Age Determinations', *Quat. Geochronol.* 2(2007) : 309-313.

38 D. Geraads, 'Faunal Environment and Climatic Change in the Middle/Late Pleistocene of North-western Africa', *Abstracts of Modern Origins : A North African Perspective* (Leipzig : Max Planck, 2007).

39 J.-J. Hublin et al., 'Dental Evidence from the Aterian Human Populations of Morocco', 同上。

40 Van Peer, 'The Nile Corridor'.

41 H. V. A. James and M. D. Petraglia, 'Modern Human Origins and the Evolution of Behavior in the Later Pleistocene Record of South Asia', *Curr. Anthropol.* 46(suppl.)(2005) : S3-27.

42 Barnabas, 'High-Resolution mtDNA Studies'.

43 K. O. Pope and J. E. Terrell, 'Environmental Setting of Human Migrations in the Circum-Pacific Region', *J. Biogeogr.* 35(2008) : 1-21.

44 J. S. Field et al., 'The Southern Dispersal Hypothesis and the South Asian Archaeological Record : Examination of Dispersal Routes through GIS Analysis' *J. Anthropol. Archaeol.* 26(2007) : 88-108.

45 H. C. Harpending et al., 'The Genetic Structure of Ancient Human Populations', *Curr. Anthropol.* 34(1993) : 483-96.

46 S. H. Ambrose, 'Late Pleistocene Human Population Bottlenecks, Volcanic Winter, and Differentiation of Modern Humans', *J. Hum. Evol.* 34 (1998) : 623-51.

47 Pope and Terrell, 'Environmental Setting of Human Migrations'.

48 Bird, 'Palaeoenvironments of Insular Southeast Asia'.

49 Barker et al., 'The "Human Revolution" '.

50 人類が4万5000年前ごろに初めてアンダマン諸島に定住したとする遺伝子調査の結果は、出アフリカの南ルートを証明する証拠と見なされてきた。しかしこの証拠は今では疑問視されており、人類の到着は2万4000年前以降ではないかと考えられている。S. S. Barik et al., 'Detailed mtDNA Genotypes Permit a Reassessment of the Settlement and Population Structure of the Andaman Islands', *Am. J. Phys. Anthropol.* 136 (2008) : 19-27.

移動手段が、そのためにつくった舟だったのか、天然のいかだだったのかはわからない。だがどちらにせよ、アンダマン諸島への人類の到達は、海を

30　Szabo et al., 'Ages of Quaternary Pluvial Episodes'; Fleitmann et al., 'Changing Moisture Sources'; Osmond and Dabous, 'Timing and Intensity of Groundwater Movement'; Smith et al., 'A Reconstruction of Quaternary Pluvial Environments'; Vaks et al., 'Desert Speleothems Reveal Climatic Window'.

31　Van Peer, 'The Nile Corridor'.

32　化石がないので、はっきり特定することはできないが、ネアンデルタール人の存在の痕跡がレバント〔地中海東岸の一帯〕南部にまったく見当たらないことから、この２つの集団は早期現生人類か現生人類、もしくはその両方と考えられる。どちらかの集団は、スフール、カフゼーの早期現生人類とつながりがあったかもしれない（第３章参照）。

33　Van Peer, 'The Nile Corridor'.

34　M. D. Petraglia and A. Alsharekh, 'The Middle Palaeolithic of Arabia: Implications for Modern Human Origins, Behaviour and Dispersals', *Antiquity* 77(2003): 671-84.

35　同上。

36　D. Schmitt and S. E. Churchill, 'Experimental Evidence Concerning Spear Use in Neandertals and Early Modern Humans', *J. Archaeol. Sci.* 30 (2003): 103-14.

37　M. Cremaschi et al., 'Some Insights on the Aterian in the Libyan Sahara: Chronology, Environment, and Archaeology', *Afr. Archaeol. Rev.* 15(1998): 261-86; A. Debenath, 'Le peuplement préhistorique du Maroc: données récentes et problèmes', *L'Anthropol.* 104(2000): 131-45; A. Bouzouggar et al., 'Etude des ensembles lithiques atériens de la grotte d'El Aliya à Tanger (Maroc)', *L'Anthropol.* 106 (2002): 207-48; A. C. Haour, 'One Hundred Years of Archaeology in Niger', *J. World Prehist.* 17(2003): 181-234; E. A. A. Garcea, 'Crossing Deserts and Avoiding Seas: Aterian North African-European Relations', *J. Anthropol. Res.* 60 (2004): 27-53; B. E. Barich et al., 'Between the Mediterranean and the Sahara: Geoarchaeological Reconnaissance in the Jebel Gharbi, Libya', *Antiquity* 80 (2006): 567-82; A. Bouzouggar et al., '82,000-Year-Old Shell Beads from North Africa and Implications for the Origins of Modern Human Behaviour', *Proc. Nad. Acad. Sci. USA* 104(2007): 9964-9; N. Mercier et al., 'The Rhafas Cave (Morocco): Chronology of the Mousterian and Aterian Archaeological Occupations and

16 L. Quintana-Murci et al., 'Genetic Evidence of an Early Exit of Homo sapiens sapiens through Eastern Africa', *Nat. Genet.* 23(1999) : 437-41.

17 R. C. Walter et al., 'Early Human Occupation of the Red Sea Coast of Eritrea during the Last Interglacial', *Nature* 405(2000) : 65-9.

2008年には、同じころに紅海沿岸でオオジャコガイの利用がはじまったとする発表があったが、確かな裏づけはないようだ。C. Richter, et al., 'Collapse of a New Living Species of Giant Clam in the Red Sea', *Curr. Biol.* 18 (2008) : 1-6.

18 C. Marean et al., 'Early Human Use of Marine Resources and Pigment in South Africa during the Middle Pleistocene', *Nature* 449(2007) : 905-9.

19 J. H. Bruggemann et al., 'Stratigraphy, Palaeoenvironments and Model for the Deposition of the Abdur Reef Limestone : Context for an Important Archaeological Site from the Last Interglacial on the Red Sea Coast of Eritrea', *Palaeogeogr., Palaeoclimatol, Palaeoecol.* 203(2004) : 179-206.

20 E. J Rohling et al., 'High Rates of Sea-Level Rise during the Last Interglacial Period', *Nat. Geosc.* 1(2007) : 38-42.

21 A. Carpenter, 'Monkeys Opening Oysters', *Nature* 36(1887) : 53.

22 S. Malaivijitnond et al., 'Stone-Tool Usage by Thai Long-Tailed Macaques (Macaca fasdcularis)', *AmJ. Primatol.* 69(2007) : 227-33.

23 G. V Glazko and M. Nei, 'Estimation of Divergence Times for Major Lineages of Primate Species', *Mol. Biol. Evol* 20(2003) : 424-34.

24 A. Brumm et al., 'Early Stone Technology on Flores and Its Implications for Homo floresiensis', *Nature* 441(2006) : 624-8.

25 C. Abegg and B. Thierry, 'Macaque Evolution and Dispersal in Insular South-East Asia', *Biol. J. Linn. Soc.* 75(2002) : 555-76.

26 R. G. Klein, *The Human Career : Human Biological and Cultural Origins* (Chicago : Chicago University Press, 1999).

27 C. A. Fernandes et al., 'Absence of Post-Miocene Red Sea Land Bridges : Biogeographic Implications', *J. Biogeogr.* 33(2006) : 961-6.

28 J. S. Field and M. M. Lahr, 'Assessment of the Southern Dispersal : GIS-Based Analyses of Potential Routes at Oxygen Isotopic Stage 4', *J. World Prehist.* 19(2005) : 1-45.

29 P. Van Peer, 'The Nile Corridor and the Out-of-Africa Model', *Curr. Anthropol* 39(suppl.) (1998) : S115-40.

Corridor in Sundaland?', *Quat. Sci. Rev.* 24(2005) : 2228–42.

9 C. Finlayson, *Neanderthals and Modern Humans: An Ecological and Evolutionary Perspective* (Cambridge : Cambridge University Press, 2004).

10 Barker et al., 'The "Human Revolution" '.

11 同上。

12 L. Beaufort et al., 'Biomass Burning and Oceanic Primary Production Estimates in the Sulu Sea Area over the Last 380 kyr and the East Asian Monsoon Dynamics', *Mar. Geol.* 201 (2003) : 53–65 ; G. Anshari et al., 'Environmental Change and Peatland Forest Dynamics in the Lake Sentarum Area, West Kalimantan, Indonesia', *J. Quat. Sci.* 19(2004) : 637–55.

13 P. A. Underhill et al., 'The Phylogeography of Y Chromosome Binary Haplotypes and the Origins of Modern Human Populations', *Ann. Hum. Genet.* 65(2001) : 43–62 ; S. Wells, *The Journey of Man: A Genetic Odyssey* (London : Penguin, 2002) ; S. *Oppenheimer, Out of Eden: The Peopling of the World* (London : Robinson, 2004) ; S. Barnabas et al., 'High-Resolution mtDNA Studies of the Indian Population : Implications for Palaeolithic Settlement of the Indian Subcontinent', *Ann. Hum. Genet.* 70(2005) : 42–58 ; V. Macaulay et al. 'Single, Rapid Coastal Settlement of Asia Revealed by Analysis of Complete Mitochondrial Genomes', *Science* 308(2005) : 1034–6.

14 B. J. Szabo et al., 'Ages of Quaternary Pluvial Episodes Determined by Uranium-Series and Radiocarbon Dating of Lacustrine Deposits of Eastern Sahara', *Palaeogeogr., Palaeoclimatol, Palaeoecol.* 113 (1995) : 227–42 ; D. Fleitmann et al., 'Changing Moisture Sources over the Last 330,000 Years in Northern Oman from Fluid-Inclusion Evidence in Speleothems', *Quat. Res.* 60(2003) : 223–32 ; J. K. Osmond and A. A. Dabous, 'Timing and Intensity of Groundwater Movement during Egyptian Sahara Pluvial Periods by U-series Analysis of Secondary U in Ores and Carbonates', *Quat. Res.* 61 (2004) : 85–94 ; J. R. Smith et al., 'A Reconstruction of Quaternary Pluvial Environments and Human Occupations Using Stratigraphy and Geochronology of Fossil-Spring Tufas, Kharga Oasis, Egypt', *Geoarchaeol.* 19(2004) : 407–39 ; A. Vaks et al., 'Desert Speleothems Reveal Climatic Window for African Exodus of Early Modern Humans', *Geology* 35(2007) : 831–4.

15 M. M. Lahr and R. Foley, 'Multiple Dispersals and Modern Human Origins', *Evol. Anthropol.* 3(1994) : 48–60.

■第4章　一番よく知っていることに忠実であれ

1　G. H. Orians and J. H. Heerwagen, 'Evolved Responses to Landscapes', in J. H. Barkow et al. (eds), *The Adapted Mind: Evolutionary Psychology and the Generation of Culture* (New York: Oxford University Press, 1992); G. H. Orians, 'Human Behavioral Ecology: 140 Years without Darwin Is Too Long', *Bull. Ecol. Soc. Amer.* 79 (1998): 15-28; G. H. Orians, 'Aesthetic Factors', *Encyclopaedia of Biodiversity* 1(2001): 45-54.

2　Z. Majid, 'The West Mouth, Niah, in the Prehistory of Southeast Asia', *Sarawak Mus. J.* 23(1982): 1-200.

3　T. Harrisson, 'Radio Carbon C-14 Datings from Niah: A Note', *Sarawak Mus. J.* 9(1959): 136-8.

4　G. Barker et al., 'The "Human Revolution" in Lowland Tropical Southeast Asia: The Antiquity and Behavior of Anatomically Modern Humans at Niah Cave (Sarawak, Borneo)', *J. Hum. Evol.* 52(2007): 243-61

5　放射性炭素年代測定法による。この測定法は炭素14の比率を利用しているが、大気中の炭素14量は時とともに変動しているため、算定された年代と実際の年代には誤差が生じ、較正が必要となる。本書では、とくに記載のない限り未較正の形で年代を示したが、2万6000年前までは信頼できる較正曲線が得られていないため、それ以前の年代には未較正のものを用いたほうが無難である。また、較正した年代はしていない年代よりも古く出ることが多いが、この差はそのときどきの大気中の炭素14量によって変化する。P. Reimer et al, 'Comment on "Radiocarbon Calibration Curve Spanning 0 to 50,000 Years BP Based on Paired $^{230}Th/^{234}U/^{238}U$ and ^{14}C Dates on Pristine Corals" by R. G. Fairbanks et al.', *Quat. Sci. Rev.* 24(2005): 1781-96.

6　C. O. Hunt et al., 'Modern Humans in Sarawak, Malaysian Borneo, during Oxygen Isotope Stage 3: Palaeoenvironmental Evidence from the Great Cave of Niah', *J. Arch. Sci.* 34(2007): 1953-69.

7　景観は気候とともに変化し、ニアに人類がいた4万6000〜3万4000年前には、熱帯雨林が少なくとも二度戻ってきたようだ。Barker et al., 'The "Human Revolution" '.

8　ニアは北緯3度にある。最終氷期の最寒冷期には、ボルネオ島の気温は6〜7℃下がり、降雨量も30〜50パーセント減少したと考えられている。Hunt et al., 'Modern Humans in Sarawak'; M. I. Bird et al., 'Palaeoenvironments of Insular Southeast Asia during the Last Glacial Period: A Savanna

では早期現生人類と呼んでいる）に分類される。この化石は、ウラン系列年代測定法と電子スピン共鳴法から、16 万（± 1 万 6000）年前のものと考えられている。J-J. Hublin, 'Modern-Nonmodern Hominid Interactions : A Mediterranean Perspective', in Bar-Yosef and Pilbeam (eds), *Geography of Neanderthals*, 157-82 ; T. M. Smith et al., 'Earliest Evidence of Modern Human Life History in North African Early Homo sapiens', *Proc. Natl. Acad. Sci. USA* 104(2007) : 6128-33.

44 A. Ayalon et al., 'Climatic Conditions during Marine Oxygen Isotope Stage 6 in the Eastern Mediterranean Region from the Isotopic Composition of Speleothems of Soreq Cave, Israel', *Geology* 30(2002) : 303-6.

45 S. Oppenheimer, *Out of Eden : The Peopling of the World* (London : Robinson, 2004).〔『人類の足跡 10 万年全史』スティーヴン・オッペンハイマー著／仲村明子訳／草思社／ 2007〕

46 S. Wells, *The Journey of Man : A Genetic Odyssey* (London : Penguin, 2002).〔『アダムの旅』スペンサー・ウェルズ著／和泉裕子訳／バジリコ／2007〕

47 Oppenheimer, *Out of Eden* ; Wells, *The journey of Man*.

48 C. Stringer, 'Coasting out of Africa', *Nature* 405(2000) : 24-7.

49 M. Pagani et al., 'Marked Decline in Atmospheric Carbon Dioxide Concentrations during the Paleogene', *Science* 309(2006) : 600-3.

50 T. E. Cerling et al., 'Global Vegetation Change through the Miocene/Pliocene Boundary', *Nature* 389(1997) : 153-8.

51 L. Segalen et al., 'Timing of C_4 Grass Expansion across Sub-Saharan Africa', *J. Hum. Evol.* 53(2007) : 549-59.

52 S. F. Greb et al., 'Evolution and Importance of Wetlands in Earth History', *Geol. Soc. Amer.*, Special Paper 399 (2006) : 1-40 ; G. P. Nicholas, 'Wetlands and Hunter-Gatherers : A Global Perspective', *Curr. Anthropol.* 39 (1998) : 720-31 ; C. Finlayson, *Neanderthals and Modern Humans : An Ecological and Evolutionary Perspective* (Cambridge : Cambridge University Press, 2004).

53 R. Dennell, 'Dispersal and Colonisation, Long and Short Chronologies : How Continuous Is the Early Pleistocene Record for Hominids Outside East Africa?', *J. Hum. Evol.* 45(2003) : 421-10.

物の名残を念入りに調べ、その結果、20世紀初めに人骨が発掘された当時から保存されていた堆積物試料との一致が確認されることになった。古い収集物の年代測定をするときについて回る潜在的な誤差は否めないが、ともかくスフールの貝殻は、中東の早期現生人類が現代的な行動をとっていたことを証明するのに一役買うことになったのである。

37 同上。

38 Bouzouggar et al., '82,000-Year-Old Shell Beads'.

39 23個体（10種）分の軟体動物の痕跡が見つかっており、ここで消費されたと考えられている。Marean, 'Early Human Use of Marine Resources'.

また、この遺跡からは2点の人類化石が出土しているが、はっきりしたことはまだわかっていない。C. Marean et al., 'Paleoanthropological Investigations of Middle Stone Age Sites at Pinnacle Point, Mossel Bay (South Africa) : Archaeology and Hominid Remains from the 2000 Field Season', *PaleoAnthropology* 5(2004) : 14-83.

40 D. M. Bramble and D. E. Lieberman, 'Endurance Running and the Evolution of Homo', *Nature* 432(2004) : 345-52 ; K. L. Steudel-Numbers et al., 'The Effect of Lower Limb Length on the Energetic Cost of Locomotion : Implications for Fossil Hominins', *J. Hum. Evol.* 47 (2004) : 95-109 ; K. L. Steudel-Numbers, 'Energetics in Homo erectus and Other Early Hominins : The Consequences of Increased Lower-Limb Length', *J. Hum. Evol.* 51 (2006) : 445-53 ; K. L. Steudel-Numbers et al., 'The Evolution of Human Running : Effects of Changes in Lower-Limb Length on Locomotor Economy', *J. Hum. Evol.* 53(2007) : 191-6.

41 Churkina and Running, 'Contrasting Climatic Controls'.

42 エチオピアのオモ・キビシュでは19万5000（±5000）年前、同じくエチオピアのヘルトでは16万〜15万4000年前、スーダンのシンガでは13万3000（±2000）年前のものと考えられる人骨化石が見つかっている。I. Mac-Dougall et al., 'Stratigraphic Placement and Age of Modern Humans from Kibish, Ethiopia', *Nature* 433 (2005) : 733-6 ; J. D. Clark et al., 'Stratigraphic, Chronological and Behavioural Contexts of Pleistocene Homo sapiens from Middle Awash, Ethiopia', *Nature* 423 (2003) : 747-52 ; F. McDermott et al., 'New Late-Pleistocene Uranium-Thorium and ESR Dates for the Singa Hominid (Sudan)', *J. Hum. Evol.* 31(1996) : 507-16.

43 モロッコのジェベル・イルーから出土した化石は、古代型現代人（本書哺乳類を待ち伏せてしとめるのに使われたと思われる石の槍先が多く発見される点で、レバント・ムステリアンと類似している。J. J. Shea, 'Neandertals, Competition, and the Origin of Modern Human Behavior in the Levant', *Evol. Anthropol.* 12(2003) : 173-87.

27 Trinkaus, 'Early Modern Humans'.

28 P. Mellars and C. Stringer (eds), *The Human Revolution : Behavioural and Biological Perspectives in the Origins of Modern Humans* (Edinburgh : Edinburgh University Press, 1989).

29 R. G. Klein, 'Archeology and the Evolution of Human Behavior', *Evol. Anthropol.* 9(2000) : 17-36.

30 C. Finlayson, 'Biogeography and Evolution of the genus Homo', *Trends Ecol. Evol.* 20(2005) : 457-63.

31 C. Henshilwood et al., 'Middle Stone Age Shell Beads from South Africa', *Science* 304(2004) : 404.

32 南アフリカのピナクルポイントでは、顔料に使われる 57 個のオーカーが発見され、そのうち 10 ないし 12 個が加工されていた。年代は 16 万 4000（± 1 万 2000）年前のものと推定される。C. Marean et al., 'Early Human Use of Marine Resources and Pigment in South Africa during the Middle Pleistocene', *Nature* 449(2007) : 905-9.

33 Henshilwood et al., 'Middle Stone Age Shell Beads' ; M. Vanhaeren et al., 'Middle Paleolithic Shell Beads in Israel and Algeria', *Science* 312(2006) : 1785-8 ; A. Bouzouggar et al., '82,000-Year-Old Shell Beads from North Africa and Implications for the Origins of Modern Human Behaviour', *Proc. Natl. Acad. Sci. USA* 104(2007) : 9964-9.

34 光刺激ルミネッセンス（OSL）法を用いた年代測定による。ブロンボス洞窟の同じ地層から出てきた焼けたフリント石器を熱ルミネッセンス法で測定すると、7 万 7000（± 6000）年前という年代が出た。Henshilwood et al., 'Middle Stone Age Shell Beads'.

35 F. E. Grine and C. S. Henshilwood, 'Additional Human Remains from Blombos Cave, South Africa (1999-2000 Excavations)', *J. Hum. Evol.* 42(2002) : 293-302.

36 M. Vanhaeren, 'Middle Paleolithic Shell Beads'.

スフール洞窟は先に見たように早期現生人類に関連する遺跡だが、洞窟にはもはや掘り返せるような試料がなかった。そこで貝殻に付着していた堆積

17　Tchernov, 'The Faunal Sequence'.

18　密林に生息する種も見つかっているが、ノロジカだけで、しかもごく少数である。

19　Bar-Yosef, 'The Middle and Early Upper Paleolithic'.

20　電子スピン共鳴法（ESR）で歯を分析したところ、12万2000（±1万6000）年前という測定結果が得られた。ネアンデルタール人骨格の「タブーン1号」はB層からC層に埋まっていたと考えられるため、同年代の可能性が最も高い動物相はB層になる。Grün and Stringer, 'Tabun revisited'.

21　ファイトリス（植物石もしくはプラントオパール）とは、さまざまな植物に含まれる堅くて微小な物質で、遺跡発掘現場から採取されることがある。12万2000年前のネアンデルタール人の骨が見つかったタブーンの地層からは、その周辺に現在見られる地中海性森林に関連したファイトリスが出土している。どのファイトリスがどの植物のものなのかを正確に判断することはできないが、出土したものと類似したファイトリスをもつ植物には、常緑性のセイチガシ、落葉性のタボルガシ、イナゴマメ、オリーブなどが含まれ、そのどれもが現在も周辺地域で見られる。R. M. Albert et al, 'Mode of Occupation of Tabun Cave, Mt Carmel, Israel during the Mousterian Period : A Study of the Sediments and Phytoliths', *J. Arch. Sci.* 26(1999) : 1249-60.

22　エジプトのナザレット・カーターで見つかった人骨は、3万7570（+350～−310）年前のものと推定されている。E. Trinkaus, 'Early Modern Humans', *Ann. Rev. Anthropol.* 34(2005) : 207-30.

23　H. Valladas et al., 'Thermoluminescence Dates for the Neanderthal Burial Site at Kebara in Israel', *Nature* 330(1987) : 159-60 ; H. P. Schwarcz et al., 'ESR Dating of the Neanderthal Site, Kebara Cave, Israel', *J. Archaeol. Sci.* 16(1989) : 653-9 ; H. Valladas et al., 'TL Dates for the Neanderthal Site of the Amud Cave, Israel', *J. Archaeol. Sci.* 26(1999) : 259-68 ; W. J. Rink et al., 'Electron Spin Resonance (ESR) and Thermal Ionization Mass Spectrometric (TIMS) 230Th/234U Dating of Teeth in Middle Paleolithic Layers at Amud Cave, Israel', *Geoarchaeology* 16(2001) : 701-17.

24　Almogi-Labin, Bar-Matthews, and Ayalon, 'Climate Variability'.

25　これらの道具は、レバント・ムステリアンと呼ばれる中期旧石器文化に属する。

26　この時期のサハラ砂漠以南の文化はふつう中期石器時代と呼ばれ、ユーラシアの中期旧石器時代とほぼ一致する。アフリカの中期石器時代は、大型

と。A. Brauer et al., 'Evidence for Last Interglacial Chronology and Environmental Change from Southern Europe', *Proc. Natl. Acad. Sci. USA* 104(2007) : 450-5.

7 Grün et al., 'U-series and ESR Analyses of Bones and Teeth'.

ネアンデルタール人骨格の「タブーン1号」は、12万2000年（±1万6000年）前のものだと考えられている。R. Grün and C. Stringer, 'Tabun Revisited : Revised ESR Chronology and New ESR and U-series Analyses of Dental Material from Tabun C1', *J. Hum. E*vol. 39(2000) : 601-12.

8 J. J. Shea, 'The Middle Paleolithic of the East Mediterranean Levant', *J. World Prehist.* 17(2003) : 313-94.

9 Tchernov, 'The Faunal Sequence'.

10 FAUNMAP Working Group, 'Spatial Response of Mammals to Late Quaternary Environmental Fluctuations', *Science* 272(1996) : 1601-6.

11 中東は、西アフリカから中国にいたる、水が純一次生産力の一番の制限要素となっている地域の北端にあたる（南端は南アフリカ）。イベリア半島、オーストラリア、そして南北アメリカの各地もこのタイプに該当する。これらの地域では、気温と日射量は主要な制限要素ではない。また、アフリカ、南アメリカ、東南アジアの熱帯雨林はこのタイプには当てはまらない。G. Churkina and S. W. Running, 'Contrasting Climatic Controls on the Estimated Productivity of Global Terrestrial Biomes', *Ecosystems* 1(1998) : 206-15.

12 Tchernov, 'The Faunal Sequence' ; O. Bar-Yosef, 'The Middle and Early Upper Paleolithic in Southwest Asia and Neighboring Regions', in O. Bar-Yosef and D. Pilbeam (eds), *The Geography of Neanderthals and Modern Humans in Europe and the Greater Mediterranean*, Peabody Museum Bulletin 8 (Cambridge, MA : Harvard University Press, 2000), 107-56.

13 J. Clutton-Brock, *A Natural History of Domesticated Mammals* (London : Natural History Museum, 1999).

14 Equus tabeti, Tchernov, 'The Faunal Sequence'.

15 Clutton-Brock, *Natural History of Domesticated Mammals.*

16 S. Cramp (ed.), *Handbook of the Birds of Europe the Middle East and North Africa, The Birds of the Western Palearctic*, Vol. 1 : Ostrich to Ducks (Oxford : Oxford University Press, 1977).

2　ギャロッドは1939年に、「ディズニー・プロフェッサー」として知られるケンブリッジ大学の栄誉ある考古学教授に女性として初めて就任したが、問題が起こらなかったわけではない――ケンブリッジ大学の副総長が、学則規定は女性を考慮に入れていないという理由から、彼女は「存在しない」教授だと発言したのだ。しかし第二次世界大戦後の1948年にはようやく状況も変わり、そのころまでにギャロッドは当時を代表する先史学者の一人になっていた。W. Davies and R. Charles (eds), *Dorothy Garrod and the Progress of the Palaeolithic : Studies in the Prehistoric Archaeology of the Near East and Europe* (Oxford : Oxbow Books, 1999).

3　A. Keith, 'Mount Carmel Man : His Bearing on the Ancestry of Modern Races', in G. G. MacCurdy (ed.), *Early Man* (New York : Lippincot, 1937) ; T. D. McCown and A. Keith, *The Stone Age of Mt. Carmel, Vol. 2 : The Fossil Human Remains from the Levalloiso-Mousterian* (Oxford : Clarendon Press, 1939), 41-52.

4　R. Grün et al., 'U-series and ESR Analyses of Bones and Teeth Relating to the Human Burials from Skhul', *J. Hum. Evol.* 49(2005) : 316-34.

5　E. Tchernov, 'The Faunal Sequence of the Southwest Asian Middle Paleolithic in Relation to Hominid Dispersal Events', in T. Akazawa, K. Aochi, and O. Bar-Yosef (eds), *Neandertals and Modern Humans in Western Asia* (New York : Plenum Press, 1998), 77-90.

6　過去40万年の中東の気候は、とても変化に富むものだった。これは中東の置かれた位置によるもので、高緯度からは大西洋北東部や地中海の前線、低緯度からはアフリカや西アジアのモンスーンシステムの影響を受けたからである。全体的な傾向としては、暖かい間氷期は多湿で雨が多く、氷期極大期やハインリッヒ・イベントの発生時には、寒く乾燥した状態になった。また、こうした極端な気候のあいまには温暖・乾燥期が訪れ、寒冷・多湿期の到来はもっと局所的なものだったようだ。このようなイメージは、海洋コアと年代のはっきりした洞窟生成物の記録から推定されたものである。A. Almogi-Labin, M. Bar-Matthews, and A. Ayalon, 'Climate Variability in the Levant and Northeast Africa during the Late Quaternary Based on Marine and Land Records', in N. Goren-Inbar and J. D. Speth (eds), *Human Peleoecology in the Levantine Corridor* (Oxford : Oxbow Books, 2004), 117-34.

　地中海地方の間氷期の状況に関する詳細な記録は、次の文献を参照のこうだ。ばらばらになった集団もあっただろうし、絶滅した集団も現実としてあったに違いない。進化の初期段階では絶滅もつきものだったかもしれないが、このような氷期を含む周期的な気候変動による集団の縮小は、それまでにない現象だった。そしてそれにより、未踏の境界を越えたホモ・エレクトスの地理的な拡大は、ぷっつりと途切れてしまうことになる。

中緯度帯と、アフリカ東部から南端へ伸びる細長い地帯は、中新世には類人猿が生息する亜熱帯林だったが、のちに初期人類やホモ・エレクトスが暮らす木の茂ったサバンナとなり、最後には荒涼とした砂漠、樹木のないステップ、雪に覆われた山頂によって分断されてしまう。これにより、オナガの個体群がばらばらになって、ポルトガル、スペイン、中国、韓国、日本に子孫を残したように、たくさんの動植物が繰り返し分離を経験することになったはずだ。

こうした環境の変化は、人類に２つの重要な影響をもたらすことになった。ひとつは、個体群がたびたび隔離された結果、集団間に遺伝的な差異が現れはじめたこと、もうひとつは、周縁部に暮らす集団にかかったストレスがイノベーションの必要性を高めたことだ。気候変動は、中新世には新種の類人猿を、鮮新世には新種の初期人類を、そして更新世の初めにはおそらくホモ・エレクトスを生み出した。このようにして、ようやくホモ・エレクトス集団の時代がはじまることになるのだが、そのときすでに彼らの脳は大型化していたことがわかっている。Rightmire, 'Patterns of Hominid Evolution'.

39　J. M. Bermudez de Castro et al., 'A Hominid from the Lower Pleistocene of Atapuerca, Spain: Possible Ancestor to Neanderthals and Modern Humans', *Science* 276(1997): 1392-5; E. Carbonell et al., 'The First Hominin of Europe', *Nature* 452(2008): 465-9.

40　J. M. Bermudez de Castro et al., 'Gran Dolina-TD6 versus Sima de los Huesos Dental Samples from Atapuerca: Evidence of Discontinuity in the European Pleistocene Population?', *J. Archaeol. Sci.* 30(2003): 1421-8.

■第３章　失敗した実験——中東の早期現生人類

1　この発見は、在エルサレム英国考古学研究所と米国先史研究所の合同調査隊によるもので、実際に人骨を見つけたのはアシスタントのＴ・Ｄ・マッカウンだった。

1995), 242-8; P. B. deMenocal, 'Plio-Pleistocene African Climate', *Science* 270(1995): 53-9.

34 ジャワ島中部のンガンドンとサンブンマチャンで出土した化石は、形態学的に進化したホモ・エレクトスだと考えられており、同じ層から発掘されたウシ科の歯が、平均5万3300(±4000)〜2万7000(±2000)年前のものと測定され、議論を呼んでいる。大陸では、中国の周口店でホモ・エレクトスが少なくとも30万年前まで生存していたようだ。C. C. Swisher III et al., 'Latest Homo erectus of Java: Potential Contemporaneity with Homo sapiens in Southeast Asia', *Science* 274(1996): 1870-4; R. Grun et al., 'ESR Analysis of Teeth from the Palaeoanthropological Site of Zhoukoudian, China', *J. Hum. Evol.* 32(1997): 83-91.

35 J. D. Clark et al., 'African Homo erectus: Old Radiometric Ages and Young Oldowan Assemblages in the Middle Awash Valley, Ethiopia', *Science* 264(1994): 1907-10.

36 ホモ・ハイデルベルゲンシスに属する化石(約60万〜30万年前)には、研究者によって意見が異なる場合もあるが、次の場所から出土したものが含まれる。エチオピアのボド、ザンビアのブロークン・ヒル(現カブウェ)、南アフリカのエランズフォンテイン、タンザニアのンドゥトゥ湖、ギリシャのペトラローナ、フランスのアラゴ、ドイツのビルツィングスレーベン、マウエル、シュテインハイム、ハンガリーのヴェルテスチェルス、スペインのシマ・デ・ロス・ウエソス、イギリスのスワンズクーム、ボックスグローブ、インドのナルマダ、中国の大理、金牛山。G. P. Rightmire, 'Patterns of Hominid Evolution and Dispersal in the Middle Pleistocene', *Quat. Int.* 75 (2001): 77-84; G. P. Rightmire, 'Human Evolution in the Middle Pleistocene: The Role of Homo heidelbergensis', *Evol. Anthropol.* 6(1998): 218-27; A. R. Sankhyan, 'Fossil clavicle of a Middle Pleistocene Hominid from the Central Narmada Valley, India', *J. Hum. Evol.* 32 (1997): 3-16; Tattersall and Schwartz, *Extinct Humans.*

37 A Gomez-Olivencia et al., 'Metric and Morphological Study of the Upper Cervical Spine from the Sima de los Huesos Site (Sierra de Atapuerca, Burgos, Spain)', *J. Hum. Evol.* 53(2007): 6-25.

38 100万年前を過ぎて、気候変動の〈10万年周期〉がはじまってからは、温暖期をところどころに挟みながらも気候は悪化していき、とくに熱帯から遠く離れた地域にすむホモ・エレクトスの集団はその影響を受けていったよ

Anthropol. 36(1995) : 199-221 ; Stanford and Bunn (eds), *Meat-Eating and Human Evolution.*
26 C. B. Stanford, The Hunting Apes, *Meat Eating and the Origins of Human Behavior* (Princeton, NJ : Princeton University Press, 1999)〔『狩りをするサル――肉食行動からヒト化を考える』クレイグ・B・スタンフォード著／瀬戸口美恵子・瀬戸口烈司訳／青土社／2001〕; D. P. Watts and J. C. Mitani, 'Hunting Behavior of Chimpanzees at Ngogo, Kibale National Park, Uganda', *Int. J. Primatol.* 23(2002) : 1-28.
27 S. C. Strum, 'Baboon Cues for Eating Meat', *J. Hum. Evol.* 12(1983) : 327-36 ; R. J. Rhine et al., 'Insect and Meat Eating among Infant and Adult Baboons (Papio cynocephalus) of Mikumi National Park, Tanzania', *Am.J. Phys. Anthropol.* 70(1986) : 105-18.
28 J. Sugardjito and N. Nurhuda, 'Meat-Eating Behaviour in Wild Orang utans', *Pongo pygmaeus*, *Primates* 22(1981) : 414-16
29 S. S. Singer et al., 'Molecular Cladistic Markers in New World Monkey Phylogeny (Platyrrhini, Primates), *Mol. Phylog. Evol.* 26(2003) : 490-501 ; L. M. Rose, 'Meat and the Early Human Diet', in Stanford and Bunn (eds), *Meat-Eating and Human Evolution*, 141-59.
興味深いことに、野生のクロスジオマキザルは木の実を叩き割るために、ハンマー代わりの石と石台を利用している。D. Fragaszy et al, 'Wild Capuchin Monkeys (Cebus libidinosus) Use Anvils and Stone Pounding Tools', *AmJ. Primatol.* 64(2004) : 359-66.
30 開けたサバンナをはじめ熱帯地域以外への拡大は350万年前にはじまっているが、道具がつくられていたとされる証拠は260万年前まで見られない。ここから、初期人類の最初の成功が肉食とあまり関係なかった可能性も考えられるが、はっきりしたことはまだわかっていない。
31 M. Pickford, 'Incisor—Molar Relationships in Chimpanzees and Other Hominoids : Implications for Diet and Phylogeny', *Primates* 46(2005) : 21-32.
32 M. Mudelsee and K. Stattegger, 'Exploring the Structure of the Mid-Pleistocene Revolution with Advanced Methods of Time-Series Analysis', *Geol. Rundsch* 86(1997) : 499-511.
33 N. J. Shackleton, 'New Data on the Evolution of Pliocene Climatic Variability', in E. S. Vrba et al. (eds), *Paleodimate and Evolution with Emphasis on Human Origins* (New Haven, CT : Yale University Press,

うした遺跡が本当にホモ・エレクトスのものだという確証は何ひとつない。道具はあるが化石のない、もしくは特徴的な化石のない初期の遺跡（200万～150万年前）には、イスラエルのエルク・エル・アーマル遺跡、ウベイディヤ遺跡、アルジェリアのアイン・ハネク遺跡、中国の泥河湾遺跡、パキスタンのリワット遺跡などがある。H. Ron and S. Levi, 'When Did Hominids First Leave Africa?: New High-Resolution Magnetostratigraphy from the Erk-el-Ahmar Formation, Israel', *Geology* 29(2001): 887-90; M. Bellmaker et al., 'New Evidence for Hominid Presence in the Lower Pleistocene of the Southern Levant', *J. Hum. Evol.* 43 (2002): 43-56; M. Sahnouni et al., 'Further Research at the Oldowan Site of Ain Hanech, North-eastern Algeria', *J.Hum. Evol.* 43(2002): 925-37; R. X. Zhu et al., 'New Evidence on the Earliest Human Presence at High Northern Latitudes in Northeast Asia', *Nature* 431(2004): 559-62; Dennell and Roebroeks, 'An Asian Perspective'.

22 H. T. Bunn, 'Hunting, Power Scavenging, and Butchering by Hadza Foragers and by Plio-Pleistocene Homo', in C. B. Stanford and H. T. Bunn (eds), *Meat-Eating and Human Evolution* (Oxford: Oxford University Press, 2001), 199-218.

23 狩りか死肉あさりかという論争は近年いくらか下火になってきたが、いまだにどちらかの見解を支持する論文がたびたび科学雑誌に掲載される。私に言わせればこれは無益な討論で、人類の進化の研究を必要以上に複雑にさせる、もうひとつの欠点をよく表しているように思う。その欠点とは、限られた調査結果から一般論を導き出さなくてはならないという、まやかしの要請だ。東アフリカの平原で何十万年も前に狩りが行われたすばらしい例があるからといって、同じ時代に生きていたすべての人類が狩りをしたことになるだろうか？　まったくそうではないし、さらに言えば、ちょうどそのときその場所で狩りをしたその人物が、いつもそうしていたとさえ断定できない。のちにネアンデルタール人について見るとき、私たちはこうした過剰な一般化のとんでもない例に出くわすことだろう。

24 N. Goren-Inbar et al., 'Nuts, Nut Cracking, and Pitted Stones at Gesher Benot Ya'aqov, Israel', *Proc. Natl. Acad. Sci. USA* 99(2002): 2455-60; N. Goren-Inbar et al., *The Acheulian Site of Gesher Benot Ya'aqov, Israel* (Oxford: Oxbow Books, 2002).

25 L. C. Aiello and P. Wheeler, 'The Expensive Tissue Hypothesis: The Brain and Digestive System in Human and Primate Evolution', *Curr.*

いる（第1章参照）。B. Asfaw, 'Australopithecus garhi : A New Species of Early Hominid from Ethiopia', *Science* 284(1999) : 629-35.

8　アウストラロピテクス・ガルヒがいたとされる年代。

9　M. W. Tocheri et al., 'The Primitive Wrist of Homo floresiensis and Its Implications for Hominin Evolution', *Science* 317(2007) : 1743-5

10　Morwood et al., 'Further Evidence for Small-Bodied Hominins'.

11　A. Brumm et al., 'Early Stone Technology on Flores and Its Implications for Homo floresiensis', *Nature* 441(2006) : 624-8.

12　D. Lordkipanidze et al., 'The Earliest Toothless Hominin Skull', *Nature* 434(2005) : 717-18.

13　Tattersall and Schwartz, *Extinct Humans* ; Asfaw et al., 'Remains of Homo erectus' ; R. Dennell and W. Roebroeks, 'An Asian Perspective on Early Human Dispersal from Africa', *Nature* 438(2005) : 1099-104.

14　H. Dowsett et al., 'Joint Investigations of the Middle Pliocene Climate I : PRISM Paleoenvironmental Reconstructions', *Glob. Planet. Change* 9(1994) : 169-95.

15　J. H. Cooper, 'First Fossil Record of Azure-Winged Magpie Cyanopica cyanus in Europe', *Ibis* 142(2000) : 150-1.

16　K. W. Fok et al., 'Inferring the Phylogeny of Disjunct Populations of the Azure-Winged Magpie Cyanopica cyanus from Mitochondrial Control Region Sequences', *Proc. R. Soc. Lond. B.* 269(2002) : 1671-9 ; A. Kryukov et al., 'Synchronic East-West Divergence in Azure-Winged Magpies (Cyanopica cyanus) and Magpies (Pica pica)', *J. Zool. Syst. Evol. Res.* 42 (2004) : 342-51.

17　J-F. Ghienne et al., 'The Holocene Giant Lake Chad Revealed by Digital Elevation Models', *Quat. Int.* 87 (2002) : 81-5 ; K. White and D. Mattingly, 'Ancient Lakes of the Sahara', *Amer. Sci.* 94(2006) : 58-66.

18　T. Shine et al., 'Rediscovery of Relict Populations of the Nile Crocodile Crocodylus niloticus in south-east Mauritania, with observations on their natural history', *Oryx* 35(2001) : 260-2.

19　C. Finlayson, 'Biogeography and Evolution of the Genus Homo', *Trends Ecol. Evol.* 20(2005) : 457-63.

20　Dennell and Roebroeks, 'An Asian Perspective'.

21　初期人類も似たような道具を製作していたことがわかっているため、こ

■第2章　人はかつて孤独ではなかった

1　ホビットとは、インドネシアのフローレス島でつい1万8000年前まで生きていたと報告された、脳の小さい小型の人類の俗名である。身長は1メートル、脳の容量は380ccほどだった。P. Brown et al., 'A New Small-Bodied Hominin from the Late Pleistocene of Flores, Indonesia', *Nature* 431(2004) : 1055-61 ; M. J. Morwood et al., 'Archaeology and Age of a New Hominin from Flores in Eastern Indonesia', *Nature* 431(2004) : 1087-91.

2　この初期人類は1990年代中ごろに研究者の注目を集め、2002年にホモ・ゲオルギクスと命名された。身長は145〜166センチ、体重は40〜50キロほどで、脳の大きさは600〜780ccだった。L. Gabunia and L. Vekua, 'A Plio-Pleistocene Hominid from Dmanisi, East Georgia, Caucasus', *Nature* 373 (1995) : 509-12 ; L. Gabunia et al., 'Earliest Pleistocene Hominid Cranial Remains from Dmanisi, Republic of Georgia : Taxonomy, Geological Setting, and Age', *Science* 288(2000) : 1019-25 ; A. Vekua et al., 'A New Skull of Early Homo from Dmanisi, Georgia', *Science* 297(2002) : 85-9 ; L. Gabounia et al., 'Decouverte d'un nouvel hominide a Dmanissi (Transcaucasie, Georgie)', *C. R. Polevol.* 1(2002) : 243-53.

3　M. Balter, 'Skeptics Question Whether Flores Hominid Is a New Species', *Science* 306(2004) : 1116.

4　M. J. Morwood et al., 'Further Evidence for Small-Bodied Hominins from the Late Pleistocene of Flores, Indonesia', *Nature* 437(2005) : 1012-17.

5　D. Argue et al., 'Homo floresiensis : Microcephalic, Pygmoid, Australopithecus, or Homo?' *J. Human Evol.* 51(2006) : 360-74.

6　頭骨は、東アフリカで出土した178万年前のホモ・エレクトスのものと似ていた。ホモ・エレクトスをアジアのエレクトスと別種と考え、ホモ・エルガスター（ワーキング・マン）に分類する研究者もいるが、本書ではひとつの多型種ホモ・エレクトスに属するものとして扱う。I. Tattersall and J. Schwartz, *Extinct Humans* (Boulder, CO : Westview Press, 2000) ; B. Asfaw et al., 'Remains of Homo erectus from Bouri, Middle Awash, Ethiopia', *Nature* 416(2002) : 317-20.

7　アウストラロピテクス・ガルヒは、通称サプライズ・マン（アファール語で「ガルヒ」は「驚き」の意）と呼ばれる、エチオピアのミドル・アワシュで見つかった250万年前の初期人類である。エチオピアのゴナから出土した、知られている限り最も古い石器は、ガルヒに関係していると考えられて

ば、実現できない。およそ260万年前に脳の小さい初期人類が石から道具を生み出したとき、世界は永遠に変わったのである（260万年前というのは、エチオピアのゴナで見つかった、石器と石器で傷つけられた獣骨が同時に見つかった遺跡の年代。石器の作者は不明だが、アウストラロピテクス・ガルヒと推定される。いずれにせよ、道具づくりはホモ・サピエンスの出現に先立っているようだ）。S. Semaw et al., '2.6-Million-Year-Old Stone Tools and Associated Bones from OGS-6 and OGS-7, Gona, Afar, Ethiopia', *J. Hum. Evol.* 45 (2003) : 169-77 ; M. Dominguez-Rodrigo et al., 'Cutmarked Bones from Pliocene Archaeological Sites at Gona, Afar, Ethiopia : Implications for the Function of the World's Oldest Stone Tools', *J. Hum. Evol.* 48 (2005) : 109-21.

30　パラントロプス・ボイセイ、パラントロプス・ロブストス、ホモ・ハビリス、ホモ・ルドルフエンシスが、更新世のはじめから140万年前まで存在したと考えられている。このなかで、ホモ・ハビリスとホモ・ルドルフエンシスについては、遺物が断片的であることから不明点が多いため、同一種もしくは種内変異という可能性もある。どちらともホモ属に分類されてきたが、アウストラロピテクス属に分類すべきだと主張する研究者もいる。B. Wood and M. Collard, 'The Human Genus', I. Tattersall and J. Schwartz, *Extinct Humans* (Boulder, CO : Westview Press, 2000) も参照。

31　Alexeev, *Origin of the Human Race.*

32　'New Face for Kenya Hominid?', *Science* 316 (2007) : 27.

33　ホモ・ハビリスは、タンザニアのオルドヴァイ渓谷で最初に発見された。Tattersall and Schwartz, *Extinct Humans.*

34　ホモ・エレクトスは、1891～98年に出土した化石から、もともとはピテカントロプス・エレクトスと呼ばれていた。E. Dubois, 'Pithecanthropus erectus du Pliocene de Java', *P. V. Bull Soc. Belge Geol.* 9 (1895) : 151-60 ; M. H. Day, *Guide to Fossil Man*, 4th edn (London : Cassell, 1986).

35　F. Spoor et al., 'Implications of New Early Homo Fossils from Ileret, East of Lake Turkana, Kenya', *Nature* 448 (2007) : 688-91.

36　J. Kappelman, 'The Evolution of Body Mass and Relative Brain Size in Fossil Hominids', *J. Hum. Evol.* 30 (1996) : 243-76.

Early Hominin Skeleton from Dikika, Ethiopia', *Nature* 443(2006) : 296-301.

21 J. G. Wynn et al., 'Geological and Palaeontological Context of a Pliocene Juvenile Hominin at Dikika, Ethiopia', *Nature* 443(2006) : 332-6.

22 Pickford and Senut, 'The Geological and Faunal Context' を参照。

23 新しい化石の発見がニュースになるのは間違いないが、時には新たな分析が、マスコミの注目度は低くても、より大きな衝撃を与えることもある。そんな心躍る成果のひとつが、アファレンシスの下顎骨に関する 2007 年の報告である。ここから導かれる結論は驚くべきものだった――ルーシーとその仲間たちが、私たちの祖先ではなかったかもしれないというのだ。その顎は、のちに出現した初期人類との共通点はあるものの、人類やチンパンジーとは異なっていた（一番似ているのはゴリラの下顎骨だったが、それぞれの特徴が独自に進化したためで、そこに謎めいた進化的関係はなかった）。

また、アルディピテクス・ラミダスの下顎骨を調べたところ、チンパンジーと人類には似ていたが、ルーシーには似ていなかった。ここから考えられるのは、440 万年前に生きていたラミダスは人類とチンパンジー、さらにはルーシーに向かって歩んでいたが、まもなくルーシーは脇道にはずれ、未来の人類とたもとを分かったということだ。チンパンジーの枝はすでに分かれていたかもしれないし、ラミダスはヒトとチンパンジーの分岐点に限りなく近いところにいたのかもしれない。Y. Rak et al., 'Gorilla-Like Anatomy on Australopithecus afarensis Mandibles Suggests Au. Afarensis Link to Robust Australopiths', *Proc. Natl. Acad. Sciences USA* 104(2007) : 6568-72.

24 アウストラロピテクス属とパラントロプス属のすべての初期人類。註 14 を参照。

25 ケニアントロプス・プラティオプス。ケニアで見つかった平らな顔の骨格。M. G. Leakey et al., 'New Hominin Genus from Eastern Africa Shows Diverse Middle Pliocene Lineages', *Nature* 410(2001) : 433-40.

26 1972 年に出土し 1986 年に命名された。V. P. Alexeev, *The Origin of the Human Race* (Moscow : Progress, 1986).

27 チンパンジーの祖先になるか、ボノボの祖先になるかということ。

28 東アフリカのパラントロプス・ボイセイと、南アフリカのパラントロプス・ロブストス。

29 そのイノベーションのひとつが、人類の進化のパターンを劇的に変えることになる発明の才である。発明は、つくりはじめる前から完成品を頭に描くことのできる脳と、それを実行する手先の器用さを併せもつ者がいなけれ

11）ホモ・ハビリス（エチオピア、ケニア、タンザニア、南アフリカ、233～144万年前）

ここに、南アフリカのスタークフォンテンで1994～98年に発見されたアウストラロピテクス属のほぼ完全な骨格も加えるべきだろう。333万～300万年前のものと推定されるまだ学名のないこの化石は、南アフリカで出土したアウストラロピテクスとしては最も古いものだが、アウストラロピテクス・アフリカヌスに属するとは考えられていない。最初に見つかったのが足の骨で、とても小さな個体のものだったことから「リトル・フット」と呼ばれている。T. C. Partridge et al., 'The New Hominid Skeleton from Sterkfontein, South Africa : Age and Preliminary Assessment', *J. Quat. Sci.* 14(1999) : 293-8.

パートリッジらは、のちにこの化石の年代が約400万年前までさかのぼると主張したが、これに関しては賛否が分かれている。T. C. Partridge et al., 'Lower Pliocene Hominid Remains from Sterkfontein', *Science* 300(2003) : 607-12.

15 アルディピテクス・ラミダスは、当初アウストラロピテクス・ラミダスと名づけられた。「ラミド」はアファール語で「根」を意味する。アルディピテクスの由来については本章の註9を参照。T. D. White et al., 'Australopithecus ramidus, a New Species of Early Hominid from Aramis, Ethiopia', *Nature* 371(1994) : 306-12 ; White et al., 'Australopithecus ramidus, a New Species of Early Hominid from Aramis, Ethiopia, Corrigendum', 88.

16 S. K. S. Thorpe et al., 'Origin of Human Bipedalism as an Adaptation for Locomotion on Flexible Branches', *Science* 316(2007) : 1328-31.

17 アウストラロピテクス・アナメンシス。「アナム」はトゥルカナ語で「湖」のことなので、全体では「湖にすむ南の類人猿」という意味になる。M. G. Leakey et al., 'New Four-Million-Year-Old Hominid Species from Kanapoi and Allia Bay, Kenya', *Nature* 376(1995) : 565-71.

18 T. D. White et al., 'Asa Issie, Aramis and the Origin of Australopithecus', *Nature* 440(2006) : 883-9.

19 Johanson and Taieb, 'Plio-Pleistocene Hominid' ; Johanson et al., 'A New Species'.

20 しかし、2006年に報告された300万年前のアウストラロピテクス・アファレンシスの3歳の子どもの化石からは、おそらく彼らが二足歩行だけをしていたのではないことがうかがえる。Z. Alemseged et al., 'A Juvenile

Toros-Menalla Hominid Locality, Chad', *Nature* 418(2002) : 152-5.

11 アウストラロピテクス・バーレルガザリという学名は、化石が出土したチャドのバーレルガザル峡谷に由来する。M. Brunet et al., 'The First Australopithecine 2,500 kilometres West of the Rift Valley (Chad)', *Nature* 378 (1995) : 273-5 ; M. Brunet et al., 'Australopithecus bahrelghazali, une nouvelle espece d'Hominide ancien de la region de Koro Toro (Tchad)', *C. R. Acad. Sci. Paris, Earth Plan. Sci.* 322(1996) : 907-13.

12 この頭骨は1924年に南アフリカのタウングで発見され、翌25年にレイモンド・ダートによって「アウストラロピテクス・アフリカヌス」として報告された。R. A. Dart, 'Australopithecus africanus : The Man-Ape of South Africa', *Nature* 115(1925) : 195-9.

13 アウストラロピテクス・アファレンシス。D. C. Johanson and M. Taieb, 'Plio-Pleistocene Hominid Discoveries in Hadar, Ethiopia', *Nature* 260(1976) : 293-7 ; D. C. Johanson et al., 'A New Species of the Genus Australopithecus (Primates : Hominidae) from the Pliocene of Eastern Africa', *Kirtlandia* 28 (1978) : 1-14.

14 脳の小さい初期人類にどのような種が含まれるかは研究者によって異なるが、彼らはすべて南アフリカからエチオピア、西はチャドにかけて生息していたと考えられている。以下に、種として認められているものを記す。

1) アルディピテクス・ラミダス（エチオピア、451万～432万年前）
2) アウストラロピテクス・アナメンシス（エチオピア、ケニア、420万～390万年前）
3) アウストラロピテクス・アファレンシス（エチオピア、ケニア、タンザニア、390万～300万年前）
4) アウストラロピテクス・バーレルガザリ（チャド、350万～300万年前）
5) ケニアントロプス・プラティオプス（ケニア、350万～320万年前）
6) アウストラロピテクス・アフリカヌス（南アフリカ、330万～230万年前）
7) パラントロプス・エチオピクス（エチオピア、ケニア、280万～230万年前）
8) アウストラロピテクス・ガルヒ（エチオピア、250万年前）
9) パラントロプス・ボイセイ（マラウイ、タンザニア、ケニア、エチオピア、250～140万年前）
10) パラントロプス・ロブストス（南アフリカ、200万～150万年前）

Hidden Markov Model', *PLoS Genet.* 3(2007) : 294-304 ; I. Ebersberger et al., 'Mapping Human Genetic Ancestry', *Mol. Biol. Evol.* 24(2007) : 2266-76.

また、二足歩行が最初に見られたのは600万年前のオロリン・トゥゲネンシスで、その歩行形態は初期ホモ属の腰部に変化が現れるまで約400万年間続いたと考えられている。B. G. Richmond and W L Jungers, 'Orrorin tugenensis Femoral Morphology and the Evolution of Hominin Bipedalism', *Science* 319(2008) : 1662-5.

5 J. D. Wall, 'Estimating Ancestral Population Sizes and Divergence Times', *Genetics* 163(2003) : 395-404.

6 M. Brunet et al., 'A New Hominid from the Upper Miocene of Chad, Central Africa', *Nature* 418(2002) : 145-51.

7 M. Pickford and B. Senut, 'The Geological and Faunal Context of Late Miocene Hominid Remains from Lukeino, Kenya', *C. R. Acad. Sci. Paris, Earth Plan. Sci.* 332(2001) : 145-52.

8 たとえば、マーティン・ピックフォードとブリジット・セニュは、有名なルーシーを含むアウストラロピテクス・アファレンシスを人類の祖先から明確に除外しただけでなく、アルディピテクス属をチンパンジーの祖先であると主張している。

9 はじめのうちカダバは亜種と見なされ、アルディピテクス・ラミダス・カダバと呼ばれていたが、その後2004年に、ひとつの種として認められるようになった。Y. Haile-Selassie, 'Late Miocene Hominids from the Middle Awash, Ethiopia', *Nature* 412(2001) : 178-81 ; G. WoldeGabriel et al., 'Geology and Palaeontology of the Late Miocene Middle Awash Valley, Afar Rift, Ethiopia', *Nature* 412(2001) : 175-8 ; Y. Haile-Selassie et al., 'Late Miocene Teeth from Middle Awash, Ethiopia, and Early Hominid Dental Evolution', *Science* 303(2004) : 1503-5.

「アルディピテクス」の「アルディ」とはエチオピア・アワシュ地方で使われているアファール語で「大地・地面」の意、「ピテクス」はラテン語で「類人猿」のこと。「カダバ」とはアファール語で「家族のおおもとの祖先」を意味する。つまり、アルディピテクス・カダバとは、「(人類の) おおもとの祖先となる地上の類人猿」のこと。T. D. White et al., 'Australopithecus ramidus, a New Species of Early Hominid from Aramis, Ethiopia', *Nature* 375 (1995) : 88 ; Haile-Selassie, 'Late Miocene Hominids'.

10 P. Vignaud et al., 'Geology and Palaeontology of the Upper Miocene

パラントロプス属、ケニヤントロプス属が含まれる。これらは通常、科学文献で「ホミニン（ヒト族）」と呼ばれている。

また本書では、ホモ・エレクトス以降のホモ属すべてのメンバーを「人類」と呼ぶが、それ以前の種（ルドルフエンシス、ハビリス、ゲオルギクス）は「初期人類」と見なす。この解釈に従えば、「ホモ・ハビリス」ではなく「アウストラロピテクス・ハビリス」と呼ぶべきかもしれないが（B. Wood and M. Collard, 'The Human Genus', *Science* 284(1999) : 65-71)、科学論文では「ホモ・ハビリス」が頻繁に使われているようなので、そちらを採用することにした。

4　ゴリラ、チンパンジー、オランウータンの各系統とヒトの系統が枝分かれした年代を求める方法のひとつに、生物間の遺伝的な違いを比較して年代を推定する「分子時計」がある。F. J. Ayala, 'Molecular Clock Mirages', *Bioessays* 21(1999) : 71-5 ; J. H. Schwartz and B. Maresca, 'Do Molecular Clocks Run at All? A Critique of Molecular Systematics', *Biol. Theory* 1 (2006) : 357-71.

オランウータンとの推定分岐年代は1800万～1100万年前、ゴリラとは840万～500万年前、チンパンジーとは700万～400万年前である。R. L. Stauffer, 'Human and Ape Molecular Clocks and Constraints on Paleontological Hypotheses', *J. Hered.* 92(2001) : 469-74 ; F-C. Chen and W-H. Li, 'Genomic Divergences between Humans and Other Hominoids and the Effective Population Size of the Common Ancestor of Humans and Chimpanzees', *Am.J. Hum. Genet.* 68(2001) : 444-56 ; Z. Yang, Likelihood and Bayes Estimation of Ancestral Population Sizes in Hominoids Using Data From Multiple Loci', *Genetics* 162(2002) : 1811-23 ; G. V. Glazko and M. Nei, Estimation of Divergence Times for Major Lineages of Primate Species', *Mol. Biol Evol.* 20(2003) : 424-34 ; D. E. Wildman et al., 'Implications of Natural Selection in Shaping 99.4% Nonsynonymous DNA Identity between Humans and Chimpanzees : Enlarging Genus Homo', *Proc. Natl. Acad. Sciences USA* 100(2004) : 7181-8 ; S. Kumar et al., 'Placing Confidence Limits on the Molecular Age of the Human-Chimpanzee Divergence', *Proc. Natl. Acad. Sciences USA* 102 (2005) : 18842-7 ; N. Patterson et al., 'Genetic Evidence for Complex Speciation of Humans and Chimpanzees', *Nature* 441 (2006) : 1103-8 ; A. Holboth et al., 'Genomic Relationships and Speciation Times of Human, Chimpanzee, and Gorilla Inferred from a Coalescent

mary of Current Progress', in G. C. Grigg et al. (eds), *Crocodilian Biology and Evolution* (Chipping Norton, NSW : Surrey Beatty and Sons, 2000), 3–8.
17 L. A. Sawchuk, 'Rainfall, Patio Living, and Crisis Mortality in a Small-Scale Society : The Benefits of a Tradition of Scarcity ?', *Curr. Anthropol.* 37 (1996) : 863–7.
18 C. Finlayson, *Neanderthals and Modern Humans : An Ecological and Evolutionary Perspective* (Cambridge : Cambridge University Press, 2004).

■第1章　絶滅への道は善意で敷きつめられている

1 人間の聴力はチンパンジーと異なり、2〜4キロヘルツの周波数に比較的敏感である。この感度域は、話し言葉による音声情報を得るのにちょうどいい。〈骨の穴〉の人々の骨格を分析したところ、彼らが周波数5キロヘルツまで私たちと同じような音響伝達パターンをもっていたことがわかった。これらの結果から、〈骨の穴〉の人々はすでに現生人類並みの聴力を備えていたことがうかがえる。I. Martinez et al., 'Auditory Capacities in Middle Pleistocene Humans from the Sierra de Atapuerca in Spain', *Proc. Natl. Acad. Sciences USA* 101(2004) : 9976–81.

私たちの最近縁種である絶滅したネアンデルタール人は、発話と言語の発達に関係があるとされているFOXP2遺伝子に、現生人類と共通した2つの進化的変化を有していた。この遺伝的変異は、現生人類とネアンデルタール人の共通祖先にも存在していた。J. Krause et al., 'The Derived FOXP2 Variant of Modern Humans Was Shared with Neandertals', *Curr. Biol.* 17 (2007) : 1908–12.

2 こうした反応は、複雑だったはずの過去をちらりと覗くことしかできなかったときに、一部の科学者がどれだけ真実を美化して納得しようとするかを物語っているように、私には思える。たった一つの石器から、遠い昔に生きていた人類集団の暮らしがそこまでわかるという考えに、私たちは満足できるだろうか？

3 ここで「初期人類」について説明をしておく必要があるだろう。本書における初期人類とは、人類の物語には関わりがあるが、はっきりと人間であると言うのに必要な性質を一式もっているとは認められない化石人類のことであり、そのすべてが現生人類につながるとは限らない。ここでは、オロリン属、サヘラントロプス属、アルディピテクス属、アウストラロピテクス属、形で絡み合う、気候変動の予測不可能な性質をよく表している。

地球が暖かくなった5500万年前から、類人猿の特徴をもつ生物が初めて出現した2300万年前までは、長期間にわたって寒冷化が着実に進んでいった時期だった。J. Zachos et al., 'Trends, Rhythms, and Aberrations in Global Climate 65 Ma to Present', *Science* 292 (2001) : 686-93.

5　C. Janis, 'Tertiary Mammal Evolution in the Context of Changing Climates, Vegetation, and Tectonic Events', *Ann. Rev. Ecol. Syst.* 24 (1993) : 467-500 ; J. S. Carrion, *Ecologia Vegetal* (Murcia : DM, 2003).

6　D. R. Begun, 'Planet of the Apes', *Sci. Amer.* 289(2003) : 64-73.

7　D. R. Begun, 'Sivapithecus Is East and Dryopithecus Is West, and Never the Twain Shall Meet', *Anthropol Sci.* 113(2005) : 53-64.

8　Begun, 'Planet of the Apes'.

9　Begun, 'Sivapithecus Is East'.

10　チョローラピテクス・アビシニクス。G. Suwa et al., 'A New Species of Great Ape from the Late Miocene Epoch in Ethiopia', *Nature* 448(2007) : 921-4.

11　ナカリピテクス・ナカヤマイ。Y. Kunimatsu et al., 'A New Late Miocene Great Ape from Kenya and Its Implications for the Origins of African Great Apes and Humans', *Proc. Natl. Acad. Sci. USA* 104 (2007) : 19220-5.

12　オウラノピテクス・マケドニエンシス。Begun, 'Sivapithecus Is East'.

13　アフリカの類人猿とユーラシアの類人猿がどのような関係にあったのかという議論は、その子孫にあたる人類の関係をめぐる議論をほうふつとさせる（これについてはのちに触れることにしよう）。そこで見られる混乱のほとんどは、私たちがアフリカとユーラシアのあいだに人為的な境界線を引いたことから生まれており、もしそれらをひとつの超大陸と考えるなら視点は一八〇度変わり、はるかに鮮明なイメージを得ることができるだろう。このイメージが描かれるキャンバスは緑地帯と移動を阻む海。描き手は気候。そこで役者をつとめるのは類人猿たちだ。

14　J. F. Burton, *Birds and Climate Change* (London : Christopher Helm, 1995).

15　J. M. Bowler et al., 'New Ages for Human Occupation and Climatic Change at Lake Mungo, Australia', *Nature* 421 (2003) : 837-40.

16　C. A. Brochu and L. D. Densmore, 'Crocodile Phylogenetics : A Sum-

4　こうした急展開が起きた原因を探るには、主だった大陸の動きを調べる必要があるだろう。大陸プレートは次第に現在の位置へ収まろうとしていたものの、それと並行して、数々の劇的な事件が起きようとしていた。なかでも注目すべきなのは、5400万年ほど前に起きたインド亜大陸とアジア大陸の衝突だ。その衝撃によってヒマラヤ山脈とチベット高原が持ち上がり、少なくとも1500万年前までに、5000メートルも隆起した。これは地球全体にある影響を及ぼした。アメリカ合衆国のおよそ4分の1の面積を有するチベット高原が、大気の循環パターンに影響を与えはじめたのだ。ジェット気流の流れが変わり、モンスーンが強まり、ヒマラヤ山脈の斜面に豪雨が降り注いだ。地面の隆起によって現れた新しい岩石が大気にさらされ、そこに降雨量の増加が加わる。その結果起こったのが、急激な化学的風化だ。岩石の風化によって大気中から二酸化炭素が除去され濃度が低くなると、今度は地球の気温が下がりはじめた。

何百万年という時間をかけて起きていた壮大な地殻変動は、大規模な気候変動の主原因となり、地球を揺るがした。チベット高原の隆起に加えて、北大西洋における激しい海底火山活動、南極大陸の分離による2つの海路の開通（南極・南アメリカ間のドレーク海峡と、南極・オーストラリア間のタスマニア海峡）、アンデス山脈とロッキー山脈の形成、南北アメリカ大陸を結んだパナマ地峡の成立がその例だ。こうした変化は巻き戻すことができない。いったん高くなったチベット高原が元に戻らないのと同様に、長い時間尺度で見れば気候は一方向に変動する傾向があり、このときは長期寒冷化という形をとった。もっと短い時間尺度（1万～10万年）で考えるなら、地球の公転軌道や地軸の傾きは周期的に変化するため、太陽から受ける熱の量やタイミングは世界の各地点で異なり、気候サイクルが繰り返されることになる。これは温暖化と寒冷化が交互に訪れることの説明となるので、のちに過去200万年間の氷河作用を調べるときに詳しく触れることにしよう。

以上の変化に加えて、数千年という短い時間尺度でまれに起こる極端な気候変動が、長期にわたる深刻な影響を生命に与えてきたことが明らかになっている。5500万年前の急激な地球温暖化は最も顕著で、初期の樹上性霊長類が繁栄する要因となったが、3400万年前と2300万年前に起きた2度の変動は、寒冷化を引き起こした。前者は40万年に及ぶ氷期で、南極大陸の巨大氷床の出現を伴い、海洋循環に大きな変化をもたらした。後者はそれより短く20万年ほどで終わったが、非常に厳しいものだった。このような異常気象は、地球の軌道、大気の状態、地殻変動などの要素が時に思いがけない

原　　註

■プロローグ　気候が歴史の流れを変えたとき

1　ネアンデルタール人の物語では、気候が重要な登場人物となる。気候は、知性や生物学的特性をはじめ、私たち人間を人間たらしめるすべての青写真をつくったが、一方で苦難の原因にもなり、ある生き物にとっては絶滅のきっかけにもなった。この事実を考えたときに私の脳裏に浮かび上がってくるのは、セレンディピティ〔偶然に導かれた成功〕という言葉だ。つまり、適切な時に適切な場所にいた者が、その時点では気づかなくても、幸運をつかむ。さほどついていなかった他の者は、今この場で私たちと語り合うことはできなかったというわけだ。もちろん、物語がいともたやすく違う方向へ転んでいた可能性もある。運命の歯車がわずかでも狂っていたなら、ネアンデルタール人の子孫が今日、遠い昔に生きていた別の人類の終焉について議論を戦わせていたかもしれない。

これは取るに足らない問題ではない。なぜならその裏側に、人間は自分で思っているほど飛び抜けて特別な存在ではないというメッセージを読み取ることができるからだ。私たちは、偶然が大きな役割を果たした数々の出来事の結果、今ここに生きている。人間が現在のような姿ではなかったり、見た目がよくても機能が欠けていたりしたらと想像すると、背筋が寒くなる。だが、短い人類史のふとした曲がり角では、そんな運命が平然と待ち受けていたことがあったかもしれないし、これからも手ぐすね引いて私たちを待ちかまえているのかもしれない。

2　A. Weil, 'Living Large in the Cretaceous', *Nature* 433(2005) : 116-17 ; Y. Hu et al., 'Large Mesozoic Mammals Fed on Young Dinosaurs', *Nature* 433 (2005) : 149-52 ; Q. Ji et al., 'A Swimming Mammaliaform from the Middle Jurassic and Ecomorphological Diversification of Early Mammals', *Science* 311(2006) : 1123-7

3　K. C. Beard, 'The Oldest North American Primate and Mammalian Biogeography during the Paleocene-Eocene Thermal Maximum', *Proc. Natl. Acad. Sci. USA* 105(2008) : 3815-18.

索　引

クライブ・フィンレイソン（Clive Finlayson）
一九五五年生まれ。ジブラルタル博物館館長、トロント大学客員教授。長年にわたってジブラルタルにあるゴーラム洞窟の調査を続けているネアンデルタール人研究の第一人者。主な著書に *Neanderthals and Modern Humans: An Ecological and Evolutionary Perspective* などがある。

上原直子（うえはら・なおこ）
翻訳家。主な訳書にウェルズ『旅する遺伝子』（英治出版）、クレイソンほか『オノ・ヨーコという生き方』（ブルースインターアクションズ）、セッチフィールド『世界で一番恐ろしい食べ物』（エクスナレッジ）などがある。

近藤修（こんどう・おさむ）
一九六五年生まれ。東京大学大学院理学系研究科生物科学専攻准教授。主な著書に『ネアンデルタール人の正体』（朝日選書）、*Neanderthal Burials*（KW Publications）などがある（共に共同執筆）。

ISBN 978-4-8269-0170-3

そして最後にヒトが残った

二〇一三年一一月二〇日　第一版第一刷発行
二〇一八年七月一〇日　第一版第七刷発行

著　者　クライブ・フィンレイソン
訳　者　上原《うえはら》直子《なおこ》
解　説　近藤《こんどう》　修《おさむ》
発行者　中村幸慈
発行所　株式会社　白揚社　© 2013 in Japan by Hakuyosha
〒101―0062　東京都千代田区神田駿河台1―7
電話(03)―5281―9772　振替00130―1―25400
装　幀　岩崎寿文
印　刷　中央印刷株式会社
製　本　中央精版印刷株式会社

レン・フィッシャー著　松浦俊輔訳

群れはなぜ同じ方向を目指すのか？

群知能と意思決定の科学

リーダーのいない群集はどうやって進む方向を決めるのか？　渋滞から逃れる最も効率的な手段は？　損をしない買い物の方法とは？　アリの生存戦略から人間の集合知まで、〈群れ〉と〈集団〉にまつわる科学を一挙解説。　四六判　312ページ　本体価格2400円

アレクサンドラ・ホロウィッツ著　竹内和世訳

犬から見た世界

その目で耳で鼻で感じていること

心理学者で動物行動学者、そして大の愛犬家である著者が、認知科学を駆使して犬の感覚を探り、思いがけない豊かな犬の世界を解き明かす。話題沸騰の全米ベストセラーがいよいよ刊行。犬を愛するすべての人へ。　四六判　376ページ　本体価格2500円

ジョエル・ベスト著　林 大訳

あやしい統計フィールドガイド

ニュースのウソの見抜き方

メディアには誤解や計算ミスや故意によるインチキな統計がいっぱい。不安をあおる情報や世論誘導する記事にだまされないために7つのキーポイントと常識を駆使して、あやしい統計を一刀両断。好評シリーズ第3弾。　四六判　216ページ　本体価格2200円

アントニー・ワイルド著　三角和代訳

コーヒーの真実［新装判］

世界中を虜にした嗜好品の歴史と現在

エチオピア原産とされる小さな豆が、大航海時代からグローバリゼーションまで世界の歴史を動かしてきた。今この世界で何が起きているのか？　1杯のコーヒーの背後に見え隠れする人類の過去・現在・未来を読む1冊。　四六判　328ページ　本体価格2400円

ニナ・バーリー著　竹内和世訳

ナポレオンのエジプト

東方遠征に同行した科学者たちが遺したもの

1798年のナポレオンのエジプト遠征には、5万の兵士とともに151名の科学者たちも同行していた！　近代最初のヨーロッパとイスラムの交流、それに伴う科学、考古学上の発見を描く刺激的なノンフィクション。　四六判　384ページ　本体価格2800円

経済情勢により、価格を多少変更することもあるのでご了承ください。
表示の価格に別途消費税がかかります。